Rainer Petek

DAS NORD-WAND-PRINZIP

Wie Sie das Ungewisse managen:
neues Denken, neues Handeln,
neue Wege gehen

2., aktualisierte Auflage

Linde
international

Bibliografische Information der Deutschen Nationalbibliothek

Die Deutsche Nationalbibliothek verzeichnet diese Publikation in der Deutschen Nationalbibliografie; detaillierte bibliografische Daten sind im Internet über http://dnb.d-nb.de abrufbar.

ISBN 978-3-7093-0492-1

Umschlag: buero8
Satz: Strobl, Satz·Grafik·Design, 2620 Neunkirchen

1210 Wien, Scheydgasse 24, Tel.: 01/24 630
www.lindeverlag.de
www.lindeverlag.at
Druck: Hans Jentzsch u Co. Ges.m.b.H.
1210 Wien, Scheydgasse 31

„In Wirklichkeit läuft nie etwas richtig. Immer kommt etwas Unerwartetes – das Unerwartete ist eigentlich das Einzige, was man mit Sicherheit erwarten kann.“

Peter F. Drucker

Inhalt

Vorwort zur 2. Auflage 9

Zum Einstieg 11

Das Ungewisse – von oben betrachtet 11
Gegenverkehr beim Seiltanzen 21
Ortswechsel des Denkens 28

Das Nordwand-Prinzip 39

Einsteigen und ins Ungewisse aufbrechen 39
1. Prinzip: Neu Hinschauen 51
2. Prinzip: Loslassen und Verzichten 71
3. Prinzip: Wollen statt Wünschen 89
4. Prinzip: Ziele kommen lassen 109
5. Prinzip: Nordwand statt Normalweg 127
Drei Wege zum Erfolg: Beispiele aus der Praxis 148
6. Prinzip: Kluges Scheitern 178
7. Prinzip: Neue Wege – neues Führen 194

Ausstieg und Umstieg 219

Neue Wege in die Zukunft finden 219
Prototypische Anwendungssituationen für das Nordwand-Prinzip 229
Die Expedition ins Ungewisse wagen 231

Das Nordwand-Prinzip im Überblick 233

Vorträge von Rainer Petek 248

Literatur- und Quellenverzeichnis 251

Vorwort zur 2. Auflage

Im Jahr 2006 erschien die erste Auflage dieses Buches. Der damalige Titel lautete „Mit dem Nordwand-Prinzip das Ungewisse managen“. Ich stellte darin die Hypothese auf, dass wir uns auf einer Expedition ins Ungewisse befänden, auf die wir weder als Einzelne noch als Gemeinschaft genügend vorbereitet seien. Dieses Thema war damals nur für einen kleinen Kreis wachsamer und für Umfeldentwicklungen hochsensibler Führungskräfte von Interesse. Denn die meisten Branchen konnten noch Rekordwachstumsraten erzielen, und niemand ahnte, mit welcher Wucht zwei Jahre später eine große Krise die Weltwirtschaft erfassen würde.

In den Jahren 2008 und 2009 begann diese Krise den Unternehmen auf dramatische Weise vor Augen zu führen, wie unzulänglich traditionelle Planungsmethoden waren. Vielen Führungskräften wurde klar, dass sie mit den herkömmlichen Werkzeugen des Managements die großen Herausforderungen nicht hinreichend bewältigen konnten. In meinen Vorträgen bemerkte ich eine neue Offenheit für die zentralen Botschaften des Nordwand-Prinzips.

Aufgrund zahlreicher Dialoge mit vielen Führungskräften verschoben sich die Schwerpunkte des Nordwand-Prinzips seit 2006 etwas: Einige Gedanken wurden wichtiger, andere rückten in den Hintergrund. Daher entschloss ich mich, in der zweiten Auflage einige strukturelle und inhaltliche Änderungen vorzunehmen, auch wenn die Kernbotschaften gleich blieben.

In den Fokus rückte aufgrund der wirtschaftlichen Entwicklungen das Thema: Führung angesichts der Unsicherheit, dem Ungewissen und dem Unerwarteten – den 3 U’s.

Wenn die großen und kleinen Unternehmen die kommenden Herausforderungen erfolgreich bewältigen wollen, wird der gekonnte Umgang mit den 3 U’s zu einer Schlüsselkompetenz für Manager und Führungskräfte. Das Nordwand-Prinzip soll diese bei der Bewältigung von Unsicherheit, Ungewissheit und dem Unerwarteten unterstützen.

Rainer Petek
Neusaß, im Juli 2012

Zum Einstieg

Das Ungewisse – von oben betrachtet

Warten auf den günstigen Moment

Wir sind ganz oben. Auf dem höchsten Punkt. Ein wunderbarer, strahlender Spätwintertag. Wolkenloser Himmel und Berge soweit das Auge reicht. Wir haben es uns gemütlich gemacht und genießen den Moment: den milden Wind auf der Haut, die Wärme der Sonne, deren Kraft auch die Höhe von mehr als dreitausend Metern nicht zu schwächen vermag, und den Blick auf eine Welt, die unglaubliche Ruhe und absoluten Frieden ausstrahlt. Hinter uns liegen etwas mehr als drei Stunden Aufstieg – langsames, fast meditatives Aufsteigen in absoluter Stille. Schritt für Schritt haben wir uns nicht nur nach oben, sondern auch in einen anderen, nahezu entrückten Zustand gebracht. Wir fühlen uns fast wie Astronauten auf dem Planeten Erde.

Wir sind am Brennkogel, ein einsamer, aber umso lohnenderer Skitourengipfel gegenüber dem Großglockner. Skitouren sind eine winterliche Spielart des Bergsteigens: Man befestigt Steigfelle an den Skiunterseiten und macht sich mit einer beweglichen Tourenbindung an stundenlange Aufstiege, um danach mit einer einzigen – hoffentlich rauschenden – Abfahrt belohnt zu werden. Heute spekulieren wir mit einer besonders lohnenden Abfahrt und warten auf die dafür notwendigen Bedingungen jetzt hier auf dem Gipfel. Ich blicke hinunter auf den Pasterzen-Gletscher, der stark an Mächtigkeit verloren hat, auch hier ist ständiger Wandel am Werk. Eine einfache Erklärung wäre der Klimawandel. Im Nationalparkhaus ist allerdings ein 9.000 Jahre alter Baumstamm ausgestellt, der oben im „ewigen" Eis gefunden wurde. Den hat sicher niemand hinaufgetragen. Auch wenn man die für unser Zeitempfinden extrem langsame Fließgeschwindigkeit von Gletschereis ins Kalkül zieht, bedeutet das, dass der Baum irgendwo oberhalb der Fundstelle natürlich gewachsen sein muss.

Im Vergleich zu den zeitlichen Dimensionen der Gebirgsbildung verhält sich das Lebensalter sozialer Systeme wie ein Augenzwinkern zu einem Menschenleben. Das Lebensalter von Organisationen ist nicht unbegrenzt, die Geschichte kommerzieller Unternehmen umfasst gerade einmal die letzten 500 Jahre. In England gibt es eine Vereinigung, die nur Mitglieder aufnimmt, deren Unternehmen mindestens 300 Jahre alt ist, das könnte einen ungefähren Hinweis auf die mögliche „Lebenserwartung" von Unternehmen geben. Die tatsächlich realisierte „Lebenserwartung" von Unternehmen beträgt durchschnittlich etwa 40 Jahre. Wie auch immer: Von oben betrachtet ist beides ein vergleichsweise geringer Zeitraum. Auch das Job-System, wie wir es heute kennen, ist gerade einmal 200 Jahre alt. Es könnte durchaus sein, dass es im „systemischen Niedergang" begriffen ist und es in Zukunft völlig neue Formen der Erwerbstätigkeit geben wird. Formen, die wir uns möglicherweise heute noch gar nicht vorstellen können. Das Gleiche könnte auch für die Form der Organisationen gelten. Wir leben in einem Umbruchzeitalter, das viele nach Jahren und Jahrzehnten ungebrochenen Aufschwungs als ein Zeitalter hoher Ungewissheit empfinden. Aber wahrscheinlich ist Ungewissheit das Normalste von der Welt.

Wie können Unternehmen und Menschen die notwendige Sicherheit im Umgang mit dieser Unsicherheit gewinnen? Dabei möchte dieses Buch helfen. In den Unternehmen herrschen zurzeit enormer Druck und Verunsicherung. Bei den Verantwortungsträgern gibt es eine starke Getriebenheit. Ein Teil dieses Getriebenseins scheint allerdings daher zu kommen, dass mit nicht mehr passenden Vorstellungen versucht wird, die Zukunft unter Kontrolle zu bringen.

Der technologische Fortschritt der letzten Jahrzehnte, totale Vernetzung und das, was gemeinhin als Globalisierung bezeichnet wird, haben alte Spielregeln auf den Kopf gestellt. Und so kommt es, dass bislang bewährte Vorgangsweisen nicht mehr funktionieren. Auch der einzelne Mensch sieht sich immer öfter Unabwägbarkeiten gegenüber. Die vorausbestimmbaren Lebensläufe unserer Elterngeneration nehmen immer mehr den Charakter einer Expedition ins Ungewisse an. Eine Expedition allerdings, auf die wir weder als Einzelne noch als Gemeinschaft genügend vorbereitet sind. In den letzten fünfzig Jahren haben wir uns an stetiges Wachstum und die damit verbundene Vorhersehbarkeit und Sicherheit gewöhnt. Dabei sind unsere Fähigkeiten im Umgang mit dem Ungewissen verkümmert und damit auch die Sicherheit im Umgang mit Unsicherheit.

Während wir hier so am Gipfel sitzen, still vor uns hin sinnieren und es so aussieht, als würde es sich hier um ein immerwährendes Abbild der Ewigkeit handeln, ist ein Prozess im Gange. Ein kaum merkbarer, aber unaufhaltsamer Wandel findet statt: die Umwandlung des Schnees. In etwas mehr als einer halben Stunde wird die Kraft der Sonne den beim Aufstieg noch harten Schnee in Firn verwandeln – jenen Stoff, aus dem die Träume der Skibergsteiger sind. Firnschnee ist eine butterweiche Schneeart, die herrliches und müheloses Schwingen bei der Abfahrt ermöglich. Optimaler Firn ist ein Phänomen, das sich nicht mit 100-%iger Sicherheit vorhersagen lässt. Die einzige Möglichkeit, als passionierter Skibergsteiger davon zu profitieren, ist, bei günstigen Bedingungen aufzubrechen und vor Ort den passenden Moment für eine rauschende Abfahrt abzuwarten. Ich erzähle das deshalb, weil mein heutiger Begleiter und Freund Werner Mussnig üblicherweise alles berechnet, was sich irgendwie berechnen lässt. Er ist Universitätsprofessor für Controlling. Aber wir sind uns beide einig, dass wir den günstigen Moment in diesem Fall nicht errechnen, sondern erspüren werden – und unser beider Gespür sagt: Es ist noch Zeit.

Wir haben uns heute durch einen anstrengenden und rechtzeitigen Aufstieg in eine Position mit hohem Erfolgspotenzial gebracht. Wir sitzen hier alleine bei strahlendem Wetter auf dem Gipfel und können den günstigen Moment für die Abfahrt abwarten. Dieser lässt sich nicht herbeiplanen.

Das ist nicht nur am Berg so, sondern auch in vielen Bereichen der Wirtschaft. Dennoch beobachte ich in meiner Beratungstätigkeit, dass sich viele Unternehmen nicht rechtzeitig um den Aufbau von Erfolgspotenzialen kümmern. Warum ist das so?

Von oben betrachtet war die typische Art und Weise, wie sich Unternehmen auf Kommendes oder auf ihre Zukunft einstellten, die Planung. Das sah dann meist so aus: Man nahm ein singuläres, konkretes Ziel und erstellte im Voraus einen detaillierten Plan zur Umsetzung. Die Vorstellung vom Plan war sehr oft die eines linearen Vorgehens vom Ist zum Soll. Erfolg oder Misserfolg wurden – und werden zum Teil auch heute noch – an der Einhaltung von Plänen gemessen. Solcherart lineare Vorgehensweisen setzen allerdings stabile Rahmenbedingungen voraus.

Heute sind die Rahmenbedingungen in der Gesellschaft und insbesondere im wirtschaftlichen Umfeld keineswegs mehr stabil. Entwicklungen erfolgen immer öfter unberechenbar, sprunghaft und diskontinuierlich. Diese Umbrüche bewirken für viele Menschen und Unternehmen, dass auf den alten Wegen langfristig kein Weiterkommen mehr möglich oder das Ende des Weiterkommens absehbar ist. Organisationen und auch Einzelne sind aufgrund dieser Umbrüche gezwungen, für ihr weiteres profitables Überleben neue Wege zu finden.

Sich auf einen neuen Weg zu begeben, stellt mitunter ein Wagnis dar, bei dem es darauf ankommt, den Umstieg im Nebel unklarer Entscheidungsgrundlagen zu schaffen.

Beim Extrembergsteigen hat deterministisches und lineares Planen noch nie funktioniert. Eine extreme Klettertour ist immer ein Aufbruch ins Ungewisse und die Rahmenbedingungen im Gebirge sind niemals stabil, auch wenn der Berg unverrückbar dasteht. Man weiß nie, ob man den realen Schwierigkeiten der Wand gewachsen sein wird, und schon gar nicht, was noch zusätzlich an Unvorhersehbarem auf einen zukommen wird. Deswegen kann man niemals deterministisch planen. Jeder Extremkletterer weiß das. Ein Extremkletterer, der sich mehr auf die Umsetzung seiner Ziele und Pläne konzentriert als auf eine dynamische Anpassung an die sich ständig ändernden Rahmenbedingungen, kehrt irgendwann nicht mehr zurück.

Die lineare Ziel-Plan-Umsetzungslogik

Ähnlich wie Extrembergsteiger stellen sich zurzeit viele Wirtschaftsunternehmen, die Frage, wie sie bei sich ständig ändernden Rahmenbedingungen ihre Zukunft aktiv gestalten und nachhaltig erfolgreich sein können. Es gibt unterschiedliche Zugänge zur Zukunftsgestaltung. Wie bereits erwähnt ist die am weitesten verbreitete Form sich, Ziele zu setzen und linear-deterministisch zu planen.

Jemandem nachzusagen, „Der hat keinen Plan!“ oder jemanden als „ziellos“ zu bezeichnen, hat den Charakter einer Abwertung. Es gilt gemeinhin als ideale Vorstellung, so etwas wie Ziele und einen Plan zu haben – im Geschäft wie überhaupt im Leben. Je klarer, desto besser.

Wir greifen dabei unbewusst auf ein mentales Modell zurück, das unser aller Denken bis in die letzten Verästelungen durchzieht und dessen blinde Flecken meiner Einschätzung nach nur ungenügend beachtet werden: die lineare Ziel-Plan-Umsetzungslogik. Sie steht in der Tradition einer mechanistischen Auffassung der Welt. Diese geht davon aus, dass man zuerst planen, sprich denken, und dies abgeschlossen haben sollte, bevor man sich ans Handeln macht. „Zuerst denken, dann handeln!“ sagt schon der Volksmund, und so wundert es nicht, dass Ziel und Plan zuerst da sein müssen, bevor es an die Umsetzung geht. Der detaillierte Plan soll in weiterer Folge eine kontrollierte Umsetzung ermöglichen. Umsetzung bedeutet hier: der Welt den eigenen Plan aufzuzwingen. Solange kein klares Ziel und kein detaillierter Plan vorhanden sind, handelt man also besser nicht. Manch einer traut sich deswegen sein ganzes Leben lang nicht, einen ersten Schritt zu machen.

In dieser linearen Logik gibt es a) eine strikte Trennung zwischen Denken und Handeln und b) ist damit implizit die Annahme verbunden, dass man, nachdem man mit dem Handeln begonnen hat, nicht mehr nachdenken oder neu planen müsse.

Über die Tücken und Gefahren eines solchen Umgangs mit Plänen und Zielen wird wenig gesprochen. In einer Zeit von Beschleunigung, Umbrüchen und komplexen Vernetzungen halte ich ein linear-deterministisches Vorgehen jedoch für gefährlich. „In Wirklichkeit läuft nie etwas richtig. Immer kommt etwas Unerwartetes – das Unerwartete ist eigentlich das Einzige, was man mit Sicherheit erwarten kann“, hat Peter F. Drucker die Problematik treffend auf den Punkt gebracht.

Allzu konkrete Ziele und detaillierte Pläne bergen im falschen Moment die Gefahr in sich, Menschen und auch Unternehmen meist völlig unbemerkt vom aktuellen Geschehen abzukoppeln. In einem dynamischen Umfeld führt das blinde Verfolgen von Plänen leicht zum Scheitern. Erfolg wird eher über kontinuierliches Lernen während des Unterwegsseins möglich.

Auch in der Tat ist Raum für Überlegung

„Auch in der Tat ist Raum für Überlegung" wusste schon Goethe, und die Geschichte meines Buchhändlers ist ein zugegebenermaßen ziemlich extremes Beispiel dafür. Sie zeigt, dass es durchaus möglich ist zu handeln, ohne schon alle Antworten im Detail zu kennen. Sie zeigt, dass es möglich ist, auf dem Weg zu einer Lösung Schritt-für-Schritt-Entscheidungen zu treffen, Ziele im Tun zu konkretisieren und das Planen als einen integralen Bestandteil des Handelns zu begreifen. Als mein Buchhändler sich entschließt Buchhändler zu werden, hat er einen gut bezahlten Job im Finanzsektor. Er gibt diesen Job auf, ohne sich im Klaren zu sein, wie er seinen Buchhandel genau aufbauen wird. Er gibt nicht nur seinen Job auf, sondern auch seine Wohnung auf. Im Moment der Entscheidung hat er zwei Dinge nicht: Er hat weder eine neue Wohnung noch einen Standort für sein Geschäft mit Büchern. Trotzdem hat er die Umzugsfirma schon bestellt. Als sein Hab und Gut im Lastwagen verladen wird, fragt der Lastwagenfahrer, wohin er es bringen soll. Da mein Buchhändler es ihm nicht sagen kann, weist er ihn an, einfach nach Westen zu fahren. Er sagt dem Fahrer, dass er erst während des Transports eine Entscheidung über den Standort treffen wird. Er selbst nimmt im Auto, das von seiner Frau Richtung Westen gesteuert wird, am Beifahrersitz Platz, um während der Fahrt am Laptop an seinem Geschäftskonzept zu arbeiten und Telefonate zu führen. Schließlich wird es ohne Partner nicht gehen, und außerdem muss er einen Firmenstandort ausfindig machen. Er strebt seinem Ziel zu, ohne dessen genaue Adresse zu kennen. Während der Fahrt macht er einen Umweg, um Leute zu treffen, die ihm beim Aufbau seines Vertriebs helfen sollen. Während der Fahrt fällt dann Berichten zufolge auch die Entscheidung für den Firmenstandort. Es ist Seattle. Dort baut mein Buchhändler eine völlig neue Form des Buchvertriebs auf, er ist weltweit tätig und binnen kurzer Zeit äußert erfolgreich. Der Name meines Buchhändlers ist Jeff

Bezos, seine Buchhandlung kennen Sie wahrscheinlich: Sie heißt Amazon. (Kelley, 2001)

Abbildung 1 zeigt die lineare Logik, in der Planungs- und Entwurfsphasen konsequent von den nachfolgenden Umsetzungs- und Implementierungsphasen getrennt werden.

Abb 1 – Zuerst denken, dann handeln

Das Beispiel von Jeff Bezos und Amazon zeigt ein evolutionäres, explorierendes und sich fortbildendes Vorgehen. In ihm zeigt sich eine zirkuläre Logik: Bezos verzichtet auf eine frühzeitige Festlegung seines Fernziels, konkretisiert Schritt für Schritt die jeweils nächste Etappe, bleibt manövrierfähig, steuert und korrigiert im Tun. Er tastet sich auf diese Weise in zirkulären Schleifen von Exploration und Reflexion voran. Jeder Schritt bringt neue Erkenntnisse und Ergebnisse hervor, die eine passende Entscheidung über die Art und Weise des nächsten Schritts ermöglichen. Ich bezeichne dieses zirkuläre Vorgehen als Logik des gleichzeitigen Denkens und Handelns. Im Gegensatz zur linearen Logik des zuerst Denkens, dann Handelns beschränkt sich der schöpferische Anteil dabei nicht auf eine anfängliche Entwurfsphase, sondern begleitet den Prozess kontinuierlich die ganze Zeit über. Entwicklung und Umsetzung sind in diesem Prozess miteinander verknüpft und finden gleichzeitig statt. Lernen findet kontinuierlich statt, Lösungen und Entscheidungen werden im Gehen während des Unterwegsseins hervorgebracht.

Abbildung 2 zeigt die zirkuläre Logik. Die Schleifen sollen die Gleichzeitigkeit und Verknüpfung von Denken und Handeln darstellen. Mit Denken meine ich hier nicht nur reflexives Nach-Denken, sondern auch kreatives Vor-Denken: Zukunftsbilder und Szenarien entwerfen, schöpferische Selbsterschaffung und Neuerfindung. Mit gleichzeitigem Denken und Handeln sind hier also Nachdenken, Vorausdenken, Zukunftgestalten, Entscheiden, Explorieren, Tun, Beobachten und neuerliches Reflektieren gemeint.

Gleichzeitiges Denken & Handeln

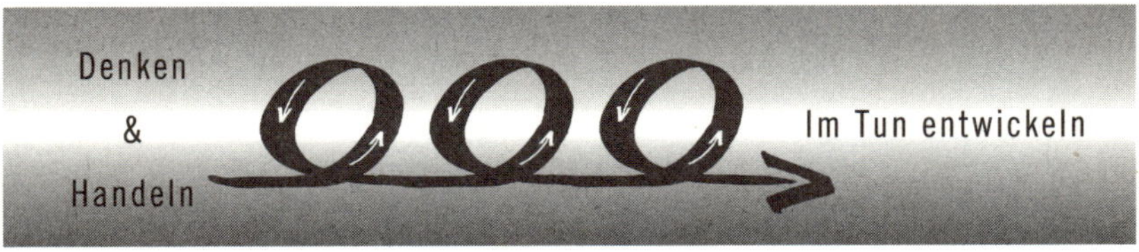

Abb 2 – Gleichzeitiges Denken & Handeln

In größeren Unternehmen findet man die lineare Logik überall dort, wo die Strategiearbeit an Experten, Stabstellen oder externe Berater delegiert wird. Und auch dort, wo von Strategieentwicklung und anschließender Implementierung gesprochen wird. Und wo man die Vorstellung hat, es müsse einmal für einen längeren Zeitraum Strategiearbeit gemacht werden, beispielsweise: „Heute machen wir das Strategiepapier für die nächsten fünf Jahre und in fünf Jahren machen wir dann eine neue Strategie."

Die zirkuläre Logik findet man in Unternehmen dort, wo kontinuierliche Strategiearbeit betrieben wird, wo Strategie als ein vom Zeithorizont her nach vorne offenes Thema verstanden wird. Kontinuierlich meint auch, dass Strategiearbeit als systematischer Rahmen für periodische Selbstreflexion und kreative Selbsterschaffung verstanden wird. Wo Strategiearbeit als unternehmerische Verantwortung der Führung verstanden wird, sei es in einer Management-Funktion oder als Inhaber-Unternehmer, zieht sich die Führung immer wieder aus dem Fluss des operativen Geschehens zurück, um in einen strategischen Dialog zu treten. Verantwortung der Führung heißt nicht, Strategiearbeit im Elfenbeinturm zu betreiben, sondern auch andere mögliche strategierelevante Wissensträger aus verschiedenen Hierarchieebenen und unterschiedlichen Bereichen – möglicherweise auch außerhalb des Unternehmens – in den Prozess der Strategiearbeit mit einzubeziehen.

Wenn ich an die Erfahrungen denke, die ich in den letzten Jahren bei der Begleitung von Unternehmen in strategischen Veränderungsprozessen gemacht habe, dann kann ich sagen, dass die zirkuläre Logik bei sich rasch verändernden Rahmenbedingungen der linearen durchwegs überlegen ist. Ich werde diese Erfahrungen anhand von interessanten Beispielen im Rahmen dieses Buches ausführlicher darlegen.

... es wird Zeit

„Du, es firnt auf."

Die Stimme von Werner reißt mich aus meiner Versunkenheit und holt mich in die Bergwelt zurück. Ich öffne die Augen und bin im ersten Moment vom gleißenden Schnee und der Höhensonne geblendet. Das plötzliche Aktivwerden ist zwar nicht besonders angenehm, dafür kommt die Störung genau rechtzeitig. Nur für ein relativ kurzes Zeitfenster sind die Schneeverhältnisse für eine rauschende Firnabfahrt optimal. Kurze Zeit später verwandelt die Kraft der Sonne den Schnee fast in einen Sumpf. Nicht nur, dass der Genuss damit vorbei ist, es steigt auch die Gefahr von Nassschneelawinen. Doch jetzt, in diesem Moment, tut sich uns die Chance für eine tolle Abfahrt auf und die Vorfreude steigt.

Wir sind die Einzigen hier auf diesem Berg. Das hat mich immer schon fasziniert: dorthin zu gehen, wo die anderen nicht hingehen. Bei perfekten Bedingungen, wunderbarem Wetter und herrlichem Schnee dort zu sein, wo sonst niemand ist. Wenn man dann fulminante Hangfolgen für sich alleine hat und sie mit niemandem außer seinen Freunden teilen muss, kann man als Skibergsteiger von einem lohnenden Unternehmen sprechen. Das kann man nicht planen, das kann man sich nur ermöglichen – wahrscheinlich machen – und dann die Chance nutzen, wenn sie sich auftut.

Ich lasse meinen Blick nochmals über das Großglockner-Massiv schweifen und denke, dass wir uns auch im Wirtschaftsleben Strategien aneignen sollten, die es uns erlauben, unsere Spur ins Ungewisse zu bahnen, dem Unerwarteten zu begegnen und Erfolgspotenziale zu suchen, zu schaffen und zu nutzen, statt zu versuchen, der Welt unsere Pläne aufzuzwingen. Wir könnten den vielgestaltigen und widersprüchlichen Kräften, die unsere Realität beherrschen, mit Offenheit und Beweglichkeit statt mit vorgefertigten Erfolgsregeln und veralteten Rezepten begegnen. Und dann könnten wir lernen, von einer stabilen Zone der Sicherheit aus, den Weg durch einen unsicheren Abschnitt zu finden, um dann wieder eine Zone der Sicherheit zu schaffen, von der aus der nächste ungewisse Abschnitt angegangen werden kann.

Jetzt ist es tatsächlich Zeit für die Abfahrt. Der günstige Moment ist da.

LITERATUREMPFEHLUNGEN

Peter F. Drucker: Management im 21. Jahrhundert. Econ Verlag 1999

Thomas L. Friedman: The World Is Flat. A Brief History of the Twenty-first Century. Farrar, Straus and Giroux 2005

Arie de Geus: Jenseits der Ökonomie. Klett-Cotta Verlag 1998

Bernhard Pörksen: Die Gewissheit der Ungewissheit. Gespräche zum Konstruktivismus. Carl-Auer-Systeme Verlag 2002

Gegenverkehr beim Seiltanzen

„Geh Wege, die noch niemand ging,
damit du Spuren hinterlässt und nicht nur Staub."
Antoine de Saint-Exupéry

Wenn ich an die Schwierigkeiten denke, die momentan viele kleine und große Unternehmen im Umgang mit dem Ungewissen haben, so ist meiner Ansicht nach ein Teil davon auf lineares und deterministisches Planen zurückzuführen. Ein anderer wesentlicher Teil besteht meiner Erfahrung nach darin, dass nahezu in allen Branchen zu viele Wettbewerbsteilnehmer das Gleiche machen. Obwohl viele an der Oberfläche nach Differenzierung streben, unterscheiden sie sich kaum. Die allgemeine Tendenz der Unternehmen geht eher zum Mitmachen und Nachmachen als zum Andersmachen oder Neumachen. Die meisten orientieren sich am Wettbewerb, sie folgen ausgetretenen Pfaden, um die Risiken, die neue Spuren mit sich bringen würden, zu vermeiden, anstatt neue Wege zu gehen. Paradoxerweise steigt das Risiko aber gerade dadurch, weil alle den Trampelpfaden folgen und sich die Wettbewerber ähneln und anpassen, statt sich zu unterscheiden. Die Folge davon: ruinöser Wettbewerb, Preisverfall und Verlust an Erträgen, Identität und Attraktivität. Dies erinnert mich an Szenen, die ich auf den Normalwegen berühmter Gipfel oft erlebt habe. Berühmte Gipfel und deren leichtester Anstieg, der so genannte „Normalweg", üben eine magische Anziehungskraft auf Heerscharen bergbegeisterter Menschen aus. Der durchaus verständliche und legitime Wunsch, über einen leichten Weg auf einen berühmten Gipfel zu kommen, hat für jeden dieser Gipfelkandidaten die Kehrseite, dass tausend andere dasselbe wollen und auch tun. Ich habe das persönlich erlebt. Matterhorn, Mont Blanc und Großglockner sind nur einige Beispiele.

Der Großglockner zum Beispiel zählt als höchster Berg Österreichs zu den alpinistischen Publikums-Magneten schlechthin. Und so fassen viele Menschen – Bergsteiger aus ganz Europa, aber auch viele nicht-bergsteigende Patrioten – den Entschluss, dem Glockner irgendwann aufs Haupt zu steigen. Der Berg zieht die Massen an und das führt dazu, dass an schönen Sommertagen oft mehr als 150 Menschen auf den Gipfel wollen – gleichzeitig, oft zur selben Stunde! Teilweise kommt es dabei zu unschönen Szenen. Staus, wie etwa auf der Tauernautobahn, sind an der Tagesordnung – nur, dass die geregelte Blockabfertigung fehlt. Aggressives Verhalten der „Bergkameraden" untereinander – riskante Überholmanöver auf einem schmalen Grat, von dem es links und rechts jeweils 600 Meter ziemlich steil hinuntergeht. Ungewollte Seilsalate lassen sich da kaum vermeiden. Es gibt auch das Phänomen gewollter Seilsalate: Manchmal knüpfen erboste Überholte den Überholenden einen Knoten ins Seil, damit die nicht weiterkommen. Richtig spannend wird es, wenn die ersten dann wieder den Rückweg antreten, natürlich über die gleiche Route. Das kann auf dem schmalen Grat für den weniger Abgebrühten fast so etwas bedeuten wie Gegenverkehr beim Seiltanzen – nur wartet dort oben kein sicheres Fangnetz. Dafür hat man bei schönem Wetter den Blick auf die Gletscherspalten 600 Meter weiter unten. Es kommt immer wieder zu Mitreißunfällen, allerdings passieren meiner Einschätzung nach im Vergleich zur Häufigkeit der haarsträubenden Situationen trotzdem – Gott sei Dank – nur sehr wenige Unfälle. Auch wenn es meistens nicht ganz so heiß hergeht wie im eben beschrieben Horror-Szenario, sagen viele entnervte Gipfel-Sieger nach dieser Tour: „Einmal und nie wieder!" Eigentlich eigenartig – ging es doch zuvor um die Erfüllung eines Traums. Bloß hatte man sich das anders vorgestellt. Nicht dass der Großglockner nicht außerordentlich schön wäre, aber wenn alle gleichzeitig das Gleiche wollen, gibt es Probleme.

Mir kommt es vor, als würden sich ähnliche Dinge zurzeit auch in nahezu allen Bereichen der Wirtschaft abspielen. Ehemals attraktive Geschäftsmöglichkeiten sind keine mehr, weil alle das Gleiche machen. Die meisten Unternehmen, ob groß oder klein, befinden sich im übertragenen Sinne auf dem Normalweg. Der Normalweg steht in diesem Buch dafür, den bereits ausgetretenen Pfaden zu folgen, als Unternehmen oder Mensch fortzuführen, was immer schon gemacht wurde und dorthin zu gehen, wo auch die anderen hingehen. Er steht für die verbreitete Neigung, es den anderen gleichzutun und für fehlenden Mut zum Besonderen und zum Unterschied. Er steht für die Sackgasse der Angleichung, die in einen zerstörerischen Wettbewerb führt. Er steht für das große Risiko, das entsteht, wenn man mit Ziel und Plan auf Nummer Sicher gehen will.

Der Normalweg und die Nordwand

Ich persönlich habe den Zugang zu meiner Tätigkeit als Management-Berater und Organisationsentwickler über die Berge gefunden. Noch bevor ich derartige Massenphänomene auf den Normalwegen berühmter Gipfel erlebt hatte, war ich als junger Extremkletterer bereits in den großen Nordwänden der Alpen unterwegs. Es zog mich immer schon von den Normalwegen weg, dorthin, wo die anderen nicht hingingen. Ich denke hier zum Beispiel an die Begehung der Nordwand der Grandes Jorasses über den berühmten Walkerpfeiler vor über zwanzig Jahren. Der Walkerpfeiler ist die klettertechnisch schwierigste Route der großen Nordwände der Alpen und liegt mit dem 6. Schwierigkeitsgrad einen ganzen Grad über der Eiger-Nordwand. Ich erinnere mich an die schwierige Entscheidung, überhaupt einzusteigen und den Schritt ins Ungewisse zu wagen. Ich erinnere mich an die kalten Biwaknächte auf schmalen Felsvorsprüngen und an die vereisten Granitplatten im 6. Schwierigkeitsgrad, die die Kletterei nahezu unmöglich machten. Ich erinnere mich aber auch an die Faszination der Kletterei mit meinem Partner Sepp: einerseits die Ausgesetztheit, die Härte und Gefahr, andererseits die Ästhetik der Routenführung und der Bewegungen, die atemberaubende Szenerie und Intensität des Erlebens in dieser einsamen Nordwand, die vor uns in jenem Sommer noch keine Seilschaft erfolgreich gemeistert hatte. Eine Nordwand verlangt den Mut, etwas anderes zu machen und einen neuen Weg ins Ungewisse zu gehen. Eine Nordwand ist immer eine Expedition ins Ungewisse. Sie lässt sich nicht linear und deterministisch planen. Sie verlangt keinen Plan, sondern strategisches Denken und Handeln.

Bei der Durchsteigung einer Nordwand geht es nicht nur um die Erreichung eines Ziels, sondern um das Begehen eines schwierigen Weges. Das Begehen schwieriger Wege bewirkt Transformation und persönliche Weiterentwicklung. Meine Erfahrung aus den Nordwänden ist, dass wir nach den Durchstiegen nicht mehr dieselben waren, das Erlebte hatte uns tief drinnen verändert. Diese Entwicklung wäre für uns auf den Normalwegen nicht möglich gewesen.

Eine Nordwand ist ein unberechenbares Umfeld und bildet Rahmenbedingungen, die sich rasch und radikal verändern können. Ich habe das Bild der Nordwand a) wegen meiner persönlichen Extremerfahrungen gewählt und b), weil die Herausforderungen unserer Zeit für Unternehmen, ob groß oder klein, ähnlich sind wie Nordwände für Kletterer.

Im Bild der Nordwand zeigen sich sowohl die Ungewissheit, die Gefahr und die Ausgesetztheit als auch die Chancen und Erfolgspotenziale. Es steht auch für den notwendigen Mut, die vorgezeichneten Wege zu verlassen und einen eigenen Weg zu gehen. Auf Unternehmen umgelegt bedeutet dies, einen sinnvollen Unterschied zu machen und damit neue, lohnende Märkte und Geschäftsfelder zu eröffnen. Die Nordwand steht für das wachsame Erkennen und verantwortungsvolle Nutzen neuer Chancen.

In der Nordwand ist sowohl der Erfolg als auch das Scheitern möglich. Der Philosoph Jacques Derrida betont, dass die Bedingung der Möglichkeit eines Phänomens zugleich die Unmöglichkeit seiner Reinheit darstellt. In anderen Worten: Wo Erfolg möglich ist, ist auch Scheitern möglich und vice versa, nur wo Scheitern möglich ist, wird Erfolg erst möglich – oder anders gesagt: Wo man nicht scheitern kann, ist auch kein Erfolg möglich.

Sich unternehmerisch in eine Nordwand zu wagen bedeutet, als Unternehmen einen eigenen Weg zu gehen und der Logik des Andersmachens und Neumachens zu folgen. Unternehmen am Normalweg folgen der Logik des Mitmachens und Nachmachens.

Expeditions-Ängste

Wenn Sie mir als Leser jetzt Recht geben, dass es Erfolg versprechender ist, sich bewusst in eine Nordwand zu begeben, als am Normalweg einen Gegenverkehr beim Seiltanzen zu erleben, dann könnten wir uns nun fragen: Was hält Unternehmen trotz dieser offensichtlichen Vorteile davon ab, sich auf eine Expedition ins Ungewisse zu begeben?

Meiner Beratungserfahrung nach ist es schlicht und einfach Angst. Mehr noch, es ist ein Geflecht aus unterschiedlichen Ängsten: der Angst, den Anforderungen einer unternehmerischen Nordwand nicht gewachsen zu sein; der Angst, sich mehr anstrengen zu müssen, obwohl gerade die Normalwege in der Wirtschaft immer mühsamer und nervenaufreibender werden; der Komfortangst, die uns davon abhält, bequem gewordene Routinen aufzugeben; der Angst, unsere Identität in Frage stellen und möglicherweise neu definieren zu müssen; der Angst davor, persönlich Verantwortung für einen eigenen Weg zu übernehmen.

Zwei Ängste erscheinen mir im Zusammenhang mit der unternehmerischen Expedition ins Ungewisse zentral: Andersmachen und Neumachen rufen die Angst vor dem Unbekannten hervor. Hinter dieser Angst steckt das Bedürfnis nach Klarheit über die Zukunft. Die Vorstellung, Neuland ohne zuverlässiges Kartenmaterial erkunden zu müssen und dabei auf die Zusammenarbeit mit anderen angewiesen zu sein, ruft die Angst vor dem Kontrollverlust hervor. Hinter dieser Angst verbirgt sich das Bedürfnis nach Sicherheit. Um sich selbst das Gefühl zu verschaffen und gegenüber Dritten den Anschein zu erwecken, in jedem Moment die Kontrolle behalten zu können und schon vor dem Aufbruch zu wissen, wie der vorletzte Schritt gemacht werden soll, wird linear geplant. Um die Risiken des Unbekannten und Andersmachens auszuschalten und jederzeit vor sich und anderen behaupten zu können, man habe verantwortungsvoll agiert, wird den Spuren anderer gefolgt.

Oftmals werden Einzelne oder Unternehmen mit Unbekanntem konfrontiert und haben keine andere Wahl als darauf reagieren zu müssen. Diese Nordwand-Situationen lösen dann oft automatisch Angst und Handlungsunfähigkeit aus, wobei die Möglichkeiten unterschätzt werden, die Menschen im Umgang mit dem Ungewissen haben. Folgende wahre Geschichte über eine Expedition ins Ungewisse, die ich bei Karl Weick gefunden habe, illustriert dies: Eine ungarische Militäreinheit nimmt an Manövern in den Schweizer Alpen teil, und ein junger Leutnant schickt einen kleinen Spähtrupp in die vergletscherten Höhen. Kurz darauf beginnt es zu schneien, und es schneit zwei Tage lang durch. Der Leutnant hört nichts mehr von seiner Truppe, er hat große Angst um sie und macht sich Vorwürfe, sie in diese Wildnis aus Eis und Schnee geschickt zu haben. Doch siehe da, am dritten Tag kommen sie alle wohlbehalten zurück. Wo waren sie? Wie haben sie ihren Weg zurück gefunden? „Ja", erzählen die Zurückgekehrten, „wir glaubten schon, wir sind verloren und am Ende. Doch dann fand einer von uns in seiner Tasche eine Karte, und das beruhigte uns. Wir schlugen die Zelte auf und warteten, bis der Schneesturm vorbei war. Anhand der Karte stellten wir fest: Hier befinden wir uns, und das ist der Weg zurück. Und da sind wir nun."

Der Leutnant nimmt die lebensrettende Karte an sich und studiert sie gründlich. Mit größtem Erstaunen stellt er fest, dass es sich dabei nicht um eine Karte der Alpen, sondern um eine Karte der Pyrenäen handelt. (Weick, 1995)

Wie sich in der überraschenden Pointe der Geschichte zeigt, war es gerade nicht die Karte, die den Weg zurück wies. Doch die Karte der Pyrenäen gab der Truppe das Vertrauen, den Weg in den Alpen zurück zu finden, sie wirkte wie eine selbsterfüllende Prophezeiung. Nicht die Karte, nur das mutige Handeln bewirkte, dass die Orientierung im Ungewissen gelang.

Noch mehr Dramatik erhalten hätte die Geschichte, wenn der Mann, der die Karte in seiner Tasche fand, gewusst hätte, dass es sich um eine falsche Karte handelt, und wenn er die Truppe trotzdem sicher zurückgeführt hätte. Viele Menschen und Führungskräfte stehen genau vor dieser Situation: Sie wissen, dass ihre Pläne und Karten ungenügend sind und dennoch müssen sie handeln oder andere Menschen zum Handeln bewegen. Gerade darum geht es im Nordwand-Prinzip: Trotz des Wissens darum, dass Pläne und Rezepte oftmals versagen, den Mut zu fassen und aufzubrechen, sich dabei am Realen zu orientieren und die Zukunft handelnd zu erkunden.

Welchen Beitrag das Nordwand-Prinzip leisten kann

Mit dem Nordwand-Prinzip unterstütze ich Menschen und Unternehmen dabei, ihren Weg in eine ungewisse Zukunft zu finden, für die es keine genauen Karten gibt. Ich helfe ihnen, der prinzipiellen Ungewissheit der Zukunft offensiv zu begegnen, eine Expedition ins Ungewisse zu wagen und diese erfolgreich zu meistern. Das Nordwand-Prinzip gibt Menschen und Unternehmen Orientierungshilfen für ihren Weg in die Zukunft, zu Zielen, die sich möglicherweise erst dann herausbilden, wenn man auf sie zugeht. Das Nordwand-Prinzip fungiert als strategisches Hilfsmittel, wenn es darum geht, Neuland zu beschreiten. Egal ob man will oder ob man muss.

LITERATUREMPFEHLUNGEN

Felix von Cube: Gefährliche Sicherheit. Lust und Frust des Risikos. Hirzel 2000

W. Chan Kim, Renée Mauborgne: Der Blaue Ozean als Strategie. Hanser Verlag 2005

Henry Mintzberg, Bruce Ahlstrand, Joseph Lampel: Strategy Safari. Eine Reise durch die Wildnis des strategischen Managements. Wirtschaftsverlag Carl Ueberreuter 1999

Ortswechsel des Denkens

Wir überschätzen das Ausmaß an Planbarkeit und Unterschätzen unsere Möglichkeiten im Umgang mit dem Ungewissen.

Dieses Buch lädt Sie zu einem radikalen Ortswechsel des Denkens ein: der Denk- und Handlungsrahmen, in dem sich das Management heute oft bewegt, wird mit dem Denk- und Handlungsrahmen des Extremkletterers konfrontiert. Denn das Extremklettern bildet neben meiner Beratertätigkeit für Organisationen in strategischen Veränderungsprozessen einen zentralen Erfahrungshintergrund: Als Bergsteiger habe ich mit meinen Partnern in den letzten fünfundzwanzig Jahren weit über zweitausend Touren erfolgreich durchgeführt, in über zwölf Jahren als Profi-Bergführer habe ich meine Kunden durch schwierigste Nordwände geführt, ihnen hohe Gipfel in Kanada und im Himalaja ermöglicht und selbst Klettereien bis zum 9. Schwierigkeitsgrad gemeistert.

Meine persönlichen Erfahrungen in diesem Kontext werde ich in Form von Geschichten einbringen. Diese Geschichten aus den senkrechten Felswänden sollen das Denken in Bewegung bringen, es stören und verstören und Denkanstöße geben. Sie dienen dazu, Gewohntes zu hinterfragen und sollen hoffentlich produktive Irritationen bewirken. Nun kann man sich fragen: Wäre ein neues Denken nicht auch ohne extreme Klettergeschichten möglich?

Die extremen Kletterrouten bieten einen Rahmen, der außerhalb des Alltäglichen und Normalen liegt – das erleichtert ein neues, unvoreingenommenes Hinschauen auf Situationen, die im Alltag vielfach nicht mehr bewusst reflektiert werden. Überdies zeigen sich in den Nordwand-Geschichten komplexe Sachverhalte sehr klar und lassen sich präzise veranschaulichen.

Dabei geht es nicht darum, Erfahrungen aus dem Nordwand-Kontext 1:1 in den Management-Kontext zu übertragen. Die simple Annahme, ein guter Bergsteiger sei ein guter Manager oder Unternehmer ist ebenso unhaltbar wie die Annahme, ein guter Manager sei automatisch ein guter Bergsteiger. Doch auf einer weniger offensichtlichen Ebene lassen sich im Agieren von

Extremkletterern und im strategischen Vorgehen erfolgreicher Manager und Unternehmer durchaus Ähnlichkeiten entdecken. Auf dieser Ebene kann man voneinander lernen – wenn man will. Der extreme Kletterer macht bei jedem Schritt das, was jeder unternehmerisch tätige Mensch und jedes Unternehmen machen muss, wenn der eigene erfolgreiche Fortbestand gesichert werden soll: Ungewissheit in Gewissheit verwandeln – das Ungewisse erfolgreich managen.

Handeln im rezeptfreien Raum

Mir geht es vor allem um eines: Ungewissheits-Management und extremes Klettern finden in der Praxis statt. So wie man nicht theoretisch managen kann, kann man auch nicht theoretisch Klettern, man muss es tun. Es gibt kein „Institut für die theoretische Bewältigung von überhängenden Felswänden", und auch wenn es eines gäbe, würden sämtliche dort gewonnenen Erkenntnisse Lichtjahre von den Erfordernissen der Realität entfernt sein. Es gibt keine Rezepte, die man auswendig lernen und anwenden könnte, sehr wohl aber kann man sich optimal vorbereiten, trainieren und sich langsam, aber verantwortungsvoll an die Aufgaben herantasten.

Ein Faktor, der die Anwendung von Rezepten oder rezeptartigen Vorgehensweisen in der Nordwand verbietet, ist die Erst- und Einmaligkeit jeder Situation. Herausfordernde Momente in der Wand sind unwiederholbar und jede schwierige Situation stellt für sich einen hochkomplexen und dynamischen Spezialfall dar. Dynamisch trotz der Tatsache, dass die Wand im wahrsten Sinn des Wortes fest und unverrückbar dasteht und dem Geschehen den Anschein von Statik verleiht. Jedes Unternehmen in der Nordwand ist ein Unternehmen im rezeptfreien Raum (vgl. Lenglachner/Schmitz, 2002).

Jeder Extremkletterer tut gut daran, sich in seinen Entscheidungen an den jeweils herrschenden Bedingungen zu orientieren. Wenn in einer senkrechten Felswand 400 Meter über dem sicheren Boden die überhängende Schlüsselstelle, also die schwerste Kletterstelle dieser Route, gemeistert werden muss, geht es darum, die vorhandenen Griffe und Tritte zu entdecken, abzuwägen, ob die Kraft reichen wird und wie viel Risiko in Kauf genommen werden kann. Es geht darum, in einem kontinuierlichen Prozess des Wahrnehmens,

Abwägens und Entscheidens im Moment und vor Ort zu handeln. Was ein „Institut für theoretische Überhangsbewältigung" als Normstrategie in dieser Gesteinsart und Höhenlage zur Anwendung empfehlen würde, hilft in dieser Situation herzlich wenig. Geschweige denn, dass sich die Herausforderung, den Überhang zu bewältigen, vom Kletterer an eine Stabsstelle delegieren ließe. Jeder Extremkletterer weiß, dass er immer wieder Entscheidungen mit ungewissem Ausgang zu treffen hat und die Verantwortung für die Konsequenzen selbst übernehmen muss. Damit er in der Nordwand trotzdem überlebt, darf er nicht an Plänen kleben, sondern muss strategisch klug agieren.

So ähnlich stellt sich die Situation auch für Unternehmen dar. Auch hier müssen immer wieder Entscheidungen mit ungewissem Ausgang getroffen werden. Häufig wird versucht diese Entscheidungen durch Berechnungen zu ersetzen, weil der Mut fehlt, sich Entscheidungen mit ungewissem Ausgang zu stellen. Und weil man glaubt, alles sei berechenbar.

Heinz von Foerster hat auf Folgendes hingewiesen: „Nur die Fragen, die prinzipiell unentscheidbar sind, können wir entscheiden." Eine Entscheidung ist demnach etwas, das sich nicht berechnen lässt und auch etwas, dessen Konsequenzen nicht absehbar sind. Im Unterschied dazu ist eine Berechnung etwas, dessen Konsequenzen sich durch eine mehr oder weniger komplizierte Abfolge logischer Schritte schon vorher klar beantworten lassen. Mit der Freiheit, etwas entscheiden zu können, ist, nach Foerster, untrennbar die Übernahme der Verantwortung für die Konsequenzen der Entscheidung verbunden. In Unternehmen wird meiner Beobachtung nach häufig versucht sich elegant aus diesem Zusammenhang heraus zu mogeln: Man versucht alle verfügbaren Daten und Informationen in ein rational-logisches System entscheidbarer Fragen zu bringen, die man dann nicht mehr entscheiden muss, sondern ausrechnen kann. Man bastelt sich Rezepte oder übernimmt sie von anderen.

Natürlich sind Berechnungen in bestimmten betriebswirtschaftlichen Bereichen möglich, wichtig und auch dringend notwendig – im Bereich entscheidbarer Fragen. Auch beim Bergsteigen gibt es entscheidbare Fragen, wo sich Dinge genau berechnen lassen und schon vorher klar ist, was passieren wird, wenn die Berechnungen unterbleiben – wenn man beispielsweise versucht sich von einem Überhang mit einem 20-Meter-Seil eine Strecke von 50 Metern frei hängend abzuseilen. Viele Beispiele aus Unternehmen zeigen auch, dass Berechnungen oft dort unterblieben, wo sie zur Herbeiführung klügerer Entscheidungen dringend notwendig gewesen wären.

Während man jedoch in der Mathematik oder Betriebswirtschaft zu eindeutigen Lösungen kommen kann, sind wir im Bereich der unentscheidbaren Fragen mit konkurrierenden Möglichkeiten konfrontiert, ohne sicher sein zu können, welchen Ausgang sie nehmen. Das betrifft den Umgang mit Menschen, mit sozialen Systemen, mit Wettbewerbern, mit Partner und Kunden, mit Situationen unvollständiger Information, mit komplexen Situationen und den großen strategischen Zukunftsfragen, die sich im Wesentlichen aus den vorgenannten zusammensetzen. Letztlich beruht unser Handeln auf Unbestimmtheit.

Das Nordwand-Prinzip im Überblick

Dieses Buch ist anhand sieben strategischer Prinzipien aufgebaut, die ich aus meinen Erfahrungen beim Extremklettern und aus der Beratung von Organisationen in strategischen Veränderungsprozessen abgeleitet habe.

Die einzelnen Prinzipien entwickle ich schrittweise entlang meiner biografischen Stationen als Extremkletterer und Profi-Bergführer. Jedes Kapitel enthält ein Prinzip. Nach jeder Nordwand-Geschichte erfolgen Überlegungen zum Transfer in den organisatorischen oder beruflichen Kontext: Was kann dieses Prinzip für den Einzelnen bedeuten? Was kann dieses Prinzip für ein Unternehmen bedeuten? Sie sind als Leserin oder Leser eingeladen, weitere Überlegungen anzuschließen und die Prinzipien auf persönliche Fragestellungen anzuwenden.

Jedes Prinzip wird weiter durch Beispiele aus meiner Beratertätigkeit, durch Praxisbeispielen aus Organisationen und Interviews mit Managern und Unternehmern illustriert. Ich nenne die Namen von Unternehmen und Unternehmern nur dann, wenn es sich um Geschichten aus öffentlich zugänglichen Quellen oder Interviews, die speziell für dieses Buch geführt wurden, handelt. Bei den Beispielen aus meiner Beratungspraxis nenne ich weder den Namen des Unternehmens noch des Kunden oder anonymisiere den Namen.

Die sieben strategischen Prinzipien stellen keine Rezepte dar, sie sollen Orientierung für das Beschreiten von unternehmerischem Neuland geben und wie „Leuchtfeuer" funktionieren. Durch die zeitliche Abfolge der Geschichten in diesem Buch und den Versuch zentrale Botschaften zu verdichten, könnte beim Leser die Versuchung entstehen, darin doch ein Rezept entdecken zu wollen. Hüten Sie sich davor und erwarten Sie auch keine Anweisungen dafür, was genau in Ihrem Fall zu tun wäre.

Es geht mir nicht darum, mittels der sieben Prinzipien ein allumfassendes Gedankengebäude für strategisches Denken und Handeln zu errichten, weil ich weiß, dass jeder derartige Versuch der Realität niemals gerecht werden kann. Daher will ich Ihnen Impulse für Ihr eigenes Denken und Handeln anbieten, die ich aus einzelnen, mir relevant erscheinenden Erfahrungen ableite.

In den Kapiteln „Einsteigen und ins Ungewisse aufbrechen" und „Neu Hinschauen" beschreibe ich meine alpinistischen Anfänge und den persönlichen Weg hin zur Wand.

In „Einsteigen und ins Ungewisse aufbrechen" geht es darum, dass man zu Beginn kein konkretes Ziel braucht, um aufzubrechen und etwas Neues zu beginnen, vorerst reicht es, wenn man von dem Unbekannten und Neuen eines Spielfeldes fasziniert ist. In „Neu Hinschauen" (1. Prinzip) zeige ich, dass Menschen und Gemeinschaften unterschiedliche Perspektiven auf denselben Sachverhalt brauchen, um zu einem gemeinsamen Bild des großen Zusammenhanges zu kommen und neue Möglichkeiten entdecken zu können. Das bewusste Wechseln zwischen Distanz und Nähe sowie ein radikaler Lösungs- und Ressourcenfokus sind dafür nötig.

Die Kernstücke meiner persönlichen Nordwand-Erfahrungen finden sich in „Loslassen und Verzichten", „Wollen statt Wünschen", „Ziele kommen lassen" und „Kluges Scheitern".

In „Loslassen und Verzichten" (2. Prinzip) erzähle ich die Geschichte meiner Durchsteigung der Großen Zinne-Nordwand in den Dolomiten – allerdings bin nicht ich, sondern ist mein Rucksack hier der Hauptdarsteller. Es geht hier darum, dass sich in Unternehmen unnötiger Ballast auf mehreren Ebenen ansammeln kann. Im Kapitel „Wollen statt Wünschen" (3. Prinzip) beschreibe ich, wie mir vor zwanzig Jahren in der Nordwand der Grandes Jorasses zum ersten Mal in voller Tragweite bewusst wurde, dass es immer ums Ganze geht, egal was der Einzelne in einer Gemeinschaft tut, und dass zwischen Wunsch- und Willenszielen ein bedeutender Unterschied besteht. Im Sinne dieser Geschichte könnten Einzelne, Teams, Geschäftsbereiche und ganze Organisationen von einem neu verstandenen Gemeinschafts-Denken profitieren.

In „Ziele kommen lassen“ (4. Prinzip) zeige ich, dass sich Erfolge nicht erzwingen lassen, schon gar nicht, wenn die Rahmenbedingungen dagegen sprechen. In der Nordwand der Les Courtes in den französischen Westalpen habe ich in einer lebensbedrohenden Situation dazu sehr tiefe Einsichten gewonnen. Menschen und Unternehmen können durch allzu strenge Fixierung auf Ziele und Pläne nicht nur offensichtliche Chancen übersehen, sondern existenzbedrohende strategische Fehler begehen. In „Nordwand statt Normalweg“ (5. Prinzip) geht es darum, wie man für Kunden einen sinnvollen Unterschied macht und sich mit seinen Kernkompetenzen ein unverwechselbares Profil gibt. Ich beschreibe hier meinen Weg vom Normalweg- zum Nordwand-Bergführer. Auch für Unternehmen jeder Größenordnung sind ein unverwechselbares Leistungsprofil und ein überlegener Kundennutzen das Herzstück der Strategiearbeit. Im Kapitel „Kluges Scheitern“ (6. Prinzip) zeige ich anhand meiner Erfahrungen beim Sportklettern auf, dass sich der erfolgreiche Durchstieg einer extrem schwierigen Sportkletterroute im 9. Grad nicht am sicheren Boden planen lässt. Beim Sportklettern hilft nur cleveres, risikoarmes Experimentieren. Auch in Unternehmen erblicken Innovationen nicht durch die Arbeit am Reißbrett das Licht der Welt, sondern durch eine Vielzahl von mehr oder minder erfolgreichen Experimenten.

Im Kapitel „Neue Wege – neues Führen“ (7. Prinzip) beschreibe ich, warum Führung nur stattfinden kann, wenn es Leute gibt, die mitgehen. Zudem stelle ich dar, dass es ein langes Seil und Augenhöhe braucht, wenn Führende und Geführte gemeinsam große Herausforderungen meistern wollen. Und ich mache klar, dass es beim Führen nicht die eine simple Logik gibt, die zum Erfolg führt.

Am Ende des Buches gebe ich Ihnen im Kapitel „Ausstieg und Umstieg“ Anregungen, wie Sie das Nordwand-Prinzip geschickt einsetzen können, wenn Sie in Ihrem Wirkungsbereich einen neuen Weg finden wollen oder müssen. Ich biete Ihnen Überlegungen zum Ansetzen neuer Leistungskurven.

Ich lade Sie als Leserin oder Leser ein, mit mir mental in die Nordwände ein- und auch wieder auszusteigen und beim Ausstieg zu überlegen, was Sie davon in Ihren persönlichen Lebens- und Arbeitskontext übertragen könnten.
Diese strategischen Prinzipien sind sowohl für Einzelne als auch für Führungskräfte in weltumspannenden Konzernen gedacht. Sie bilden in ihrer Gesamtheit ein bewährtes Gerüst zur Gestaltung wirksamer Strategiearbeit.

Bevor wir gemeinsam einsteigen

Konfrontiert mit einer Vielfalt unterschiedlicher und oft verwirrenden Definitionen der Begriffe „Planung“, „Strategie“ und „Führung“, „Prinzip“, möchte ich einleitend noch kurz darstellen, in welchem Wortsinne ich die folgenden Begriffe verwende:

Planung versus Strategie

Strategie und Planung sind nicht dasselbe. „Planung erzeugt Pläne, aber keine Strategie“, formuliert Henry Mintzberg treffend. Pläne legen im Vorhinein fest, wer was wann in einem Ablauf genau zu tun hat. Sie beinhalten meist sehr konkrete Vorstellungen von der Art und Weise, in der ein bestimmtes Ziel verfolgt werden soll.
Deterministische Planung funktioniert jedoch nur in engen Grenzen. Dort, wo sie auf das Unvorhersehbare trifft, scheitert sie notgedrungen. Der Militärstratege Moltke wusste schon im 19. Jahrhundert: „Kein Plan überlebt die erste Feindberührung.“ Anders ausgedrückt: Kein Plan überlebt die Konfrontation mit der Realität.
In Situationen hoher Komplexität und großer Ungewissheit greifen Pläne nicht mehr. Dort, wo man keine Pläne mehr machen kann, weil vieles, was passieren kann, im Moment nicht erkennbar ist, braucht man Strategien. Strategien braucht man also dann, wenn man nicht weiß, was passieren wird. Der Fokus von strategischer Arbeit liegt in der Umwandlung von Ungewissheit in Gewissheit.

Strategiearbeit

Aus meiner Sicht bedeutet wirksame Strategiearbeit in diesem Sinne für Unternehmen Folgendes: zu einer gemeinsamen Logik des Handelns zu kommen, beim Gehen während des Unterwegsseins kontinuierlich zu lernen, sich beim Voranschreiten die Handlungsfreiheit zu bewahren, nach hinreichend hohen Erfolgspotenzialen zu suchen, diese aufzubauen und zu erhalten. Dies alles dient dazu, das langfristig erfolgreiche Überleben des Unternehmens sicherzustellen.

Strategisch

Als „strategisch" bezeichne ich sämtliches Denken, Handeln oder Verhalten, sei es bewusst oder unbewusst, das auf die Schaffung und Bewahrung von Erfolgspotenzialen gerichtet ist, sowie sämtliches Denken, Handeln und Verhalten, das die Zukunftswirkung heutiger Entscheidungen, auch jener, die nicht getroffen werden, mit einbezieht.

Strategische Führung

Strategische Führung bedeutet somit die Suche, den Aufbau und die Erhaltung hinreichend hoher und sicherer Erfolgspotenziale. Sie berücksichtigt auch die damit verbundenen langfristigen Wirkungen.

Operative Führung

Im Unterschied zur strategischen Führung ist die operative Führung auf die unmittelbare Erfolgserzielung gerichtet, sie dient der bestmöglichen Umsetzung der vorhandenen Erfolgspotenziale und darf dadurch langfristig ergiebige Erfolgspotenziale nicht schädigen.

Erfolgspotenziale

Als Erfolgspotenziale bezeichne ich, nach Gälweiler, die Gesamtheit der für den Erfolg relevanten Voraussetzungen, welche spätestens dann bestehen müssen, wenn es um die Erfolgsrealisierung geht. (Gälweiler, 1987)
Erfolgsrelevante Voraussetzungen können beispielsweise überlegener Kundennutzen, Produktentwicklungen, Produktionskapazitäten, die Attraktivität einer Marke, das Know-how der Mitarbeiter, die gute Zusammenarbeit aller Mitarbeiter und Funktionsbereiche, die Kernkompetenzen, Organisationsstrukturen, die eine optimale Leistungserbringung unterstützen, sowie die Marktposition sein. Diesen Voraussetzungen gemeinsam ist die Tatsa-

che, dass ihr Aufbau Zeit in Anspruch nimmt und dass man sie meist nicht (mehr) kurzfristig aufbauen kann, wenn man ihr Fehlen an operativ schlechten Ergebnissen bemerkt.

Prinzipien statt Rezepte

Jedes Rezept beschreibt eine klare Abfolge von Schritten, die zum Erfolg führen: Zum Beispiel werden bei einem Kochrezept bestimmte Zutaten in bestimmter Reihenfolge vermengt und bewirken einen bestimmten Output, im besten Fall ein köstliches Gericht. Ein Rezept beinhaltet immer klare Handlungsanweisungen.

Ein Prinzip dient hingegen dazu, dem Handeln – gemäß den spezifischen Erfordernissen der Situation – Orientierung zu geben. Wenn ich das Wort „Prinzip" verwende, bezeichne ich damit nicht einen Grundsatz oder die dogmatische Einhaltung desselben – im Sinne von „prinzipiell" –, sondern das genaue Gegenteil.

Die im Buch beschriebenen Prinzipien sind als Orientierungsmöglichkeiten zu verstehen, die helfen sollen, neue Wege zu finden und neue Lösungen zu generieren. Sie geben oder schreiben nichts vor, im Sinne von „So soll man es machen!", sondern sind Hilfsmittel zum Finden und Realisieren von Strategien.

Das Nordwand-Prinzip versteht sich somit nicht als ein How-to-do-Buch, das Ihnen simple und endgültige Antworten liefern will. Es gibt vielmehr Impulse, wie man über zentrale Fragen der Zukunftsgestaltung anders denken und wie man den Herausforderungen der Ungewissheit begegnen kann.

Ich verwende im Buch das generische Maskulinum, möchte aber betonen, dass Frauen bei all den Ausführungen immer mitgemeint sind.

Und nun lade ich Sie ein, mit mir einzusteigen!

LITERATUREMPFEHLUNGEN

Dietrich Dörner: Die Logik des Misslingens. Strategisches Denken in komplexen Situationen. Rowohlt Verlag 1999

Heinz von Foerster: KybernEthik. Merve Verlag 1993

Edgar Morin: Die sieben Fundamente des Wissens für eine Erziehung der Zukunft. Krämer Verlag 2001

Das Nordwand-Prinzip

Einsteigen und ins Ungewisse aufbrechen

„Nur zweitklassige Leute wissen heute schon genau,
wo sie in fünf Jahren stehen werden."
Anton Zeilinger

Kletterer, die eine Nordwand durchsteigen wollen, müssen sich irgendwann entschließen, einzusteigen. Der Einstieg einer schwierigen Kletterroute ist ein Übergangsraum: eine Zone, wo sich der Pulsschlag erhöht und wo Unentschlossene manchmal wieder umkehren. Diejenigen, die danach in die Route einsteigen, brechen ins Ungewisse auf. Sie wissen nicht genau, was passieren wird, und haben keine Garantie, dass sie das Ziel erreichen werden. Auch für Unternehmen ist es immer häufiger notwendig, sich in ein ungestaltetes Feld zu begeben. Für das Neue gibt es keine Planungsgrundlagen, es muss, wie bei einer Expedition, erst erkundet werden. „Expedire" bedeutet „Neuland entdecken", auch wenn diese Form des Neulands nicht etwas grundsätzliches Neues für die Menschheit darstellt. Es geht nicht darum, dass etwas „neu für die Welt" ist, sondern darum, dass es neu für die Menschen oder die Unternehmen ist, die dies zum ersten Mal machen.

Zu Beginn jedes – in diesem Sinne – neuen Vorhabens, befindet man sich in einem Zustand der Unklarheit. In dieser Explorationsphase ist es wichtig, die Unklarheit nicht als defizitären Zustand zu empfinden, sondern als unverzichtbaren Bestandteil des Erkundens und Entdeckens. Dieses Erkunden führt Schritt für Schritt zu einem Verständnis des größeren Kontexts sowie der Dynamiken und Interdependenzen des Feldes. In der Explorationsphase geht es darum, sich selbst ein gewisses Maß an Plan- und Zielfreiheit zu gestatten. Nur dieser Schwebezustand erlaubt es, wahrzunehmen, was möglich werden könnte.

In kleinen Schritten zum Fels

Das Erste, was ich sah, wenn ich als Kind vor die Tür unseres Hauses trat, war ein Berg. Unfassbar riesig schaute der Berg mit seiner respekteinflößenden Nordseite auf mich Fünfjährigen herab. Dies entzündete meine Fantasie: Wie komme ich da hinauf? Was sieht man von dort oben alles? Wie sehen die steilen, felsigen Berge dahinter aus?

Direkt hinter dem Haus der Großeltern lag ein großer Wald, der durch Schienen von den angrenzenden Gärten getrennt war. Die Schienen markierten für mich zwei Welten. Diesseits die Welt der Straßen und Schilder, über die Eltern und Großeltern kamen und gingen. Jenseits der Schienen die unbekannte Welt des Waldes. Das Unbekannte übte eine große, fast magnetische Anziehungskraft auf mich aus, und so begann ich, den Wald Schritt für Schritt zu erkunden. Dieses schrittweise Erschließen noch nicht entdeckter Wege und Winkel, dieses Umwandeln von unbekanntem Gelände in bekanntes hatte für mich eine unglaubliche Faszination – später erlebte ich dies auch am Berg und in den Felswänden so.

Während der ersten Schuljahre kam ich mit dem Fußball-Verein, dem Ski-Club, dem Tennis-Club und dem Handball-Verein in Kontakt. Nach zwei Jahren kristallisierte sich für mich der Handball als die attraktivste Sportart heraus. Zum einen gab mir das Dazugehören zu einer Gemeinschaft sehr viel, das gemeinsame Trainieren und Hinarbeiten auf die Meisterschaftsspiele. Zum anderen waren meine körperlichen Voraussetzungen – ich war groß – dafür sehr günstig, und in Kombination mit hartem Training führte ich sehr bald die Torschützen-Listen an.

Auch wenn ich einige Jahre viel Zeit und Energie in das Handball-Training investierte, war dabei doch nie jene Begeisterung mit im Spiel, die zuerst beim Wandern und später beim Bergsteigen und Klettern aufkam.

Meine alpine Biografie begann mit Wanderungen mit den Eltern in den heimatlichen Karawanken. Irgendwann folgten dann der erste Klettersteig und zwei Bergurlaube mit den Eltern am Fuße des Großglockners, wo ich zum ersten Mal in Kontakt mit Gletscherspalten und Bergführern kam. Mit dreizehn ging ich zum ersten Mal daran, auf eigene Faust eine mehrtägige Tour mit Freunden zu organisieren und durchzuführen. Wir hatten uns die Durchquerung der heimatlichen Berge auf kaum begangenen Wegen zum Ziel gesetzt. Während dieser prägenden vier Tage sind mir zum ersten Mal Gedanken in den Sinn gekommen wie: „Das möchte ich anderen Menschen gerne zeigen“ oder „Dieses Erlebnis würde ich auch anderen gerne vermitteln“. Es war zwar eine vage Vorstellung, doch sie erzeugte in meinem Inneren eine ungeheure Kraft und Energie. Ein zweiter Schlüsselgedanke während dieser Tour war folgende Überlegung: Wenn die Begehung der kaum begangenen und wenig bekannten Wege schon so viel spannender als die Route über die touristischen Trampelpfade war, um wie viel faszinierender musste es sein, dorthin zu gehen, wo keine Markierungen und keine Stahlseilsicherungen mehr vorhanden sind und wohin nur mehr wenige andere gehen?

Die Vorstellung, diese Berge ganz oben auf der Gratschneide zu überqueren, hatte sich als nahezu fixe Idee in meinem Kopf eingenistet und beschäftigte mich sehr. Was würde es dazu brauchen? Welche Ausrüstung würde es verlangen? Was an bergsteigerischem Können wäre dafür nötig? Klettern zu können konnte da oben sicher nicht schaden. Klettern, ja genau, Klettern müsste man lernen!

Nachdem ich wieder zu Hause war, begann ich mich mit allem zu beschäftigen, was irgendwie mit Klettern zu tun hatte. Ich lieh mir Bücher bekannter lebender und nicht mehr lebender Bergsteiger aus und versetzte mich durch ihre Schilderungen selbst in die Vertikale. Ich ging in Sportgeschäfte, um mir Bergsteiger-Ausrüstung anzusehen, und allein das Material zu berühren war für mich aufregend. Die Literatur zum Thema Klettern war noch nicht wirklich üppig und verbreitet, in Kärnten gab es damals, Ende der 70er-Jahre, noch keine Spezialgeschäfte und auch keine Spezial-Buchhandlungen rund ums Klettern und Bergsteigen.

Die Bilder in den Büchern zeigten hauptsächlich kühn wirkende, behelmte Männer, die in schweren Bergschuhen auf den Stufen von Strickleitern hingen, die sie vorher in der Wand an Haken befestigt hatten, und ich begann mir vorzustellen, wie denn das Klettern in der Wirklichkeit vor sich gehen würde.

Meine Schlussfolgerung aus dem Gelesenen und Gesehenen war, dass Klettern heutzutage aufgrund der vielen Strickleitern vor allem eine Frage des gewieften Auf- und Abseilens sei. So ganz klar war mir allerdings noch nicht, wie denn das Seil, an dem die Strickleiter hing, nach oben kam? Ich stellte mir kühne Seilwürfe vor, die mit einer modernen Form von Enterhaken ein sicheres Aufseilen ermöglichten. Ich konnte mir jedoch in meiner Fantasie kein zufrieden stellendes Bild davon machen, wie denn „echtes" Klettern nun wirklich funktioniert, und so beschloss ich: Ich will einen Kletterkurs machen

Durch meine Infektion mit dem Bergvirus, meiner sprichwörtlichen Begeisterung für das Bergsteigen, gelang es mir Thomas Kappl, einen guten Freund und Schulkollegen, für die Teilnahme am Kletterkurs zu begeistern.

Mit der Anmeldung für den Kletterkurs verlor das Handballspielen massiv an Attraktivität. Obwohl in der Handball-Meisterschaft sehr erfolgreich, hatte ich das Gefühl: Das ist nicht meins oder zumindest nicht mehr. Alle Gedanken drehten sich nur mehr um das Klettern. Als das viel zu lange Schuljahr endlich vorbei war, fand gleich in der ersten Ferienwoche der heiß ersehnte Kletterkurs statt. Wir hatten uns gemäß Ausrüstungs-Checkliste ausgerüstet und stiegen mit unseren schweren Rucksäcken in den Autobus, der uns direkt unter die Nordabstürze des Klettergebietes bringen sollte.

Kernfragen für den Aufbruch ins Ungewisse

Rückblickend kann ich heute sagen, dass jedes konkrete Ziel, das ich mir damals gesetzt hätte, meilenweit hinter dem zurückgeblieben wäre, was in weiterer Folge tatsächlich für mich realisierbar wurde. Als ich mich damals mit meinen Freunden im wahrsten Sinn des Wortes auf die Socken machte und auszog, um ein Kletterer zu werden, hatte ich nicht den blassesten Schimmer von den Möglichkeiten, die sich später beim Klettern für mich auftaten. Jetzt könnte man einwenden, dass man ein Ziel braucht, um die richtige Richtung einschlagen zu können. Nach dem Motto: „Wer seinen Hafen nicht kennt, für den ist jeder Wind der richtige." Ich glaube, dass die Gefahr, dass ich mich mit dem Normalweg zufrieden gegeben hätte, sehr groß gewesen wäre, hätte ich mir zu früh ein konkretes Ziel gesteckt.

Ich wusste aufgrund des Vergleichs mit den anderen von mir ausgeübten Sportarten, dass die Berge mein Spielfeld sind. Ich wusste es auch deshalb, weil ich in mich hineinhörte. Ich brach in diese Richtung auf, weil sich dieser Weg im Gehen für mich richtig anfühlte.

Mit den Bergen betrat ich ein Spielfeld, das mich faszinierte, das zugleich aber auch neu und unbekannt war und in dem es keine unterstützende Mannschaft und kein bereits aufgestelltes Tor gab. Ich wollte dieses neue Feld erkunden, und ich wollte dabei nicht dem Normalweg auf den Gipfel folgen. Denn der Normalweg hätte mich dorthin gebracht, wo die Massen waren. Ich wollte die faszinierende Bergwelt der einsamen Gipfel entdecken und erleben. Und ich wollte dorthin, wo die anderen nicht hingingen.

Folgende Lektionen aus der Wand habe ich aus meinen Anfängen mitgenommen und später in andere Lebensbereiche übertragen. Sie können diese Gedanken als Impulse für das Beschreiten von Neuland nehmen:

- → Um Neuland zu entdecken, brauchen Sie zu Beginn nicht unbedingt konkrete Ziele und schon gar keinen detaillierten Plan. Worauf es ankommt, sind Begeisterung und Energie auf der Basis von Wachsamkeit und Besonnenheit. Fragen Sie sich: Welche Zukunftsgedanken energetisieren mich?
- → Wenn Sie ein neues Spielfeld für sich entdecken, ist die Richtung zu Beginn wesentlicher als ein konkretes Ziel. Der Weg muss sich im Gehen richtig anfühlen. Fragen Sie sich: Was könnte mein Spielfeld sein und in welche Richtung müsste ich aufbrechen?
- → Konkrete Ziele, die Sie sich zu Beginn stecken, würden meilenweit hinter dem später Möglichen zurückbleiben. Viel wichtiger ist es, ins Handeln zu kommen. Überlegen Sie: Womit kann ich heute schon starten?

Impulse und Gedanken für den Transfer

Kernfragen für den Einzelnen

In meiner Beratungstätigkeit beobachte ich bei Führungskräften, Managern und Unternehmern, dass manche schon in jungen Jahren ausgelaugt wirken, andere hingegen noch nach vielen Jahren in einem bestimmten Tätigkeitsfeld frisch und energetisiert sind. Ob einer energielos oder kraftvoll ist, scheint mir weniger mit der Fitness, der persönlichen Konstitution oder der durchschnittlichen Wochenarbeitszeit in Stunden zu tun zu haben, sondern viel mehr mit der Frage, ob jemand ein Spielfeld für sich gefunden hat, das ihm mehr Energie gibt als raubt.

Meiner Erfahrung nach sind Menschen, die auf einem Weg sind, der voll und ganz der ihre ist, mit großer Energie ausgestattet, obwohl sie mit den gleichen Schwierigkeiten und Herausforderungen konfrontiert sind wie ihre ausgelaugten Kollegen. Der Weg versorgt sie im Gehen mit Energie, er bildet eine Kraftlinie.

Falls Sie gerade auf der Suche sind: Wie können Sie Ihr Spielfeld finden? Wie können Sie feststellen, ob Sie sich auf der Kraftlinie Ihres Weges befinden oder im kraftlosen Abseits?

Ich empfehle Ihnen dazu, sich zwei zentrale Fragen zu stellen. Diese Fragen wirken einfach, sind jedoch in der Regel schwierig zu beantworten:

- Wer bin ich? Was ist mein größtes Potenzial?
- Wozu bin ich hier? Was ist meine Aufgabe?

Um Antworten auf diese Fragen zu finden, reicht es nicht aus, nachzudenken. Es hilft auch kein einfaches Durchgehen einer strukturierten Fragenabfolge. Vermutlich bringt auch ein Visions-Crashkurs mit fünfzehn anderen Gestressten nicht die erwünschten Antworten. Um sich mit diesen Fragen tiefer gehend auseinander zu setzen, müssen Sie in sich hineinhören und die Antworten aus Ihrem Innern wahrnehmen.

Michael Ray, Professor für Kreativität und Innovation, geht von der Annahme aus, dass in jedem Menschen zwei Menschen stecken: Der Mensch, der einer geworden ist, und jener, der er in der Zukunft werden könnte. Was werden könnte aus einem Menschen, ist nicht als ein Ziel zu definieren, sondern als ein ihm innewohnendes, manchmal noch vages Potenzial.

Damit Sie dieses Potenzial wahrnehmen können, brauchen Sie Raum und Zeit, um in sich hineinzuhören. Solches Hören setzt Ruhe voraus, die Antworten dürfen weder im Außen noch im Innen von Lärm übertönt werden. Die Wahrnehmung des eigenen Potenzials setzt auch voraus, dass Sie nicht nur einmal, sondern öfter in sich hineinhören, am besten regelmäßig.

Welcher äußeren Struktur dieser innere Dialog folgt, dürfte von Mensch zu Mensch unterschiedlich sein. Manche Menschen meditieren, weil sie so ihren Geist beruhigen und dadurch ihre innere Stimme besser wahrnehmen können. Für andere ist Schreiben das Mittel der Wahl: ohne Selbstzensur das zu Papier zu bringen, was als spontane Antwort auf obige Fragen kommt. Überraschend ist auch, was aus Menschen heraussprudeln kann, wenn ein vertrauter Mensch wiederholt die Fragen „Wer bist du? Was ist dein größtes Potenzial? – Wozu bist du hier? Was ist deine Aufgabe?" stellt, auf die Antworten hin nachhakt und dem anderen dabei hilft, seiner inneren Stimme Ausdruck zu verleihen. Für mich ist es beispielsweise besonders hilfreich, mich mit diesen Fragen beim Gehen, Wandern oder Sitzen in der Ruhe der Natur auseinander zu setzen.

Eine andere Möglichkeit wählte der Schokoladen-Neuerfinder Sepp Zotter: In einer schwierigen Neuorientierungsphase bestellte er alle Zeitungen ab, gab den Fernseher weg und nutzte die dadurch freigewordene Zeit, um sich mit den Fragen nach seinem optimalen Spielfeld intensiv auseinander zu setzen. Heute exportiert er seine innovativen Schokoladen weltweit und seine Schoko-Manufaktur wird – obwohl in einer sehr ländlichen Region gelegen – jährlich von 80.000 Menschen besucht. Eine ausführlichere Beschreibung seiner Geschichte finden Sie im Kapitel „Drei Wege zum Erfolg: Beispiele aus der Praxis".

Herauszufinden, was bei einem selbst funktioniert, ist ein ebenso elementarer Teil der Suche nach dem eigenen Spielfeld wie das kontinuierliche Arbeiten daran. Antworten auf diese Fragen sind keine Sache eines Wochenendes.

Kernfragen für Unternehmen

Auch Unternehmen müssen ihr Spielfeld finden und sich mit den Kernfragen:

- Wer sind wir? Wer könnten wir werden?
- Wozu sind wir hier? Was ist unsere Aufgabe?

auseinandersetzen.

Gerade zu Beginn unternehmerischer Aktivitäten ist es wichtig, sich von den Antworten auf diese zentralen Identitätsfragen in die Zukunft leiten zu lassen. Wie der Einzelne kann auch ein Unternehmen in sich hineinhören: in Form von Workshops, durch Dialoge, durch strategische Time-outs.

Bhidé (2000) hat Interviews mit Gründern von 100 Unternehmen aus der Liste der 500 am schnellsten wachsenden US-Unternehmen geführt und zutage gefördert, dass diese Unternehmer großteils „keinen Plan hatten":

- 41 % hatten überhaupt keinen Unternehmensplan,
- 26 % hatten nur einen rudimentären, auf Zettel gekritzelten Unternehmensplan,
- 5 % hatten Finanzprognosen für Investoren ausgearbeitet,
- 28 % erstellten einen umfassenden Unternehmensplan.

Den Ruf der möglichen Zukunft wahrzunehmen und aufzubrechen, ist wahrscheinlich wichtiger, als schon am Anfang eine allzu konkrete Zielvorstellung zu haben. Manchmal ertönen die leisen Signale einer möglichen Zukunft an ganz unscheinbaren Plätzen. Es kann eine Begegnung mit anderen Menschen sein oder der Zufall, der einem bestimmte Ideen nahe bringt.

Ich will dazu eine Geschichte aus meinem näheren Umfeld erzählen, die ich für äußerst spannend halte.

Der Ironman Austria

Mitte der 90er-Jahre entdeckt der junge, engagierte Goldschmied Georg Hochegger aus Kärnten in Südösterreich seine Begeisterung für den Triathlon-Sport. Triathlon besteht aus der Kombination von Schwimmen, Radfahren und Laufen. Besonders der Ironman-Bewerb in Hawaii hat zum weltweiten bekannt Werden des Sportes beigetragen. Ein Ironman bedeutet: 3,8 km Schwimmen, danach 180 km Radfahren und als Draufgabe einen Marathon mit den obligatorischen 42,5 km Laufstrecke. Das alles ist nicht etwa von einer Mannschaft oder an verschiedenen Wettkampftagen zu absolvieren, sondern jeweils von dem einzelnen Athleten, und zwar direkt nacheinander in der aufgezählten Reihenfolge.

Hawaii ist Mitte der 90er-Jahre für Georg Hochegger weit, weit weg, aber im deutschen Roth findet eine Ironman-Veranstaltung statt. Georg meldet sich an und bereitet sich auf den Wettkampf vor. Außerdem entwirft er eine goldene Anstecknadel, die einen Triathleten symbolisiert, und bewirbt diese in einem amerikanischen Triathlon-Magazin. Mark Allen, mehrfacher Ironman-Sieger und internationale Leitfigur des jungen Sports, wird auf das Schmuckstück aufmerksam. Der junge, unbekannte Hochegger und der Star der Szene, Mark Allen, treffen sich in Roth, weil Mark Allen eine Anstecknadel kaufen möchte, und kommen ins Gespräch. Sie unterhalten sich über den Triathlon-Sport, dessen Entwicklung und die Lizenzvergaben für die Ironman-Bewerbe. Georg Hochegger ist durch die Landschaft Kärntens verwöhnt und nicht besonders begeistert vom landschaftlichen Ambiente des Roth-Triathlons, vor allem deshalb nicht, weil er durch den Rhein-Main-Donau-Kanal schwimmen muss. Was ihn aber verwundert, ist die Tatsache, dass sich trotzdem über 2.000 Starter zur Veranstaltung eingefunden haben.

Zurück zu Hause, erzählt er seinem Triathlon-Freund Helge Lorenz von seinen Eindrücken und die beiden entwickeln die vage Idee, vielleicht selbst einmal einen Ironman-Triathlon in Kärnten zu veranstalten. So an die tausend Teilnehmer müssten doch an den schönen Wörthersee zu locken sein. Helge Lorenz kommt die Idee sehr gelegen, da er auf der Suche nach einem Thema für die Abschlussarbeit seines Betriebswirtschafts-Studiums ist und er beginnt ein Organisations- und Vermarktungskonzept zu entwickeln.

Der Plan sieht vor, durch eine Abfolge von Vorveranstaltungen innerhalb von fünf Jahren einen Ironman-Bewerb nach Kärnten zu holen. Weiters sieht das Konzept vor, dass sich die Teilnehmerzahlen wie folgt entwickeln: 300 Teilnehmer im ersten Jahr, 600 Teilnehmer im zweiten und 900 Teilnehmer im dritten Jahr. Damit könnten in fünf Jahren die Voraussetzungen für eine Ironman-Lizenz geschaffen werden. Außerdem wird noch der Offizier und Triathlet Stefan Petschnig ins Boot geholt. Er könnte durch seine guten Kontakte zum Heeres-Sportverein optimal zur organisatorischen Abwicklung der Wettkämpfe beitragen. Die drei wollen das Ganze in der Rechtsform eines Vereins abwickeln und sämtliche kommerziellen Angelegenheiten einer Agentur übergeben. Ihnen selbst geht es in erster Linie um einen faszinierenden Wettkampf, eine optimale Organisation und ein Festival des Triathlon-Sports. Soweit der Plan.

Der erste Triathlon am Wörthersee findet 1998 statt, trägt den Namen Trimania und im Grunde läuft so gut wie nichts nach Plan. Die drei können den Event nicht als Verein abwickeln und die kommerziellen Belange einer Agentur übergeben, da sich das Auftreiben der Sponsoren auf diese Art als nicht Erfolg versprechend herausstellt. Also gründen sie noch 1997 die Triangle Show & Sports Promotion GmbH. Sie versprechen allen Sponsoren 300 Teilnehmer.

Zum ersten Bewerb kommen jedoch nicht wie geplant 300, sondern nur 124 Teilnehmer. Im Wettkampf fährt ein Autofahrer den Führenden auf der Radstrecke an und aufgrund dieses Unfalls muss noch während des Rennens eine Streckenänderung organisiert und durchgeführt werden! Auch finanziell geht die Veranstaltung für die drei gerade noch glimpflich aus.

Zugleich treten zwei weitere Veranstalter in Österreich auf den Plan, die ebenfalls die Lizenz für den Ironman Austria bekommen wollen. Mit dem Fünfjahresplan wird es also sicher nichts. Es heißt schneller und besser zu sein als die anderen.

Etwas niedergeschlagen und verunsichert nehmen sich die drei Organisatoren ein Time-out von einer Woche auf einer Almhütte und reflektieren die abgelaufene Veranstaltung. Gemeinsam stellen sie sich die Frage: „Wer wollen wir sein? Was könnten wir erreichen?"

In der Woche darauf meldet sich Mark Allen überraschenderweise bei Georg Hochegger. Dieser hatte sich den Trimania-Bewerb angesehen, weil er Georg Hochegger durch den Kauf der Anstecknadel noch in guter Erinnerung hatte. Mark Allen hatte gesehen, dass der Bewerb wesentlich besser organisiert gewesen war als die Teilnehmerzahlen ahnen ließen. Georg Hochegger traut seinen Ohren kaum, als Mark Allen ihm sagt: Ihr bekommt die Lizenz für den Ironman Austria 1999!

Die weitere Entwicklung gebe ich hier anhand von Zahlen, Daten und Fakten wieder: 1999 kommen statt der geplanten 600 Starter 802 und im Jahr 2000 sind es 1.138. Aufgrund der optimalen Wettkampf-Organisation wächst die Veranstaltung weiter und die drei Organisatoren erhalten 2002 zusätzlich die Lizenz für den Ironman France in Gérardmer. 2005 kommt die Lizenz für den Ironman Südafrika in Port Elizabeth dazu sowie eine Lizenz für eine Halb-Distanz in Monaco. 2005 nehmen alleine in Kärnten 2.200 Starter teil und die Triangle Sport Promotion GmbH macht mit etwas über 20 Mitarbeitern in Kärnten, Frankreich und Südafrika einen Umsatz von sechs Millionen Euro. 2006 avanciert die Veranstaltung zum größten Ironman-Triathlon weltweit und zieht seitdem die absoluten Topstars des Triathlons regelmäßig nach Kärnten. 2011 wird in Klagenfurt am Wörthersee durch den Belgier Marino Vanhoenacker der 15 Jahre alte Weltrekord gebrochen. Nicht schlecht für etwas, das acht Jahre zuvor als leidenschaftliche Nebensache begonnen hat.

Die Zahl, die mich am meisten beeindruckt hat, ist für mich aber folgende: Seit 2006 wird die Veranstaltung in Kärnten von über 2.000 (!) ehrenamtlichen Helfern unterstützt und nahezu unvorstellbare 100.000 Zuschauer feuern die Athleten entlang der Strecke an. Die Zahl zeigt, dass Helge Lorenz, Stefan Petschnig und Georg Hochegger die Kernfragen ihres Unternehmens „Wer sind wir? Wer könnten wir werden?“ und „Wozu sind wir hier?“ nicht nur für sich selbst beantwortet haben, sondern über sich selbst hinausgedacht und durch aktive Einbindung eine große Zahl begeisterter Sportler und Sportanhänger für eine großartige Veranstaltung gewonnen haben. Durch eine echte Auseinandersetzung mit diesen Kernfragen lassen sich nicht nur Orientierung und Klarheit herstellen, sondern auch große Gemeinschaften bilden.

Zentraler Bestandteil für das Finden des eigenen Spielfeldes ist es, nachzudenken, sich Zeit zu nehmen, in sich hineinzuhören, aufzubrechen und das neue Feld langsam zu erkunden.

LITERATUREMPFEHLUNGEN

Mary Catherine Bateson: Composing a Life. Grove Press 1989
Amar V. Bhidé: The Origin and Evolution of New Businesses. Oxford University Press 2000
Michael Ray: The Highest Goal. Berrett-Koehler Publishers 2004

1. Prinzip: Neu Hinschauen

„Nur der Schein trügt nie."
Oscar Wilde

Mit dem 1. Prinzip weise ich darauf hin, dass Menschen und Unternehmen unterschiedliche Perspektiven auf denselben Sachverhalt brauchen, wenn Möglichkeiten für neue Wege gefunden werden sollen.

Darüber hinaus ist ein Bild vom größeren Kontext, in dem wir oder unser Unternehmen operieren, nötig. So wie Kletterer das Gebirge und das Bergsteigen insgesamt verstehen müssen, um dauerhaft erfolgreich durch die Wände klettern zu können, sollten auch Manager und Unternehmer ein Verständnis für die Gesamtdynamik und für die wechselseitigen Abhängigkeiten der beteiligten Faktoren in ihrem Umfeld entwickelt haben.

Ich möchte in diesem Zusammenhang auf den großen Einfluss hinweisen, den die innere Blickrichtung darauf hat, wie wir mit uns selbst und anderen in Dialog treten, und was Einzelne und Teams wahrnehmen sowie an Möglichkeiten erkennen können.

Erste Schritte im Fels

Thomas Kappl und ich nehmen in den Sommerferien am Kletterkurs teil. Um es gleich vorwegzunehmen, der Kletterkurs ist für mich eine ziemliche Ernüchterung. Das Klettern selbst gestaltet sich schwierig, was mich verunsichert und mir beim Klettern Angst macht. Dazu kommt die für mich brutale Erkenntnis, dass es keine ausgeklügelte Technik – mit irgendwelchen Wurfankern oder Enterhaken – gibt, um das Seil nach oben zu bekommen. Klettern funktioniert vielmehr so: Das Kletterseil hat zwei Enden, und eines davon ist das „scharfe Ende". Als „scharf" bezeichnet man das Ende, weil der Vorsteiger an diesem Seilende die Wand nach oben klettert. Dabei wird er von unten gesichert und kann daher beim Vorsteigen auch wieder hinunterfallen. Manchmal auch ziemlich weit.

Die Höhe eines möglichen Sturzes hängt im Einzelfall von der Qualität und der Anzahl der so genannten Zwischensicherungen ab: Zwischensicherungen sind entweder vorhandene Haken, die andere Seilschaften in die Felsritzen geklopft und dort belassen haben, oder der Vorsteiger bringt selbst Sicherungen in Form von Haken oder Klemmkeilen an. Je weiter die Zwischensicherungen voneinander entfernt sind, desto gefährlicher wird das Klettern.

Deswegen wird so an die fünf- bis achtmal auf einer Seillänge von etwa vierzig Metern zwischengesichert. Klettert der Vorsteiger dann beispielsweise in dreißig Metern Höhe sechs Meter über den letzten Haken hinaus, beträgt die mögliche Sturzhöhe zweimal sechs Meter – einmal die ersten sechs Meter zurück bis zum Haken, dann die zweiten sechs Meter am Haken vorbei bis das Seil sich spannt – plus etwa drei Meter für Seildehnung und Sturzbremsung. Das heißt, ein gefährlicher Fünfzehn-Meter-Sturz ist möglich, auch wenn ich nur sechs Meter vom Haken nach oben klettere.

Der Vorsteiger sollte in alpinem Gelände also besser nicht stürzen. Es fällt mir beim Kurs wie Schuppen von den Augen, dass es so etwas wie hundertprozentige Sicherheit beim Klettern nicht gibt, da auch bei perfekter Absicherung immer größere Stürze möglich sind. Ich lerne, dass die Sicherheit beim Klettern weniger von den technischen Sicherungsmitteln abhängt – so wie ich es mir eigentlich vorher gedacht hatte –, sondern zum größten Teil von meiner Souveränität als Vorsteiger: von meinem Können, meiner Routine, meiner richtigen Einschätzung des Geländes und der allgemeinen Bedingungen sowie von meinen Entscheidungen während der Tour.

Meinem Freund Thomas fällt das Klettern um einiges leichter als mir, was mich einerseits ein bisschen eifersüchtig werden lässt, andererseits kann ich davon auch profitieren, weil er auf unseren ersten Touren derjenige ist, der das Seil nach oben bringt. Unmittelbar nach dem Kletterkurs machen wir uns auf und klettern selbstständig unsere ersten Routen. Das heißt, dass nun kein Kletterlehrer oder Bergführer mehr da ist, der uns Entscheidungen abnimmt. So haben wir, angefangen bei der Auswahl der Route, der Beurteilung des Wetters, bis zum Finden des Einstiegs und des Routenverlaufs, alle wesentlichen Punkte selbst zu entscheiden.

Ich lerne nun, dass sich beim Durchklettern einer Wand schon im Vorfeld Entscheidendes abspielt. Bevor wir selbstständig in eine uns unbekannte Kletterroute einsteigen, setzen wir uns mit dieser Wand intensiv auseinander. Zum einen, um die relevanten Informationen zu sammeln, die wir für den erfolgreichen Durchstieg brauchen. Zum anderen, um jene mentale Substanz aufzubauen, die uns ermöglicht, auch einige Meter über dem letzten Haken eine schwierige Kletterstelle zu meistern und weiter nach oben ins Ungewisse zu klettern. Diese Substanz lässt sich am besten mit dem von Albert Bandura geprägten Begriff der Selbst-Wirksamkeit beschreiben. Es handelt sich um die eigene Überzeugung, den Anforderungen der gewählten Route gewachsen zu sein. Wir klettern nur Routen, bei denen wir die Überzeugung haben, sie auch zu schaffen.

Eine Schlüsselerfahrung in dieser Zeit der ersten selbstständigen Berg-Unternehmungen ist für mich die Erkenntnis, dass es unterschiedliche Perspektiven auf die Wand gibt und dass es wichtig ist, alle zu kennen. So kann eine Wand, die ich zuerst nur frontal von vorne sehe, für mich unnahbar und bedrohlich wirken. Von der Seite relativiert sich dieser Eindruck jedoch, die Wand wirkt nun nicht mehr so steil wie von vorne und ich kann bereits Felsabstufungen und Kanten erkennen. Gehe ich weiter bis zum Wandfuß, sehe ich bereits Möglichkeiten, hochzusteigen.

Eine einzige Perspektive auf die Wand wäre vielleicht so erschreckend und abweisend, dass sie mich davon abhält, einzusteigen. Eine andere Perspektive kann hingegen auch trügerisch harmlos sein und mich dazu verführen, das Unternehmen zu unterschätzen. Ich lerne bei meinen ersten Routen also, dass ich mehrere Perspektiven auf die Wand brauche, damit sich daraus ein Gesamteindruck und eine realistische Einschätzung der Situation ergibt. Es passiert mir anfangs öfter, dass ich mir beim ersten Anblick einer schwierigen Wand spontan denke: „Das schaffe ich nicht!“ oder „Das ist nicht möglich!“ Meist dauert es jedoch nicht lange, bis ich meine Einschätzung revidieren muss – weil wir schließlich doch in die Wand einsteigen und die Route schaffen.

Doch nicht nur der Wechsel der Perspektive auf die Wand ist wichtig für die Einschätzung der Herausforderung, ich brauche auch den Wechsel zwischen Distanz und Nähe zur Wand. Ich will diesen wesentlichen Punkt mit dem Begriff des Zoomens beschreiben. Um die gesamte Wand und den ganzen Routenverlauf zu erfassen, muss ich den großen Überblick über die Wand bekommen. Thomas und ich suchen uns dafür beispielsweise während des Zustiegs einen geeigneten Platz und versuchen die mögliche Route im Fels auszumachen. Bei besonders schwierigen Routen machen wir dies schon Tage oder auch Wochen vor der Begehung der Route. Wir nehmen ein Fernglas mit und suchten die Wand nach Klettermöglichkeiten und Standplätzen ab. Standplätze findet man in der Route üblicherweise im Abstand von 30 bis 40 m, sie dienen als stabile Sicherungsplätze für die Seilschaft. Wir verschaffen uns auch einen Überblick über mögliche Fluchtwege oder Rückzugsmöglichkeiten und blicken dabei über die Ränder der Wand hinaus. Was alles könnte noch relevant werden? Gefahrenzonen, Steinschlag von anderen Bergen beim Zustieg, Wetterentwicklung? Daraus ergibt sich dann für uns der Gesamtüberblick.

Ich brauche die große Distanz zur Wand, aber natürlich im Gegenzug auch die Nähe. Ich muss den Fels sehen und ihn spüren, um ein Gefühl von Vertrauen aufzubauen. Ich brauche die unmittelbare Nähe von wenigen Zentimetern, damit mein Auge auf dem Fels jene kleinen Unebenheiten und Rauheiten erkennt, die zuerst als Griffe und dann als Tritte dienen. Und ich muss mich manchmal mit den Händen am Fels weitertasten, um Griffe, die ich nicht sehen kann, einfach nur zu erfühlen.

Wenn ich dann in der Route klettere, setzt sich dieses Wechselspiel von Distanz und Nähe auf ähnliche Weise fort. In manchen Passagen klebe ich förmlich am Fels und versuche mit minimalen Haltepunkten ganz vorsichtig diffizile Kletterbewegungen auszuführen. Kaum habe ich wieder große Griffe und Tritte zur Verfügung, kann ich mich mit dem gesamten Körper aus der Wand hinauslehnen und nach oben blicken. So verschaffe ich mir einen Überblick darüber, wie ich die nächste Kletterstelle meistern kann und wie es oben weitergehen wird. Ich muss mich vom Kletterproblem buchstäblich lösen, um es lösen zu können. Auch Thomas braucht diesen ständigen Wechsel von Auszoomen und Einzoomen, um erfolgreich nach oben zu kommen und auf der richtigen Route zu bleiben.

Manchmal setzen wir uns vor einer Tour gemeinsam mit einem Fernrohr auf eine Wiese und beobachten die Wand. Wir tun nichts anderes als hinzuschauen und nach Ähnlichkeiten zu vorangegangenen Routen zu suchen. Wir erkennen immer schneller, welche Route für uns machbar ist und welche nicht. Dadurch kommen wir unweigerlich ins Visualisieren. Ich sehe mich dann bei der erfolgreichen Bewältigung einer schwierigen Stelle, versetze mich in diese Situation hinein und denke mir dabei: „Es wird hart werden, aber wenn ich mein Bestes gebe, ist es möglich.“ Lange bevor wir in Kontakt mit Trainingsmethoden kommen, die diese Visualisierungsformen gezielt einsetzen, haben wir bereits intuitiv visualisiert.

Wir verfolgen unsere Sache leidenschaftlich, was uns sehr schnell besser und erfahrener werden lässt. Schritt für Schritt kommen wir so zu einem Verständnis der Gesamtzusammenhänge und relevanten Dynamiken und zu einer Einschätzung, wie wir uns in diesen Kontext einordnen können und was für uns machbar ist. Im ersten Jahr nach dem Kletterkurs – damit beginnt für uns die Zeitrechnung – fahren wir das erste Mal in die Dolomiten und können Routen im 4. Schwierigkeitsgrad klettern. Es gibt damals sieben alpine Schwierigkeitsgrade. Im Klettergarten und in den heimatlichen Karawanken können wir bereits ein paar Routen im 5. Schwierigkeitsgrad klettern. Mit diesen Aktivitäten ergeben sich Kontakte zu anderen Kletterern und bald werden wir in der Szene als ernst zu nehmende Seilpartner gesehen.

Im zweiten Jahr kommen wir das erste Mal an Routen im unteren 6. Schwierigkeitsgrad heran und für mich kommt ein persönlicher Durchbruch. Bis dahin habe ich in Situationen, die ich als „wahrscheinlich zu schwer für mich“ eingeschätzt hatte, gerne meinem jeweiligen Seilpartner den Vorstieg und damit auch das größere Risiko überlassen, dabei aber innerlich gespürt, dass ich mich unter meinem Wert geschlagen gebe.

Neu Hinschauen unter Druck

Im August 1983 machen Thomas und ich uns daran, einen Wunschtraum in den Dolomiten zu realisieren. Wir klettern die Gelbe Kante an der Kleinen Zinne, eine wunderschöne, kerzengerade, senkrechte Route, die eine der Traumlinien der Dolomiten ist. Relativ rasch erreichen wir die Schlüsselstelle in etwa 250 Meter Kantenhöhe. Dort kommt für mich der Moment der Wahrheit:

Irgendwie habe ich beim Klettern im Dolomit den Überblick verloren. Die Spitzen der Kletterschuhe finden zwar immer ausgeprägte Kanten und Leisten, aber unter dem Rest der Sohle befinden sich 250 Meter Luft. Ein Tritt bricht aus, ich blicke ihm nach. Sekunden später schlägt er zehn Meter von der Wand entfernt im Schuttkar auf, ohne während des Falls auch nur einmal den Fels zu berühren – die Kante hängt hier mächtig über. Ich werde nervös und begehe aus dieser Nervosität heraus einen schweren Fehler. Ich mache eine irreversible Kletterbewegung nach links und weiß schon im Moment der Ausführung: „Zurück komme ich hier nicht mehr!" Mit stark erhöhtem Pulsschlag rette ich mich auf ein schmales Band, das gerade genug Platz bietet, um mit den Vorderfüßen darauf zu stehen. Unter den Fersen nur Abgrund. Ganz eng schmiege ich meinen Körper an den Fels, fast als wolle ich eins werden mit ihm, aber nicht aus Sehnsucht nach dem Einssein, sondern aus nackter, fast panischer Angst. Verkrampft kralle ich mich in die Wand und wage kaum zu atmen. Der Puls steigt und zwischendurch beginnen die Füße auf dem schmalen Sims zu zittern. Ich versuche aus dieser verkrampften Stellung heraus nach oben zu blicken und die Route auszumachen – ich sehe nichts, was mich weiterbringen könnte, und ich sehe auch keinen Haken weit und breit.

Allein der Gedanke an den Blick in die Tiefe verursacht mir ein flaues Gefühl in der Magengegend. Mir wird schlagartig klar, dass ich von der Originalroute abgekommen bin. Was tun? Zurück … geht niemals. Hinauf … geht vielleicht, aber eben nur vielleicht. Ich beginne immer stärker zu zweifeln. Das schaffe ich nie … Soll der Thomas das probieren … aber wie komm ich wieder zu ihm hinunter? … Springen? … Stop! Aus! Ich merke in diesem Moment, wie ich mir mit diesen Gedanken selbst schade. Ich merke, wie der Abgrund umso mehr Macht über mich gewinnt, je mehr ich mich mit ihm beschäftige. Wie mir der gedankliche Blick in den Abgrund den Zugang zu meinen Ressourcen verstellt. Wie der destruktive Dialog, den ich mit mir selber führe, mir die Kraft und Zuversicht raubt. Ich schwäche mich gerade aktiv selber, indem ich in die vollkommen falsche Richtung blicke. … noch einmal Stop! Aus! Genau das habe ich doch immer gewollt: im Vorstieg klettern, im senkrechten Dolomitenfels führen, auch wenn es schwer, ausgesetzt und hart ist. Ich versuche mich durch tiefes Ausatmen zu beruhigen und schaffe es damit, die verkrampften Hände aus der kraftraubenden Winkelstellung in eine entspannte, gestreckte Armhaltung zu bringen.

So kann ich mich zurücklehnen, vom Fels lösen und einen Überblick gewinnen, um meine Situation überhaupt realistisch beurteilen zu können. Der Blick nach unten ist tatsächlich so atemberaubend, wie ich mir das vorgestellt habe. Nur Luft unter meinen Sohlen, 250 Meter tiefer das Kar und irgendwo unter mir sehe ich Thomas und sein gespanntes Gesicht. Der letzte Haken ist ziemlich weit unten, aber gut. Ein Sturz würde weit gehen … so an die 25 Meter, aber ich würde mir nicht wehtun … es ist hier ja unheimlich steil … wahrscheinlich fliege ich ohne gröberen Felskontakt einfach ins Freie … und hänge dann neben Thomas frei in der Luft … das ist vermutlich die Konsequenz, ganz egal, ob ich jetzt abspringe oder beim Versuch hinaufzuklettern stürze. Der Gedanke beruhigt mich noch nicht wirklich, aber er erleichtert mich etwas und ich denke mir: Wenn die Konsequenzen ohnehin dieselben sind, ist es besser zu stürzen, als zu springen.

Ich blicke nun nach oben. Dadurch, dass ich mich vom Fels gelöst habe, sehe ich plötzlich viel mehr, als ich vorher sehen konnte. Ich habe meine Perspektive durch das Hinauslehnen zwar nur um 50 Zentimeter verändert, aber meine Welt ist schlagartig eine andere. Da oben scheinen bessere Griffe zu sein als gedacht, zwei schwierige Züge, dann kommen große, gute Löcher. Von dort könnte es nach links zur Schuppe und dann weitergehen. Weiter oben scheint auch eine Nische zu kommen. Vielleicht lässt sich da oben mit Klemmkeilen ein Standplatz bauen, und wenn es dann schon nicht weitergeht, können wir von da oben zumindest einen Rückzug durch Abseilen versuchen und ich muss nicht springen. Ich beginne mir die nächsten Momente vorzustellen und rufe Bilder vom erfolgreichen Bewältigen einer solchen Kletterstelle ab, wie ich sie mir beim Visualisieren ausgemalt hatte: Raufklettern, es schaffen. Irgendwie geben mir diese Bilder Kraft und meine Zweifel schwinden.

Mein Fokus verengt sich plötzlich, ich blicke nur noch maximal bis zu den Zehenspitzen nach unten und auf die nächsten Griffe über mir. In dem Moment, in dem ich losklettere, gibt es nur noch eins: Klettern. Alles andere ist ausgeblendet. Ein Griff nach dem anderen, ein Schritt nach dem anderen, mit jeder gelungenen Bewegung kommt mehr Zuversicht auf und irgendwie erreiche ich die großen, guten Griffe und hangle mich über die Felsschuppe in die Nische. Dort kann ich bequem stehen und finde Risse im Fels. Ich lege Klemmkeile und baue einen Standplatz.

Als Thomas nachklettert, merke ich, dass es ganz schön schwer gewesen sein muss. Eine herausfordernde Passage wartet noch über uns. Die Erfahrung, dass ich diese dramatische Situation so erfolgreich gemeistert habe, hat mich aufgebaut, und ich mache mich gleich an den Vorstieg in der nächsten Seillänge. Danach kommen wir wieder auf die Originalroute zurück und können die Tour ohne größere Probleme abschließen.

Hätte mich zwei Jahre davor jemand unter die Gelbe Kante gestellt und mir gesagt, dass ich diese irgendwann durchklettern könnte, hätte ich gesagt: „Unmöglich! Niemals." Und mir gedacht: „In drei, vier Jahren könnte es vielleicht gehen." Ein Jahr später habe ich diese Kante nun gemeinsam mit Thomas geschafft. Ein unglaubliches Gefühl bleibt zurück. Es hat nicht nur mit der Route zu tun, sondern vor allem mit der konkreten Erfahrung, dass ich mein Bestes gegeben habe. Das war nur möglich, weil es mir unter Druck gelungen war, einen neuen Blickwinkel einzunehmen und neu hinzuschauen.

Lektionen aus der Gelben Kante

Ich erkannte schon vorher, wie wichtig ein Verständnis der Gesamtdynamik, des Perspektivenwechsels und des Zoomens sind. Mir wurde klar, dass die angemessene Beurteilung einer schwierigen Situation nur dann möglich ist, wenn man sich vorher einen Überblick über das Ganze aus unterschiedlichen Perspektiven verschafft. An diesem besonderen Tag an der Gelben Kante der Kleinen Zinne wurde mir darüber hinaus bewusst, dass erstens Distanz und Nähe zum Problem notwendig sind, um wirklich alle Möglichkeiten zur Lösung einer schwierigen Situation erkennen zu können. Und zweitens, dass die innere Blickrichtung und der innere Dialog bestimmen, was man wahrnehmen kann und was nicht. Der gedankliche Fokus auf den Abgrund und ein negativer innerer Dialog führten an der kritischen Stelle in der Gelben Kante bei mir anfangs dazu, dass ich die überlebensnotwendigen Griffe und Tritte nicht wahrnehmen konnte. Erst nachdem ich mich innerlich nach oben fokussiert hatte und auf einen produktiven inneren Dialog umgestiegen war, erkannte ich Möglichkeiten, die ich vorher nicht gesehen hatte.

Für Situationen, in denen Sie in unternehmerischen oder beruflichen Belangen neue Möglichkeiten suchen, biete ich Ihnen folgende Impulse und Überlegungen an:

- Die vermutete Schwierigkeit einer Situation ist sehr oft eine Frage der Blickrichtung. Stellen sie sich daher folgene Fragen: Wie kann ich bewusst die Perspektive wechseln? Welche Möglichkeiten nehme ich dann wahr?
- Wechseln Sie bewusst zwischen Distanz und Nähe. Gerade in schwierigen Situationen kann es helfen, sich zurückzulehnen, um sich im wahrsten Sinn des Wortes vom Problem zu lösen und den größeren Kontext zu betrachten. Mit etwas Abstand erkennen Sie vielleicht neue Möglichkeiten, die Sie vorher nicht wahrgenommen haben. Manchmal brauchen Sie jedoch mehr Nähe und müssen auf die Situation genauer hinschauen. Fragen Sie sich: Wo brauche ich mehr Distanz und wo mehr Nähe zur konkreten Situation? Wie könnte das bewusste Wechselspiel zwischen Distanz und Nähe aussehen?
- Nehmen Sie einen radikalen Lösungs- und Ressourcen-Fokus ein. Fragen Sie sich: Gibt es auch in meiner Situation einen Abgrund, auf den ich meine Aufmerksamkeit fokussiere und der mich förmlich nach unten zieht? Wie kann ich diese negative Dynamik wirkungsvoll unterbrechen? Wie kann ich meine Aufmerksamkeit nach oben richten: Was will ich eigentlich erreichen, und welche Zukunft will ich erschaffen? Wie könnten die ersten, kleinen Schritte in diese Richtung aussehen?

Impulse und Gedanken für den Transfer

Bewusst die Perspektiven wechseln

Die Ein- und Ausgangswege des neuro-zerebralen Systems, die den Organismus mit der Außenwelt verbinden, machen bei einem Menschen nur etwa 2 % vom Ganzen aus. Das bedeutet zugleich, dass 98 % des neuro-zerebralen Systems mit dem inneren Funktionieren beschäftigt sind. Hierin liegt einerseits großes Potenzial, da hier Ideen, Zukunftsbilder und Fantasien entstehen. Andererseits verschleiert diese innere Welt unseren Blick auf die äußere Welt, was immer wieder dazu führt, dass wir uns täuschen. Um eine möglichst angemessene Sicht der Dinge zu bekommen, brauchen wir daher unterschiedliche Perspektiven.

Die einfachste Methode, um zu anderen Perspektiven zu kommen, besteht darin, sich mit anderen Menschen auszutauschen. Bevor man sich beispielsweise mit viel Fantasie vorzustellen versucht, wie sich ein Problem für eine potenzielle Kundengruppe darstellt, könnte man ein paar Kunden befragen oder beim Umgang mit diesem Problem beobachten. Lässt sich dies praktisch nicht bewerkstelligen und ist man dennoch darauf angewiesen, sich in eine andere Perspektive hineinzuversetzen, kann es sehr hilfreich sein, dies nicht nur gedanklich, sondern auch räumlich zu tun. Schon der Begriff des Hineinversetzens enthält ja schon die Einladung zu einem Ortswechsel.

Bewusst zwischen Distanz und Nähe wechseln

Bevor man in einer schwierigen Situation die Anstrengungen erhöht oder aufgibt, ist es meist ratsam, auszuzoomen und den nächstgrößeren Zusammenhang zu betrachten. Man sollte die allgemeinen Entwicklungen im Großen ebenso ins eigene Blickfeld rücken wie die Bewegungen und Strömungen innerhalb der eigenen Branche. Neue Möglichkeiten erkennt man vor allem durch mehr Überblick, und Überblick braucht Distanz: räumlich, gedanklich, zeitlich. Überblick beruht auf dem ständigen Bemühen, die Gesamtzusammenhänge und Wechselwirkungen zu verstehen, die direkten und indirekten Einfluss auf das eigene Spielfeld haben.

Ich persönlich glaube, die Gefahr, sich im Detail zu verlieren und dabei den Überblick außer Acht zu lassen, ist für den Einzelnen größer als die Gefahr, den Überblick zu haben und Details zu übersehen. Aber natürlich ist auch der Blick fürs Detail wichtig, wie der Quantenphysiker Anton Zeilinger betont: „Mach das Experiment eine Stufe genauer, als du es für notwendig erachtest – dann passiert das Unerwartete." Auch im Detail lassen sich neue Möglichkeiten entdecken und Durchbrüche erzielen.

Einen radikalen Lösungs- und Ressourcen-Fokus einnehmen

Einen radikalen Lösungs- und Ressourcen-Fokus einzunehmen bedeutet, jede Situation, und sei sie noch so schwierig oder möglicherweise nachteilig, auf Lösungsmöglichkeiten und Entwicklungspotenziale zu untersuchen. Nahezu jede Situation bietet Lösungsmöglichkeiten, und falls dies nicht zutrifft, sind zumindest persönliche Entwicklungsmöglichkeiten für den Umgang mit unlösbaren Situationen gegeben. Gerade im Umgang mit Menschen oder bei strategischen Fragestellungen kann Ursachenforschung bei der Suche nach Lösungen nur begrenzt hilfreich sein, da zwischen einem Problem und dessen Lösung nicht zwingend ein ursächlicher Zusammenhang bestehen muss. Ausgenommen davon sind rein technische oder immer wiederkehrende Probleme. Die übermäßige Analyse von Problemursachen kann zu einer regelrechten Problem-Hypnose führen, die einer Lösung eher im Weg steht, denn diese ermöglicht. Das geflügelte Wort „Paralyse durch Analyse" beschreibt diesen Umstand sehr treffend. Für einen Großteil der Probleme gilt, dass man sich zuerst einen guten Gesamtüberblick verschaffen und dann sehr bald der Lösung zuwenden sollte. Man sollte die innere Blickrichtung weg von einem momentan erlebten Problem-Zustand, hin zu einem noch nicht manifesten Lösungszustand verändern. Man sollte sich auf die Ressourcen fokussieren und den inneren Blick nicht auf Hindernisse und mögliche Gründe für ein Scheitern richten. Ressourcenfokus bedeutet, sich auf persönliche Stärken, vergangene Erfolge und mögliche Unterstützung zu besinnen. Nach Wittgenstein merkt man die Lösung am Verschwinden des Problems. Damit es zu einer Lösung kommt, kann es hilfreich sein, sich dieser schrittweise zu nähern:

1. Lösungsschritt: Sich vom Problem lösen. – Um sich vom Problem lösen zu können, ist es wichtig, sich eine Distanz zu diesem zu verschaffen und sich beispielsweise eine Auszeit zu nehmen. Man sollte neue Perspektiven auf das Problem einnehmen oder sich durch andere Personen eine Außensicht verschaffen, ohne in diesen Personen zwingend die Experten für die Lösung zu sehen.

2. Lösungsschritt: Den Knoten lösen. – Den Knoten löst man, indem man etwas Erstarrtes wieder ins Fließen bringt. Ein Problemzustand ist nichts statisch Gegebenes, sondern ein dynamisches Gleichgewicht, an dem unterschiedliche Kräfte beteiligt sind. Um den Knoten, der das Problem aufrechterhält, lösen zu können, braucht man zuerst einen Überblick über die beteiligten Kräfte. Eine Zeichnung oder eine andere Form der grafischen Darstellung kann hier helfen, um das Gesamtgefüge der Situation, die beteiligten Personen oder Gruppen und sonstige Einfluss- oder Kontextfaktoren zu erfassen. Um den Überblick zu bekommen, ist es darüber hinaus wesentlich, den eigenen Beitrag zur Aufrechterhaltung einer Problemsituation zu erkennen. Diesen Beitrag gibt es nahezu immer, und wenn man selbst etwas zur Aufrechterhaltung einer Situation beiträgt, kann man dies wieder ändern. Speziell in Situationen, wo man am Weiterkommen zweifelt, kann es außerordentlich hilfreich sein, wahrzunehmen, wie man selbst dazu beiträgt. Fragen Sie sich: Was trage ich selbst aktiv zum Problem bei?

3. Lösungsschritt: Das Problem lösen. – Erst jetzt macht man sich auf die Suche nach einer Lösung. Ziel des vorherigen Schrittes war es, den Knoten zu lösen und den Prozess der Problembewältigung ins Fließen zu bringen, nun geht es darum, diesen Fluss für eine Lösungsfindung zu nutzen. Das gelingt am besten mit Fragen, die lösungs- und ressourcenorientiert sind:

- Auch wenn die aktuelle Situation schwierig ist, so gibt es möglicherweise in der Gegenwart einiges, was bewahrt werden sollte. Fragen Sie sich: Was ist gut am momentanen Zustand? Was funktioniert und was soll so bleiben?
- Aspekte der Vergangenheit können auch wichtig für die aktuelle Problembewältigung sein. In ihnen zeigen sich Ressourcen, die möglicherweise übersehen wurden und die wieder zugänglich gemacht werden sollten. Fragen Sie sich: Gab es in der Vergangenheit schon funktionierende Lösungen oder ähnliche Situationen, die ich gut bewältigen konnte? Wenn ja – welche? Mit welchen Stärken oder Vorgangsweisen ist mir das gelungen?
- Abschließend ist es nun wichtig, den Blick in die Zukunft zu richten und ins Handeln zu kommen. Fragen Sie sich: Angenommen, das Problem ist gelöst, was hat sich dann verändert? Welche Zukunft will ich mir erschaffen? Was will ich erreichen? Was können erste kleine Schritte auf dem Weg dorthin sein, und wer könnte mich dabei unterstützen?

Neu Hinschauen für Teams: Strategische Time-outs

Das folgende Beispiel aus meiner Beratungsarbeit soll die oben angestellten Transferüberlegungen veranschaulichen und darstellen, wie man im Team Neu Hinschauen kann: Eines Tages klingelt mein Telefon und ein Niederlassungsleiter des internationalen Baukonzerns JEDERBAU (Name anonymisiert) bittet um meine Unterstützung. Der Manager erzählt: „Wir arbeiten an einem komplexen Bauprojekt mit einem Gesamtauftragsvolumen von über 100 Millionen Euro, das sich gerade in der Schieflage befindet. Angefangen von ständigen Planänderungen, über Verteuerungen bei Rohstoffen, bis hin zu Pleiten wichtiger Nachunternehmer sind wir mit einem Bündel an Schwierigkeiten konfrontiert. Nun stehen wir vor der Situation, dass dem Projekt ein sattes Minus in Höhe eines zweistelligen Millionen-Euro-Betrags droht."

Nachdem wir die schwierige Ausgangslage besprochen haben, vereinbaren wir zum Auftakt der Zusammenarbeit einen eineinhalbtägigen Workshop mit zwölf Schlüsselpersonen aus dem Projektteam sowie dem technischen Niederlassungsleiter und seinem kaufmännischen Kollegen.

Den Workshop starten wir mit einer Einstiegsrunde, bei der die Teammitglieder ihre Erwartungen, die Zielsetzungen, die emotionalen Befindlichkeiten und die allgemeine Situation beschreiben. Danach ist mir klar, dass sich das Team in einer Art Problem-Hypnose befindet, und ich entschließe mich, ihnen meine Geschichte von der Gelben Kante zu erzählen. Einige verstehen nicht ganz, warum ich in dieser Situation eine Geschichte vom Bergsteigen vortragen will, und ich ernte fragende Blicke, doch niemand bringt einen Einwand vor. Also beginne ich zu erzählen: von meinem Kletterfehler, von der Nervosität und der immer stärker werdenden Angst, vom Blick in den Abgrund und vom Gedanken, abzuspringen. Ich erzähle dann auch vom Hinauslehnen und vom Wenden der Blickrichtung und merke, wie der Ausdruck in den Gesichtern immer interessierter wird. Die Geschichte zieht das Team in ihren Bann.

Im Anschluss daran lade ich das Team ein, sich – bezogen auf die aktuelle Projektsituation – auf eine ungewöhnliche Weise hinauszulehnen, um so zu neuen Perspektiven und Lösungsansätzen zu kommen. Ich glaube, dass für ein gemeinsames Verständnis der Situation eine Symbolaufstellung sehr hilfreich sein könnte. Als ich die bunten Holzklötze und Figuren aus einem kleinen Sack auf den Boden in der Mitte des Stuhlhalbkreises leere, sehe ich in einigen Gesichtern wieder den Ausdruck von Unverständnis. Was soll DAS jetzt?, scheinen die Anwesenden zu denken. Ich bitte die Gruppe, sich auf folgende ungewöhnliche Aufgabe einzulassen: Mithilfe der kleinen Holzfiguren soll das Team das Gesamtgefüge der aktuellen Situation darstellen. Beteiligte Personengruppen, Schlüsselfiguren, Einflussfaktoren und wechselseitige Abhängigkeiten werden symbolisch auf einem Pinnwand-Papier widergegeben und ergänzende Grafiken mit bunten Stiften hinzugefügt. Bald schon wandelt sich die anfänglich zurückhaltende Stimmung ins Gegenteil. Nach etwa fünf Minuten rutschten zwei Drittel des Teams auf Knien rund um das braune Papier, das ich auf dem Boden ausgelegt habe. Der Rest rückt die Stühle nahe an das Geschehen und diskutiert eifrig mit. Welche Figur soll wen darstellen? Wer ist auf der Kundenseite in welcher Form relevant? Welche Figur nehmen wir für den Architekten, und wo müssen die Planer hin? Gibt es hier nicht eine starke Beziehung zwischen zwei Nachunternehmern? … Aus den anfangs verwirrend anmutenden Darstellungen kristallisiert sich nach einiger Zeit doch ein aussagekräftiges Bild heraus.

Nun beginnt der Lärmpegel der Diskussion deutlich abzunehmen. In dem Maße wie die Aussagekraft der gemeinsamen Situationsdarstellung steigt, erhöht sich die persönliche Betroffenheit aller Beteiligten. Plötzlich herrscht absolute Stille im Raum. Die Versuchung, gleich zu intervenieren, ist für mich groß, doch ich unterlasse es, etwas zu sagen. Nach einigen weiteren, fast schmerzhaft lange scheinenden Minuten steht der Niederlassungsleiter plötzlich auf, greift sich, während er im Gehen die Darstellung umkreist, mit der Hand an den Kopf und sagt: „Wir sitzen wie das Kaninchen vor der Schlange und starren alle wie gelähmt auf den Projektsteuerer. Wir lassen uns Planänderungen diktieren und machen reflexartig alles, was von uns verlangt wird. Wir haben unsere Führungsrolle im Projekt völlig abgegeben!“

Auch in anderen Beratungsprojekten mache ich sehr gute Erfahrungen mit großflächigen Visualisierungen. Teams stellen gemeinsam – entweder grafisch oder mithilfe geeigneter Symbole – ihr Bild der aktuellen Situation und der Wechselwirkung der Zusammenhänge dar. Der Versuch, gemeinsam ein Bild der Situation herzustellen, führt zwangsläufig dazu, dass die individuellen Bilder zur Situation ausgetauscht und wichtige Informationen, über die nur Einzelne verfügen, für alle zugänglich und in ihrem Zusammenspiel bewusst werden. Meist werden vielfach Information gar nicht mitgeteilt, weil man sie bei den anderen als selbstverständlich vorausgesetzt.

Die Aufmerksamkeit des Teams gilt vor allem dem Darstellen der Situation und der Zusammenhänge und weniger den individuellen Befindlichkeiten. So fällt es leichter, sich vom Problem zu lösen und mit der notwendigen räumlichen und emotionalen Distanz auf die eigenen Beiträge zur Herstellung und Aufrechterhaltung problematischer Situationen zu schauen. Grenzen, die man sich selbst auferlegt hat oder auferlegen hat lassen und bisher gar nicht als solche erlebt hat, werden bewusst gemacht und relativieren sich dadurch augenblicklich. Die Perspektive öffnet sich und gibt den Blick auf Entscheidungsoptionen frei, die zweifellos bereits davor bestanden haben, als solche aber nicht wahrgenommen wurden. Die gewonnen Erkenntnisse werden oft von einem Gefühl der Fassungslosigkeit und der Frage: Wie konnten wir das nur nicht sehen? begleitet und gehen zumeist mit Erleichterung hinsichtlich der gewonnenen Freiheit einher.

Der Weg zum Erkennen der Situation wird trotzdem manchmal als schmerzhaft erlebt. Wenn einem beispielsweise klar wird, dass man selbst die Organisation erschaffen und mitgestaltet hat, in der man nun arbeitet. Wenn man erkennt, dass man „es selbst ist" und nicht die anderen, die die aktuellen Probleme verursachen. Die Erkenntnis, dass man oft selbst ganz wesentlich zu den Problemen beigetragen hat, schließt allerdings die Einsicht ein, dass man somit die Autorität hat, die Situation zu verändern. Dem Bewusstsein, „so nicht mehr weitermachen zu wollen", liegt die Kraft zugrunde, aus der negativen Dynamik auszusteigen. Dem Moment dieser schmerzhaften Erkenntnis kann paradoxerweise die größte schöpferische Kraft innewohnen.

Zurück zum oben geschilderten Beispiel: Wir generieren sofort im Anschluss an diese Situationsdarstellung erste Lösungsideen, und das Team scheint aus der Selbsterkenntnis eine Menge an produktiver Energie geschöpft zu haben. Von Lethargie ist jedenfalls auch am nächsten Tag nichts mehr zu spüren, der Pessimismus und das Gefühl der Ausweglosigkeit sind einem zuversichtlichen Bewältigungsglauben gewichen. Wir arbeiten den restlichen Tag an einer Strategie, um die Ergebnisse im Projekt zu drehen, und beenden den Workshop mit einem Aktionsplan, der sofortige Umsetzungsmaßnahmen enthält. So sollen alle Mitglieder des Projektteams, die nicht am Workshop teilgenommen haben, am nächsten Arbeitstag in die Ergebnisse eingebunden werden. Die Erfolge des Teams nach dem ersten Workshop sind spürbar und veranlassen die verantwortlichen Leiter, diese strategischen Time-outs zur kontinuierlichen Begleitung und Reflexion im Abstand von sechs Monaten zu wiederholen.

Einmal werden kurzfristig zwei Veranstaltungen innerhalb eines Monats nötig, weil die Insolvenz eines Nachunternehmers den Projekterfolg neuerlich zu gefährden droht. Bis zum Ende des Projekts führen wir sechs solcher Workshops durch, der drohende zweistellige Millionen-Euro-Verlust kann letztlich abgewendet und in ein bescheidenes einstelliges Millionen-Euro-Plus umgewandelt werden. Absolut betrachtet ist dies kein Traumergebnis, im Vergleich zur anfänglichen bestehenden Schieflage jedoch ein toller Erfolg.

Im Abschluss-Workshop sammeln wir die vielfältigen Learnings aus dieser Zusammenarbeit, und ich stelle dem Team die Frage, wo denn der entscheidende Wendepunkt im Projekt gewesen sei. Darauf erhalte ich eine spannende und gleichzeitig vielsagende Antwort: Entscheidend für den Erfolg sei gewesen, sich gemeinsam Hinauszulehnen. Sich argwöhnischen Einschätzungen und Beurteilungen zum Trotz in der größten Krise des Projekts ein strategisches Time-out genommen zu haben. Denn allein der Name Time-out stieß im Konzern auf Ablehnung und löste Fragen aus: Die wollen sich eine Auszeit nehmen? Haben die nichts zu arbeiten? Entscheidend war es, trotz all dieser Widerstände aus dem operativen Alltagsgeschehen ausgestiegen und so zu neuen Perspektiven gekommen zu sein. Die Teammitglieder erzählen, dass es ihnen gleich im ersten Workshop wie Schuppen von den Augen fiel, welchen aktiven Beitrag zur Misere sie geleistet hatten. Und dass sie danach eine gute Strategie entwickeln konnten und sich an das Gesetz des Handelns hielten. All das hatte entscheidenden Einfluss auf den späteren Erfolg. Sie meinen, es wäre allerdings nie so weit gekommen, wenn die Initialzündung – sich hinauszulehnen – unterblieben wäre.

Neu Hinschauen für Unternehmen: Dialog mit der Organisations-Peripherie und Durchführung von Learning Journeys

Das Beispiel von JEDERBAU zeigt, wie Teams neu hinschauen können. Doch wie kann ein ganzes Unternehmen seine Perspektiven wechseln und neu hinschauen? Gerade auf der Organisationsebene scheint es wesentlich, Aktivitäten, die neue Wahrnehmungen ermöglichen, bewusst in Gang zu setzen. Trotz rhetorischer Bekenntnisse zu Markt- und Kundenorientierung beobachte ich in vielen Unternehmen eine ausgeprägte Innenorientierung. Möglicherweise unterscheiden sich komplexe Organisationen nicht fundamental vom System Mensch, bei dem 98 % des Gesamtsystems auf das innere Funktionieren ausgerichtet sind. In Unternehmen geht es vor allem darum, jenen Gehör zu verschaffen, die in direktem Kontakt mit dem Kunden stehen, und deren Beobachtungen in die strategischen Überlegungen des Unternehmens einzubeziehen. Oft spielen sich entscheidende Dinge an der Peripherie eines Systems ab, und häufig zeigen sich Veränderungen oder Chancen für Neuerungen zuerst dort. Das stellt vor allem größere, komplexe Organisationen vor großen Herausforderungen in der Kommunikation. Es genügt hierbei nicht, Informationssysteme zu installieren, sondern es müssen Menschen zusammengebracht und in möglicherweise überraschender Art miteinander vernetzt werden.

Eine weitere Möglichkeit, gezielt die Perspektiven zu wechseln, besteht darin, im Rahmen eines Strategieprojekts Learning Journeys zum Kunden oder auch in andere Branchen zu unternehmen, um Neues in Erfahrung zu bringen oder einfach nur, um das gewohnte Denken im Unternehmen zu irritieren.

Vor nicht allzu langer Zeit wurde mir die starke Wirkung von Learning Journeys unmittelbar vor Augen geführt: Als Berater begleite ich im internationalen Industriekonzern IMMERKRAFT (Name anonymisiert) ein großes Strategie-Projekt. Es geht darum, die gesamte Organisation auf eine Handvoll strategischer Ziele zu fokussieren, die vom Top-Management als wesentlich für das nachhaltig erfolgreiche Überleben des Unternehmens angesehen wurden. Gleichzeitig liegt auf der Hand, dass diese Ziele nur mit einer neuen Kultur der Führung und Zusammenarbeit realisiert werden können. Nach etwa sechs Monaten und etlichen Workshops in unterschiedlichen Ländern und Unternehmensbereichen nimmt das Projekt ordentlich an Fahrt auf. Der Vorstand trifft die Entscheidung, den strategischen Dialog in bis dato nicht gekannter Intensität mit der gesamten Organisation zu führen und sämtliche Führungsebenen in Umsetzungs-Dialoge zu involvieren. Dies wird größtenteils sehr positiv aufgenommen, nahezu jede Teileinheit macht respektable Fortschritte in ihren eigenen Umsetzungsschritten und trägt damit zum Gesamterfolg bei.

Gleichzeitig wird von jungen Führungskräften die Idee vorgebracht, den Dialog im Rahmen einer Web-2.0-Infrastruktur weiterzuführen. Sie argumentieren: „Wir müssen den gemeinsamen Geist, den wir hier entwickelt haben, unbedingt weiterpflegen und dürfen nicht auf die nächsten Workshops warten. Wir brauchen dazu eine webbasierte Interaktions-Plattform für selbstorganisierte Zusammenarbeit." Die Leiterin der Strategie-Abteilung ist für diese Idee sofort Feuer und Flamme. Als wir dem Vorstand bei einem Zwischenbericht den Vorschlag, eine Web-Plattform für den internen Dialog einzurichten, vorstellen, ernten wir etwas bescheidene Reaktionen. Die Idee wird vorerst nicht weiter verfolgt.

Der Zufall will es, dass ich etwa zur selben Zeit von der Firma Comma Soft AG als Vortragender zu den Petersberger Gesprächen eingeladen werde, um über das Thema „Führen in rezeptfreien Räumen, das Ungewisse meistern – Leadership-Impulse aus dem Extrembergsteigen" zu referieren. Auf dieser Veranstaltung hält der CIO einer deutschen Fluglinie einen äußerst interessanten Vortrag mit dem Titel „Leadership 2.0". Er beschreibt darin die Schwierigkeiten und Chancen bei der Integration von Web 2.0 in traditionelle Führungskonzepte. Unterschiede in der Nutzung von Web 2.0 würden vor allem zwischen der jungen Generation der Digital Natives und der älteren Generation der Digital Immigrants auftreten. Dennoch böten Web-2.0-Lösungen großen Chancen für die gemeinsame Sinnarbeit, den Werte-Dialog in Unternehmen sowie für selbstorganisierte Zusammenarbeit.

Nach dem Vortrag ist mir klar, dass dieser lebendige, externe Erfahrungsbericht des CIOs einer Fluglinie eine andere Wirkung auf den Vorstand von IMMERKRAFT haben würde als die hauseigenen Vorschläge. In einem anschließenden Gespräch frage ich ihn, ob er bereit wäre, diesen Vortrag noch einmal vor einem kleinen Team von Kunden zu halten, und er willigt sofort ein. Drei Monate später kann sich ein achtköpfiges Team von IMMERKRAFT, bestehend aus dem Vorstand und einigen Schlüsselführungskräften, diesen Vortrag nochmals anhören, und er verfehlt seine Wirkung nicht. In der anschließenden Dialogrunde hebt der CIO nochmals hervor, dass das Mitarbeiter-Web-2.0 nicht nur ein Dialog-Forum zur Weiterentwicklung der Unternehmenskultur ist, sondern für die Fluglinie auch einen konkret bezifferbaren Produktivitätshebel erster Güte darstellt. Damit ist die Zurückhaltung der Führung von IMMERKRAFT verschwunden, das Projekt einer internen Web-2.0-Plattform bei IMMERKRAFT wird wieder aufgenommen, und zehn Monate später geht das System in Betrieb. Die Learning Journey zur Fluglinie zeigte eine vielfach höhere Wirkung, als es ein noch so gut moderierter hausinterner Dialog zwischen Befürwortern der Idee und verantwortlichen Entscheidern jemals geschafft hätte.

Es kann jedoch passieren, dass Unternehmen Learning Journeys machen und nichts sehen, weil sie trotz geöffneter Augen nicht neu hinschauen können. Berühmt ist in diesem Zusammenhang folgende Geschichte: In den frühen 80er-Jahren reisten hochrangige Vertreter der amerikanischen Automobilindustrie aus Detroit nach Japan, um dort vor Ort die Gründe zu sehen, weshalb ihnen die Konkurrenten aus dem Osten das Wasser abzugraben begannen. Nach einer Reihe von Besuchen hatte sich bei den amerikanischen Managern die Überzeugung durchgesetzt, dass die Japaner ihnen – verständlicherweise – nicht die richtigen Fabriken gezeigt hatten, sondern eigens aufgebaute Produktionskulissen, um keinen Einblick in die tatsächlichen Produktions-Systeme zu geben. „Sie haben uns nicht die richtigen Werke gezeigt. Da waren nirgends Lagerbestände, Zwischenlager, Abfälle oder Ähnliches. Ich habe viele Fabriken gesehen, aber das waren keine richtigen. Die wurden extra für unseren Besuch aufgebaut", sagte ein hochrangiger Vertreter der Amerikaner. Tatsache ist, dass die Amerikaner in die richtigen Fabriken geführt wurden und nur eine Nasenlänge von dem entfernt waren, was sie gesucht hatten, es aber trotzdem nicht sehen konnten: Das revolutionäre Just-in-time-Produktionssystem der Japaner hatte tatsächlich keine Zwischenlager. Ihre Annahmen darüber, wie eine Fabrik auszusehen hatte, hinderte die Amerikaner daran, das zu sehen, was zu sehen war. (Senge, Scharmer et al., 2004)

LITERATUREMPFEHLUNGEN

Albert Bandura: Self-Efficacy. The Exercise of Control. Freeman and Company 1997

Richard T. Pascale, Jerry Sternin: Geheimagenten des Change Managements. Harvard Business Manager 02/2006

Siegfried J. Schmidt: Unternehmenskultur. Die Grundlage für den wirtschaftlichen Erfolg von Unternehmen. Velbrück Wissenschaft 2004
Peter Senge, C. Otto Scharmer et al.: Presence. Human Purpose and the Field of Future. SoL Publishers 2004

2. Prinzip: Loslassen und Verzichten

„Vollkommenheit entsteht nicht dann,
wenn man nichts mehr hinzufügen kann,
sondern, wenn es nichts mehr gibt,
was man weglassen könnte."
Antoine de Saint-Exupéry

Beim 2. Prinzip geht es darum, zu erkennen, ob wir sinnlosen Ballast auf unserem Weg in die Zukunft mitschleppen. Sinnloser Ballast kann sich in Unternehmen auf mehreren Ebenen ansammeln, er entsteht oft durch hinderliche oder unangemessene Vorstellungen und zeigt sich beispielsweise in komplizierten Arbeitsabläufen, schwerfälliger Zusammenarbeit sowie überflüssigen Produkt- und Leistungsmerkmalen.

Für den Einzelnen und für Unternehmen bedeutet Loslassen und Verzichten: nicht alles machen wollen – sich auf Weniges fokussieren – den Mut haben, Schwerpunkte zu setzen und Ballast abzuwerfen, manchmal auch vorausschauend Nein zu sagen. In der folgenden Geschichte ist deswegen mein Rucksack der Hauptdarsteller.

Die Direkte Nordwand der Großen Zinne

Neun Monate nachdem Thomas und ich die Gelbe Kante in den drei Zinnen durchstiegen hatten, und ich meinen persönlichen Durchbruch beim „Neu Hinschauen" hatte, fahre ich wieder in die Dolomiten. Diesmal ist Peter Gasser mein Partner. Ich habe den ganzen Winter über trainiert, bin stark geworden und habe das Gefühl, mich nun auf Routen wagen zu können, wo nicht mehr viele Seilschaften klettern. Die Direkte Nordwand der Großen Zinne ist so eine Route. 550 Meter hoch, überhängend, aber dafür brüchig. Sie genießt in der Szene einen besonderen Ruf. Rückzüge namhafter Kletterer sind bekannt, immer wieder misslingt die Durchsteigung an einem Tag und Seilschaften müssen biwakieren.

Die Route ist extrem ausgesetzt, liegt im oberen 6. Schwierigkeitsgrad und verlangt in den überhängenden Passagen zudem noch kraftraubende technische Kletterei. Die meisten Seilschaften zu dieser Zeit brauchen dafür ein Unmenge Material und Strickleitern. Zu den klettertechnischen Schwierigkeiten, der immensen Ausgesetztheit und dem brüchig-splittrigen Fels kommt noch eine über weite Strecken schlechte Absicherung mit alten, rostigen Haken. Was der ganzen Sache zusätzlich besondere Würze verleiht, ist ein etwa 35 Meter langer, extrem schwieriger Quergang, der in den überhängenden Wandteil führt.

Diese Stelle ist ein point of no return. Ist man einmal drüben, sind sowohl ein Rückzug nach unten als auch fremde Hilfe von oben schwierig, wenn nicht ausgeschlossen, weil die Wand für beides zu überhängend ist. Dann gibt es nur noch eins: Die Seilschaft muss es bis zum Ausstieg schaffen.

An einem wunderschönen Nachmittag holt mich Peter mit seinem orangefarbenen VW-Käfer ab und wir fahren nach Südtirol in die Sextener Dolomiten, deren Wahrzeichen die Drei Zinnen sind. Es ist schon dunkel, als wir den Parkplatz bei der Auronzo-Hütte erreichen. Wir rollen direkt hinter dem Auto unsere Unterlagsmatten aus und verschwinden schnell in unseren Schlafsäcken. Der Himmel ist sternenklar und die Luft sehr kühl, hier oben am Zinnen-Plateau weht zudem ein äußerst frischer Wind. Die Nacht ist nicht sehr angenehm. Die groben Steine des Schotter-Parkplatzes drücken durch die Unterlagsmatte schmerzhaft in den Rücken und es ist kalt. Dazu kommt die Spannung, die immer da ist, wenn man am nächsten Morgen in eine große Wand einsteigt. So frösteln wir in unseren Schlafsäcken im Halbschlaf dem Tagesanbruch entgegen.

Der Morgen beginnt kühl und klar. Wir haben keinen Kocher mit und in der Hütte ist auch noch niemand wach, also gibt es auch keinen Kaffee. Eine Käse-Semmel für jeden und kaltes Wasser zum Nachspülen bilden das Frühstück, das jedoch an solchen Tagen ohnehin keinen hohen Stellenwert genießt. Absoluten Vorrang hat heute Morgen das Sortieren des Materials, das für den Durchstieg benötigt wird: Karabiner, Klemmkeile, Haken, Bandschlingen, Reepschnüre und Sicherungsgeräte. Wir fragen uns, was davon wir für den Durchstieg tatsächlich brauchen werden und beschließen, auf Hammer und Haken zu verzichten, stattdessen aber ein komplettes Sortiment an Klemmkeilen mitzunehmen. Klemmkeile sind konische Aluminiumkeile, durch die ein Drahtseil gefädelt ist. Sie werden zur Absicherung in Felsritzen gelegt und verklemmen sich dort. Wir setzen auf zwei besondere Formen von Klemmkeilen, nämlich Stopper und Hexentrics und nehmen auch zwei „Friends“ mit. Diese bestehen aus sich verspreizenden Kreissegmenten und lassen sich mittels ausgetüftelter Drahtseilzugmechanik in unterschiedlichste Rissbreiten und Felsformen verklemmen. Keile statt Haken lautet unsere Devise, denn Keile lassen sich schnell legen und auch leicht wieder entfernen, Haken schlagen hingegen kostet Zeit. Mit fünfzehn Express-Schlingen zusätzlich wollen wir das Auslangen finden

Wir beschließen aber nicht nur, auf Hammer und Haken zu verzichten, sondern auch auf den Einsatz von Strickleitern, was für die damalige Zeit unüblich ist. Die Route durch die Direkte Nordwand weist nämlich schon im ersten Wandteil immer wieder Überhänge und kleine Dächer auf. Dächer sind Vorsprünge, die dachkantenartig aus der Wand ragen und das Weiterklettern erschweren. Der zweite Wandteil besteht aus einer überhängenden Riesenverschneidung, die sich mehrere Seillängen nach oben zieht und die man sich wie eine umgekehrte Riesentreppe vorstellen kann – man klettert quasi an der Unterseite dieser überhängenden Riesentreppe nach oben. Ein Überhang reiht sich an den anderen und das ist natürlich enorm kraftraubend. Um hier bei Kräften zu bleiben, verwenden fast alle Seilschaften Strickleitern. Deren Vorteil liegt in einer Kraftersparnis, ihr Nachteil in der komplizierten, ungelenken Klettertechnik, die wiederum Zeit kostet. Wir beschließen jedenfalls, die Strickleitern ebenfalls im Kofferraum zu lassen, und wollen so viel wie möglich frei klettern.

Was uns jedoch Kopfzerbrechen bereitet, ist die Frage, wie lange wir durch die Wand brauchen werden und ob wir Biwaksachen benötigen werden. Wir hörten von Seilschlingen-Biwaks in der Wand. Wir kennen eine von uns als sehr leistungsfähig eingeschätzte Seilschaft, die die Route zwar an einem Tag schaffte, aber beim Abstieg in die totale Finsternis kam und biwakieren musste, wissen aber auch, dass eine andere Seilschaft es an einem Tag hinauf und hinunter schaffte. Wir sind uns also nicht sicher, ob sich das Unternehmen an einem Tag ausgehen wird und beschließen, vor allem auch in Anbetracht der Gipfelhöhe von fast 3.000 Metern, das Biwakzeug einzupacken. Mit all der Ausrüstung und den Biwaksachen hat der Rucksack nun ein ordentliches Gewicht.

Zwei 50-Meter-Zwillingsseilen umgehängt, marschieren wir los und queren an der Südseite der Drei Zinnen vorbei in Richtung Patern-Sattel.

Wir kommen unter der Gelben Kante vorbei, die mich auch an diesem Tag ungeheuer beeindruckt. Die 350 Meter lange Linie wirkt, als hätte sie ein begnadeter Architekt mit dem Lineal entworfen und mit dem Lot über die Bauausführung gewacht. Le Corbusier soll auf die Frage nach dem schönsten Bauwerk der Erde geantwortet haben: „Zweifelsohne die Dolomiten!" Wahrscheinlich war er hier.

Oben am Patern-Sattel angekommen, stockt mir fast der Atem, als wir zum ersten Mal Einblick in die Zinnen-Nordwände haben. Wir queren hinüber zum Einstieg und machen uns kletterfertig. Rein in die Gurte, rein in die engen Kletterschuhe, die wir Slicks nennen, da ihr Sohlengummi aus der Formel 1 kommt. Sie haben allerdings den Schnitt von Ballett-Schuhen und werden von Kletterern grundsätzlich mindestens eine Nummer zu klein gewählt, damit sich ja kein sinnloser Kubikmillimeter Luft zwischen den Zehenspitzen und den kleinen Felsvorsprüngen, die wir als Tritte nutzen, befindet.

Wir wählen folgende Taktik: Wir steigen in Wechselführung – auch überschlagendes Gehen genannt –, wobei der jeweils Nachsteigende die Aufgabe hat, den Rucksack nach oben zu bringen. Die ersten Schritte sind eckig und ungeschickt, da es noch ziemlich kalt ist. So klettern wir die ersten Seillängen nach oben. Der Erste klettert voraus, hängt die Expressschlingen in die Zwischenhaken ein, baut am Ende der Seillänge den Standplatz auf, zieht das restliche Seil ein und sichert den Nachsteiger nach. Zur Regelung dieses Ablaufes gibt es allgemein gebräuchliche Seilkommandos, aber wenn sich eine Seilschaft kennt, so wie wir beide, kann sie auf allzu förmliche Kommunikation verzichten. Manchmal genügt ein Blick über vierzig Meter und es ist klar, dass der Zweite nun gesichert ist und nachsteigen kann. Der Nachsteiger hat die Aufgabe, all die Zwischensicherungen zu entfernen und wieder mitzunehmen. Am Standplatz angekommen, übergibt er den Rucksack und macht sich nun selbst an den Vorstieg in der nächsten Seillänge, in der der andere nun die Aufgaben des Nachsteigers übernimmt. Wenn eine Seilschaft diesen Ablauf auf dieser Route 21mal erfolgreich wiederholt, hat sie in aller Regel die Direkte Nordwand der Großen Zinne durchstiegen. War in den Jahren zuvor das Vorklettern immer eine echte Überwindung für mich gewesen, so merke ich jetzt, dass sich hier einiges deutlich verändert hat.

Das winterliche Training in der Kraftkammer hat enorm viel gebracht, vor allem seit ich es mit einer Zehn-Kilo-Bleiweste betreibe. Ich bin in der Lage, auch kleinste Griffleisten im Fels zu fixieren und genieße es, meine Kraft und Klettertechnik beim Überwinden der senkrechten Wandstellen und der kleinen Überhänge im unteren Wandteil zu spüren.

Der sichere Nachstieg, den ich wahrscheinlich vor einem Jahr insgeheim noch bevorzugt hätte, wird allerdings aufgrund des schweren Rucksacks zu einer regelrechten Plackerei. Die Kletterstellen sind dermaßen extrem, dass sie äußerst genaue Bewegungen verlangen. Der schwere Rucksack verlagert aber den Körperschwerpunkt nach außen und stört so das unbedingt notwendige Gleichgewichtsgefühl empfindlich. Das Klettern im Nachstieg kostet auf diese Weise viel Zeit und extrem viel Kraft, viel mehr Kraft als der Vorstieg. Überdies kommt der Nachsteigende immer öfter mit brennenden Muskeln am Standplatz an und muss sich anschließend schon einigermaßen ausgepumpt an die Herausforderung des Vorstiegs in der nächsten Seillänge machen. Wir beginnen nun mit allen Fasern zu spüren, warum diese Route als so extrem gilt.

Peter und ich erreichen einen Standplatz, über dem nur noch die glatte Wand und Überhänge sichtbar sind. Weit und breit keine Haken. Der Blick geht nach links. Da drüben stecken Haken, das muss der 30 Meter-Quergang sein. Die Ausgesetztheit des Ortes und die Wucht der Szenerie übertrifft alles, was ich bis dahin erlebt hatte. Das ist also die berühmte Stelle. Wir saugen leise und schweigsam Luft durch die Zähne und wissen: Das ist der Moment der Wahrheit und wir müssen entscheiden, ob wir glauben, der Route gewachsen zu sein, und ob wir weiterklettern oder eben nicht. Ein Rückzug von hier zum sicheren Boden ist durch Abseilen noch machbar. Sind wir allerdings erst einmal drüben in der überhängenden Wand, steht uns diese Möglichkeit nicht mehr offen. Auch Hilfe von oben ist aufgrund der Überhänge undenkbar. Die Seilschaft kann sich dann nur mehr selbst helfen – indem sie aus eigener Kraft hinaufklettert.

Was tun? Der Blick auf die Uhr zeigt, dass wir langsamer geworden sind. Der Rucksack macht uns beim Klettern schwer zu schaffen. Wahrscheinlich werden wir die Wand schon irgendwie meistern, aber vermutlich müssen wir biwakieren. Was ja kein Problem ist, denn Biwakzeug haben wir ja dabei.

Plötzlich wird uns klar: Der Biwakzeug macht den Rucksack schwer und der schwere Rucksack macht uns langsam, und weil wir langsam sind, werden wir biwakieren müssen!

Peter und ich schauen uns an und wir denken beide: Der Rucksack muss weg. „Werfen wir ihn hinunter?" – „Warum nicht?" Wir inspizieren den Rucksack noch einmal: Die Turnschuhe für den Abstieg befestigen wir am Klettergurt, genauso die Trinkflasche und eine Fleece-Jacke. Die Biwakausrüstung und die Rucksackapotheke bleiben im Rucksack.

Wir wägen nochmals sorgfältig ab, was wir wirklich brauchen und was nicht und werfen dann den Rucksack ab. Ohne auch nur einmal die überhängende Wand zu streifen, nimmt er seinen Weg nach unten, wird unglaublich schnell kleiner und schlägt nach wenigen Sekunden unten im Schutt-Kar auf, etwa zwanzig Meter von der Wand entfernt. Wir haben gar nicht gemerkt, dass die Wand schon hier so weit überhängt. Der Rucksack kollert ein paar Meter und bleibt dann liegen. Ein Wanderer, der gerade vorbeikommt, sieht das und schüttelt den Kopf. Wahrscheinlich kann er sich weder vorstellen, warum man in so eine Wand einsteigt, noch, warum man einen Rucksack aus der Wand abwirft.

Gewichtsmäßig erleichtert, aber innerlich noch immer angespannt, machen wir uns ans Weiterklettern. Ich klettere den Quergang als Erster hinüber, Peter folgt nach. Ohne den Rucksack klettern wir als Seilschaft wie ausgewechselt. Was vorher eine echte Plackerei war, verwandelt sich nun in einen gemeinsamen rhythmischen Tanz in der Senkrechten. Zur Ästhetik der Kletterei kommt die unbeschreibliche Szenerie. Die Welt scheint Kopf zu stehen. Als Peter die erste Seillänge in der Riesenverschneidung hinter sich gebracht hat und das Seil einzuziehen beginnt, ist er meinen Blicken entschwunden. Plötzlich erscheint das Rest-Seil – die Schlaufe, die sich beim Einziehen bildet – aus den Überhängen und scheint waagrecht aus der Wand zu wachsen. Ich bin mir einen Moment unsicher – optische Täuschung oder Halluzination? Ich reibe mir die Augen. Nein, es wächst weiterhin auf völlig unnatürliche Weise aus der Wand. Irgendwann verstehe ich die Welt wieder. Das Seil markiert die Senkrechte. Ich habe vor lauter Überhängen nur das Gefühl dafür verloren. Es ist unglaublich. Wir klettern weiter.

In der Riesenverschneidung stecken viele Haken, nicht alle sind gut. Wir hängen nur jede zweite Zwischensicherung ein. Würden wir jeden Haken einhängen, hätte das nach fünfzehn Metern eine solche Seilreibung verursacht, dass das Weiterklettern nur mehr schwer möglich wäre. Zu viel Sicherung kann das Weiterkommen regelrecht behindern. Die Taktik, auf die Strickleitern zu verzichten, stellt sich als richtig heraus.

Schnell und voller Energie klettern wir Seillänge um Seillänge nach oben. In den Ausstiegsrissen legt sich die Wand dann wieder zurück. Die Kletterei bleibt aber anspruchsvoll und ich werde langsam müde. Plötzlich erreichen wir ein Band, das mir bekannt vorkommt. Es ist das Gipfelringband, das ich bereits von der Durchsteigung der Dibona-Kante kenne. Das bedeutet, wir sind durch. Peter und ich lachen uns zu und gratulieren einander.

Der Gipfel hat wenig Bedeutung, was für uns zählt, ist die Route, und so machen wir uns gleich an den Abstieg. Es handelt sich dabei um eine vergleichsweise leichte Kletterei, die wir seilfrei bewältigen. Lediglich an zwei Stellen müssen wir über senkrechte Wandstellen abseilen. Ohne Probleme erreichen wir das Schutt-Kar auf der Südseite der Großen Zinne und wandern um den Berg herum, um den Rucksack zu holen. Die nervöse Spannung von heute Morgen hat sich in ein euphorisches Pulsieren verwandelt. Die Erfahrungen beim Klettern und das atemberaubende Erlebnis klingen in uns nach. Wir sammeln den Rucksack ein, zumindest das, was davon noch übrig ist und machen uns im Sonnenuntergang auf den Rückweg zu unserem VW-Käfer. Eigentlich haben wir nicht nur den Rucksack losgelassen, denke ich mir, während ich so dahingehe. Eigentlich haben wir unsere Zweifel und falschen Vorstellungen aus der Wand geworfen.

Lektionen aus der Direkten Nordwand der Großen Zinne

Rückblickend kann ich heute sagen, dass Dinge manchmal nur deswegen so schwierig sind, weil wir zu viel Ballast in unseren Rucksäcken mit uns herumschleppen. Rucksäcke können aus hinderlichen Vorstellungen bestehen, aus Zweifel und Misstrauen. Rucksäcke können auch komplizierte Arbeitsabläufe oder überflüssige Produkt- und Leistungsmerkmale sein.

Folgende Impulse möchte ich Ihnen nun mit dem Prinzip des Loslassens und Verzichtens mit auf den Weg in die Zukunft geben:

- Befreien Sie sich von hinderlichen Vorstellungen und von sinnlosem Ballast. Überlegen Sie sich: Was könnte mein Rucksack sein? Was macht mich langsamer, was hemmt mich? Was kann ich abwerfen?
- Halten Sie sich vor Augen, dass Sie neue Haltepunkte erst erreichen können, nachdem Sie die alten losgelassen haben. Fragen Sie sich: Was muss ich loslassen, damit Neues entstehen kann und Raum bekommt?
- Bedenken Sie, dass Ihre Rucksäcke vielfach aus Einstellungen, Haltungen oder Überzeugungen bestehen. Solche Überzeugungen sind keine rein rationalen oder logischen Konstrukte, sondern mit emotionalen Netzwerken gekoppelte, integrierte Erfahrungen. Sie sind Teil eines Denkens, das sich nur durch neue Erfahrungen ändert. Fragen Sie sich: Welche neuen Erfahrungen kann ich mir oder anderen verschaffen, um altes Denken zu verflüssigen?
- Bedenken Sie auch, dass Rucksäcke die Tendenz haben im Gehen schwerer zu werden. Starten Sie nicht zu viele Projekte oder Initiativen gleichzeitig. Üben Sie sich im vorausschauenden Loslassen und Verzichten. Überlegen Sie: Wie viele – oder wie wenige – Projekte oder Initiativen kann ich gleichzeitig mit der notwendigen Energie versorgen, um sie zu einem guten Abschluss zu bringen oder auf Dauer zu stellen?

Impulse und Gedanken für den Transfer

Hinderliche Vorstellungen und sinnlosen Ballast abwerfen

Bei unserer Durchsteigung der Direkten Nordwand der Großen Zinne waren wir von der unausgesprochenen Annahme ausgegangen, dass man einen Rucksack mitnehmen muss, da man in diesen Höhenlagen und solch großen Wänden nicht ohne Rucksack und die entsprechende Notfallausrüstung unterwegs sein darf. Dass uns aber das Gewicht der Notfallausrüstung tatsächlich auch in eine Notlage bringen könnte, wurde uns erst durch unsere Schwierigkeiten beim Weiterkommen klar. Einerseits war es wichtig, dass wir uns klar wurden, was uns behinderte, andererseits war es notwendig, die Entscheidung zu treffen, das Hindernde loszulassen.

Ich persönlich habe ausnahmslos erlebt, dass dem äußeren Loslassen – was auch immer im Einzelfall losgelassen werden muss – ein inneres Loslassen vorangeht. Dieses bildet die Voraussetzung für die darauf folgende Entscheidung und auch für deren erfolgreiche Umsetzung.

Wenn es darum geht, sich von hinderlichem Ballast zu befreien, ist es durchaus sinnvoll sich zu fragen: Was soll auf jeden Fall so bleiben soll, wie es ist? Was soll nicht verändert werden? So verhindert man ein leichtfertiges Vorgehen und eine generelle Abwertung des Alten. Wir fragten uns in der Großen Zinne-Nordwand am point of no return: Was brauchen wir unbedingt noch? Wir nahmen die Trinkflasche, die Turnschuhe für den Abstieg und die Fleece-Jacke für den weiteren Aufstieg aus dem Rucksack und hängten diese Teile auf den Klettergurt. Beim Loslassen geht es darum, das Wesentliche mitzunehmen und sich vom Unwesentlichen zu trennen. Egal ob es sich dabei um Erfahrungen, Verfahrensweisen, Produktmerkmale oder auch gravierende Veränderungen der persönlichen Situation handeln sollte.

Eine hilfreiche Methode, um zu erkennen, worin der eigene Rucksack besteht und was ihn schwer macht, ist, sich folgende Fragen zu stellen:

- ➔ Was glaube ich tun zu müssen?
- ➔ Was glaube ich tun zu sollen?
- ➔ Was glaube ich nicht tun zu dürfen?
- ➔ Was glaube ich nicht tun zu können?

Sehr oft verstecken sich hinter den Antworten unhinterfragte, verinnerlichte Annahmen oder vermutete, aber in der Realität nicht existierende Regeln und Einschränkungen. Mit Hilfe der obigen Fragen können Sie diese Annahmen und mentalen Modelle einer bewussten Prüfung unterziehen.

Alte Haltepunkte loslassen, um neue zu erreichen

Zu Beginn meiner Kletterlaufbahn tat ich mir manchmal unheimlich schwer, weiter zu klettern, wenn ich zwischen zwei schwierigen Kletterstellen einen komfortablen Haltepunkt erreicht hatte. Und so kam es, dass ich mich so lange an diese komfortablen Haltepunkte klammerte, bis mir die Kraft zu schwinden drohte. Das Anklammern hatte zur Folge, dass meine Kraft vor dem Weiterklettern schon weitgehend verbraucht war und ich mir damit selbst den weiteren Durchstieg erschwerte.

Mit mehr Kletterroutine wurde mir klar, dass sich mein Chancenpotenzial objektiv erhöhte, wenn ich nur so lange an den komfortablen Haltepunkten verweilte, bis ich mich von den körperlichen und nervlichen Anstrengungen der vorhergehenden Kletterstelle erholt hatte und mich mental und taktisch auf die Bewältigung der neuen Kletterstelle einstellen konnte.

Was hatte mich zuerst daran gehindert, die guten Griffe loszulassen? Es war die Angst vor dem Unbekannten und Ungewissen, die auch eine gewisse Berechtigung hatte. Es dauerte lange, bis ich die Angst vor dem Loslassen einerseits als hilfreichen Begleiter, der mich vorsichtig werden ließ, nutzen konnte und andererseits dort gezielt etwas gegen sie unternahm, wo sie mich zu blockieren drohte.

Otto Scharmer weist darauf hin, dass die Wörter Leadership und Leitung auf dieselbe indoeuropäische Wurzel zurückgehen: leith bedeutet „nach vorne gehen“, „über die Schwelle gehen“ oder auch „sterben“. Es macht für mich einen fundamentalen Unterschied, ob man versucht, am Alten festzuhalten, und zu hoffen, dass das Neue kommt, oder ob man versucht, das Alte loszulassen und sich auf den Weg zu machen – wie Jeff Bezos bei der Gründung von Amazon oder wie meine Freunde bei der Organisation des Ironman Austria.

Ich erzählte unter „Einsteigen und ins Ungewisse aufbrechen“ bereits die Geschichte, wie es zu Ironman Austria kam: Eigentlich hatte das Organisatoren-Team vor, die erste Ironman-Veranstaltung in Klagenfurt in Form eines Vereins abzuwickeln, doch die Dinge wollten auf diese Art und Weise nicht ins Laufen kommen. Helge Lorenz erzählte: „Du brauchst als Unternehmer den Druck. Wir hatten zuerst gedacht, wir lagern die Sponsorgeschäfte an eine Agentur aus. Es hat nicht funktioniert, wir mussten uns selbst darum kümmern und selbst die notwendige Begeisterung zu den möglichen Sponsoren bringen. Das geht aber nur, wenn du davon abhängig bist. Wenn du im Hinterkopf hast: Ich hab eh meinen Job und mir kann nix passieren und den Druck nicht hast, dass das Unternehmen nicht überleben könnte, wird es nichts. Du brauchst diesen Druck, dann gehst du zu diesen Sponsorgesprächen anders hin.“ Rückblickend war es eine wesentliche Voraussetzung für den weiteren Erfolg, dass Helge Lorenz nach seinem Uni-Abschluss auf andere Job-Angebote verzichtete und Stefan Petschnig seinen unkündbaren Beamten-Job an den Nagel hängte.

Sich für etwas zu entscheiden impliziert automatisch auch eine Entscheidung gegen etwas anderes. Dieser Punkt erscheint mir wesentlich. Matthias Varga von Kibéd, Systemtheoretiker und Professor für Logik, betont, dass es für grundlegende Entscheidungen wichtig ist, die Kraft des Nicht-Gewählten in das Gewählte einfließen zu lassen und so den Wert des Gewählten zu steigern: „Solange die nicht gewählten Alternativen nach einer Entscheidung nur abgewertet werden, schwächen sie die getroffene Wahl. Wenn das, was wir gewählt haben, uns gerade darum kostbar ist, weil es viel gekostet hat und weil die anderen Alternativen einen echten eigenen Wert hatten, dann werden wir mit der getroffenen Entscheidung sorgsamer und achtungsvoller umgehen. Statt nach der Entscheidung noch immer mit der getroffenen Wahl zu hadern, indem wir nicht gewählten Möglichkeiten nachtrauern, lassen wir (...) die Kraft dessen, für das wir uns entschieden haben, mit der Kraft der abgelehnten Alternative zusammenfließen." (Matthias Varga von Kibéd, Insa Sparrer, 2002)

Loslassen und Verzichten für Unternehmen

Was sind nun die Rucksäcke, die das Fortkommen eines Unternehmens verzögern oder erschweren? Worin bestehen die kontraproduktiven Vorsichts- und Absicherungsaktivitäten, die für ein Unternehmen paradoxerweise zur Gefahr werden können, weil sie ein flexibles und rasches Fortkommen behindert?

Wenn wir uns fragen, wo es für Unternehmen oder Organisationen sinnvolle Anwendungsmöglichkeiten für das Loslassen und Verzichten gibt, finden wir ein breites Betätigungsfeld. In vielen Unternehmen würde sich die Zusammenarbeit verbessern und es für die Einzelnen leichter werden, wenn man die praktizierten Abläufe regelmäßigen Entschlackungskuren unterziehen würde. Wie viele Berichte und Abfragen bleiben übrig, wenn man prüft, ob sie auch gelesen werden? Wie viele Besprechungen müssen anders organisiert werden, wenn man sich fragt, wozu sie beitragen sollen?

Die Arbeit wird vielfach komplizierter gemacht, als sie sein muss. Ich rede hier nicht einem simplen Reduktionismus das Wort. Manche Dinge kann man nicht vereinfachen. Umso wichtiger ist es aber, es dort zu tun, wo es möglich ist. Der Aktionismus und Stress, der zum Beispiel in vielen Organisationen durch die CC-Zeile der E-Mail-Programme verursacht wird, ist ein weiterer Punkt, wo sich Potenzial zur Befreiung von Ballast findet. Wie viele E-Mails werden in Ihrer Organisation verschickt, nicht mit der eigentlichen Absicht zu kommunizieren oder zu informieren, sondern weil man sich damit absichern möchte? Auch viele Routinen in Prozessen und im Berichtswesen bergen Befreiungspotenziale in sich. Organisationen tendieren dazu, ein Eigenleben zu entwickeln und immer mehr Routinen und Prozesse anzuhäufen. Fragen Sie sich: Wo kann ich in meinem Bereich die Zusammenarbeit mit anderen Menschen oder Abteilungen entschlacken und leichter machen, indem ich bestimmte Dinge einfach nicht mehr tue?

Verzichten, um sich ein einzigartiges Leistungsprofil zu geben

Dass es wichtig ist, sich im wirtschaftlichen Wettbewerb von seinen Mitbewerbern deutlich wahrnehmbar zu unterscheiden, ist wahrlich keine Neuigkeit mehr. Man könnte fast sagen, es handelt sich dabei um geschäftliches und unternehmerisches Allgemeinwissen. Blickt man jedoch auf die einzelnen Branchen und innerhalb dieser Branchen auf die einzelnen strategischen Gruppen, erkennt man mehr Ähnlichkeiten als Unterschiede. Wie von einer unsichtbaren Kraft getrieben, scheinen die meisten Unternehmen den unaufhaltsamen Drang zu verspüren, sich ihren wichtigsten Mitbewerbern nahezu bis aufs Haar anzugleichen. Der Strategieexperte Gary Hamel mutmaßt, dass sich die Strategien der Unternehmen einerseits schrittweise annähern, weil „die meisten Angehörigen einer Branche auf die gleiche Weise blind sind – sie achten alle auf die gleichen Dinge und sind den gleichen Dingen gegenüber unaufmerksam“ und andererseits, weil „Erfolgsrezepte sklavisch imitiert werden, da die Unternehmen nicht kreativ genug sind, sich eigene Konzepte auszudenken“. (Hamel, 2001)

Diese strategische Konvergenz wird in vielen Großunternehmen noch durch Best-Practice-Studien und das beliebte Benchmarking sowie durch externe Berater genährt, die mit Branchenkenntnissen als Referenz innerhalb der Branche alle Unternehmen mit den gleichen Erfolgsgeheimnissen beraten. Eine unsichtbare Kraft scheint dafür zu sorgen, dass sich Unternehmen aneinander orientieren und versuchen, sich wechselseitig bis zur völligen Ununterscheidbarkeit zu kopieren. Wohin das führt, dürfte klar sein. Höchstwahrscheinlich in einen Wettbewerb, der über den Preis ausgetragen wird, solange, bis nichts mehr zu verdienen bleibt.

Die eigentlich wichtige Frage wird vielfach gar nicht erst gestellt: Wie können wir uns unterscheiden? Wie können wir nach vorne kommen? Ich glaube nicht, dass es den Unternehmen nur an Kreativität mangelt, zumindest ist der Mangel an Kreativität nur eine Seite der Medaille. Die andere Seite ist die Angst – die Angst vor dem Anderssein, die Angst, auf das eine oder andere Geschäft zu verzichten, die Angst, das eine oder andere Leistungsmerkmal, Produkt oder was auch immer wegzulassen. Loslassen und Verzichten bedeutet immer, bestimmte Dinge bewusst und gezielt NICHT zu tun. Es ist eine Grundvoraussetzung dafür, so etwas wie Schwerpunkte oder ein Profil überhaupt bilden zu können.

Wenn es darum geht, ein einzigartiges oder zumindest unterscheidbares Profil auszubilden, könnte man sich am Eingangszitat von Antoine de Saint-Exupéry orientieren: „Vollkommenheit entsteht nicht dann, wenn man nichts mehr hinzufügen kann, sondern wenn man nichts mehr wegnehmen kann."

Die Firma patagonia hat diesen Gedanken zur Leitidee ihres Produktdesigns gemacht und reüssiert damit als einer der weltweit führenden Ausstatter für Outdoor- und Expeditions-Bekleidung. Die Bekleidung muss unter extremen Bedingungen funktionieren. Unter extremen Bedingungen funktionieren keine komplizierten Verschlüsse, man braucht auch keine überflüssigen Aufsätze und keine Schnörkel auf der Kapuze. Die Konzentration auf das Wesentliche in Design und Funktion sowie der konsequente Verzicht auf alles Überflüssige haben der Bekleidungslinie zu einem einzigartigen Profil und schwer zu übertreffender Funktionalität verholfen. Ausrüstung von patagonia wird von Outdoor-Sportlern quer über den Globus nachgefragt und gerühmt. Das Unternehmen stellt sicher ein radikales Beispiel dar und den meisten Firmen würde schon ein Teil des Geistes reichen, der die Produktentwicklung bei patagonia prägt.

Bei den allermeisten Unternehmen ist eher das Gegenteil der Fall. Die Bereitschaft, Schwerpunkte zu setzen und dafür auf bestimmte Dinge zu verzichten, ist nicht besonders weit verbreitet. Ein prominentes Beispiel aus dem Jahr 2005 ist der Verkauf der Mobiltelefon-Sparte eines europäischen Unternehmens an den taiwanesischen Mitbewerber. Die Europäer hatten über Jahre qualitativ höchstwertige Handys hergestellt. Echte europäische Ingenieurskunst eben, die den Mitbewerbern zumindest ebenbürtig, in einigen Teilen sogar überlegen war. Das Dumme war nur, dass ein Großteil der Überlegenheit in Leistungsmerkmalen zu finden war, die für den Kunden entweder keine Bedeutung hatten oder zu kompliziert zu bedienen waren. Technisch bis ins letzte Detail ausgefeilte Produkte brauchen natürlich auch entsprechend lange Entwicklungszeiten. Die Mitbewerber hatten sich im Gegensatz dazu entschlossen, nicht überperfekte Handys auf den Markt zu bringen, sondern solche mit ausreichender Qualität, für welche die Entwicklungszeiten kürzer waren.

Aus den Vertriebseinheiten der Europäer war immer wieder zu hören: „Wir müssen unseren Entwicklern das Produkt regelrecht aus der Hand reißen, sonst kommt es nie auf den Markt." Es hat leider nichts genützt. Komplizierte interne Abläufe hatten einen zusätzlichen Beitrag dazu geleistet, dass die Kosten stiegen und die Produkte trotzdem immer später als die der Mitbewerber auf den Markt gebracht wurden. Schon kurz nach der Übernahme durch die Mitbewerber war zu vernehmen, dass einer der wesentlichsten Schwerpunkte der Taiwanesen die Vereinfachung komplizierter Abläufe und der schwerfälligen Qualitätssicherungsprozesse sein würde. Davon erhoffte man sich die nötigen Kosteneinsparungen und eine wesentlich kürzere time-to-market.

Loslassen und Verzichten im Spannungsfeld von Alt und Neu

Unternehmen haben beim Loslassen und Verzichten Möglichkeiten, die der Einzelne nicht hat: Sie können das Alte auslaufen lassen, während das Neue startet, und einen schleifenden Übergang zum Neuen machen. Hier ist allerdings besondere Achtsamkeit geboten, da es um die sensible Balance von Alt und Neu in Veränderungs- und Entwicklungsprozessen geht und der nichtwertschätzende Umgang mit dem Alten den Erfolg des Neuen stark beeinträchtigen kann.

Aus meiner Erfahrung und Beobachtung geraten viele Veränderungsbestrebungen in Organisationen ins Stocken, weil im Rahmen der jeweiligen Initiativen kein bewusst wertschätzender Umgang mit dem „Alten" gefunden wird. Manche scheitern gar daran. Beim „Alten" kann es sich um Verfahrensweisen, Vorstellungen, Überzeugungen oder sogar um die Unternehmens-Identität handeln.

Damit Menschen überhaupt die Bereitschaft entwickeln, alte Überzeugungen oder Verfahrensweisen, die letztlich Gewissheiten darstellen, loszulassen, braucht es neben einem Angebot an zukünftigen Alternativen auch eine bewusste Wertschätzung des Alten, das einen letztlich dorthin gebracht hat, wo das Unternehmen oder der Bereich heute steht.

Es geht dabei weniger um das Alte an sich, sondern um die Menschen, die hinter diesen vergangenen Bemühungen stehen. Deren Einsatz, Anstrengungen und emotionale Investitionen wollen gewürdigt werden. Jeder zarte Versuch, etwas verändern zu wollen, ist an sich schon eine implizite Abwertung des Alten. Bevor sich eine betroffene Gruppe noch an das Verstehen und Erkunden des Neuen machen kann, steht oft unausgesprochen die Frage im Raum: Heißt das, dass wir in der Vergangenheit alles falsch gemacht haben? – Ein angemessener Umgang damit könnte möglicherweise lauten: Nein, das heißt es nicht. Ganz im Gegenteil – das, was wir in der Vergangenheit gemacht haben, hat uns dorthin gebracht, wo wir heute stehen. Die heutigen Erfolge wären nicht denkbar ohne das, was wir in der Vergangenheit gemacht haben. Für den dafür notwendigen Einsatz gebührt allen Beteiligten großer Dank und aufrichtige Wertschätzung. Gleichzeitig machen Entwicklungen im Umfeld entsprechende Veränderungen in der Organisation notwendig, und wir werden gemeinsam sehr genau hinschauen, was wir loslassen wollen und was wir unbedingt beibehalten und in die Zukunft mitnehmen wollen.

Was in den meisten Veränderungsprozessen übersehen wird, ist, dass Menschen nicht nur eine Orientierung darüber brauchen: Wo soll es hingehen?, sondern auch darüber: Was kann bleiben? Was soll unbedingt bleiben? Die bekannten Dinge fungieren wie mentale Inseln der Sicherheit und des Selbstvertrauens, von denen aus das Neue, Unbekannte und Ungewisse zuerst erkundet und schließlich zum neuen Bekannten gemacht werden kann.

Manchmal bedeutet der Übergang von Alt auf Neu, dass bestimmte Verfahrensweisen von anderen Gruppen oder Einheiten übernommen werden sollen, sei es im Rahmen von organisatorischen Zusammenlegungen oder im Rahmen eines angestrebten Wissenstransfers. Dieser Übergang kann nur dadurch gelingen, dass Menschen zusammen gebracht werden, und sich in konstruktiver Art und Weise miteinander austauschen. Im positiven Fall funktioniert dieser Austausch und führt dazu, dass die Menschen etwas Neues lernen oder entwickeln. Im negativen Fall trifft der Versuch, einen konstruktiven Austausch herzustellen, auf festgefahrene Überzeugungen und Einstellungen. Dann wird alles, was von „den anderen" kommt automatisch abgelehnt.

Ein Verantwortlicher, der den Wissensaustausch zwischen unterschiedlichen Bereichen forcieren will, sollte sich daher der Wahrscheinlichkeit bewusst sein, dass neues Wissen abgelehnt wird. Er sollte die Möglichkeit, dass sich einzelne Menschen oder ganzer Abteilungen so verhalten, von Anfang an ins Kalkül ziehen, statt diese sofort als Blockierer abzuqualifizieren. Der Systemtheoretiker und Soziologe Dirk Baecker hat dafür folgende Erklärung: „Die Ablehnungswahrscheinlichkeit jeden Wissens erklärt sich daraus, dass damit sowohl die Realitätssicht des sozialen Systems, in dem dieses Wissen kommuniziert wird, als auch das System selbst, das sich diese und nicht eine andere Realität konstruiert, auf dem Spiel steht." (Baecker, 1998)

Vereinfacht gesagt, rüttelt jedes neue Wissen an den Grundfesten alter Überzeugungen und bewährter Vorgangsweisen und bedroht damit immer auch berufliche Sicherheiten, Identitäten, Rollenbilder und den Status von Experten. Führt man sich vor Augen, dass Lernen immer eine vorübergehende Inkompetenz des Lernenden mit einschließt, wird klar, dass man bei der Einführung von neuem Wissen in das Unternehmen oder beim Wissenstransfer von einer Abteilung in eine andere sehr behutsam und respektvoll vorgehen muss.

Loslassen ist überdies ein aktiver Akt des Betroffenen, eine Eigenleistung, die nur dieser aus sich selbst heraus erbringen kann. Jemanden zum Loslassen zu zwingen, bedeutet, ihm etwas wegzunehmen. Die Initiatoren von Veränderungsprozessen, die mit Widerständen konfrontiert sind, klagen oftmals: Warum sehen die Mitarbeiter nicht ein, dass wir uns ändern müssen? Hier wäre es sinnvoller zu fragen: Was brauchen die Mitarbeiter, um loslassen zu können? Es geht darum, dass Unternehmen lernen, wie sie sich konstruktiv und respektvoll von alten Gewissheiten lösen können, denn dies ist Voraussetzung dafür, produktiv mit Zukunftsfragen umgehen zu können.

Neue Erfahrungen ermöglichen, um hinderliche Überzeugungen loszulassen

Nun stellt sich die Frage: Was ist überhaupt eine Überzeugung? Man ist geneigt zu antworten, es handle sich um ein reines Gedankenkonstrukt. Neueste Erkenntnissen der Hirnforschung zeigen jedoch auf, dass es sich dabei um „im Gehirn verankerte, mit emotionalen Netzwerken gekoppelte, integrierte Erfahrungen handelt. Diese einmal erworbenen Haltungen (Einstellungen, Überzeugungen, Vorstellungen, Ideen) bestimmen darüber, wie und wofür ein Mensch sein Gehirn benutzt, wie er sich in bestimmten Situationen verhält." (Hüther, 2011) Das heißt, bestimmte Qualitäten unseres Denkens lassen sich nicht durch Einsicht, Verstehen, Appelle oder Wissensvermittlung ändern, weil sie im Gehirn verankert sind. Überzeugungen lassen sich nur durch neue Erfahrungen ändern. Wenn Sie also an einen Punkt kommen, wo Sie hinderliche Überzeugungen bei sich oder auch bei anderen feststellen, diese aber nicht ändern können, dann versuchen Sie, in diesem Bereich neue Erfahrungen zu machen. Erinnern wir uns an die Geschichte der Learning Journey der IMMERKRAFT im letzten Kapitel. Hier war die alte Überzeugung des Top-Managements: Ein Mitarbeiter-Web-2.0 bringt uns nichts und hält unsere Leute womöglich nur von der richtigen Arbeit ab. Durch den Besuch bei der Fluglinie wurde eine neue Erfahrung gemacht und die alte Überzeugung wich der neuen: Ein Mitarbeiter-Web-2.0 könnte auch für uns ein Produktivitätshebel erster Güte sein. Fragen Sie sich: Welche neuen Erfahrungen könnte ich mir oder anderen verschaffen, um altes Denken zu verflüssigen und um zu neuen Überzeugungen zu gelangen?

Vorausschauendes Loslassen und Verzichten

Beim Prinzip Loslassen und Verzichten geht es nicht nur darum, bereits Vorhandenes loszulassen, sondern auch darum, den Rucksack vorausblickend nicht unnötigerweise schwer zu beladen. Unternehmen sollten sich beim Starten neuer Initiativen stets fragen: Wie viele Projekte können wir gleichzeitig starten, überschauen, integrieren? Wie viele können wir während des gesamten Verlaufs mit der nötigen Energie, Aufmerksamkeit, Zeit und anderen Ressourcen versorgen? Viele Projekte zu starten, wenige abzuschließen und den Rest irgendwie auslaufen oder versanden zu lassen, raubt der Organisation das Vertrauen in die eigenen Umsetzungskräfte. Es schwächt sie weit über die vergeudeten Ressourcen hinaus und untergräbt ihre Energie.

LITERATUREMPFEHLUNGEN

Gerald Hüther: Was wir sind und was wir sein könnten. Fischer, 2012

Matthias Varga von Kibéd, Insa Sparrer: Ganz im Gegenteil. Carl-Auer-Systeme Verlag 2002

Tom Peters: Re-Imagine! Spitzenleistungen in chaotischen Zeiten. Dorling Kindersley 2004

Edgar H. Schein: Organisationskultur. EHP Verlag 2003

3. Prinzip: Wollen statt Wünschen

„Jeder Versuch des Einzelnen, für sich zu lösen, was alle angeht, muss scheitern."
Friedrich Dürrenmatt

Mit dem 3. Prinzip möchte ich einen bedeutenden Unterschied aufzeigen: die Differenz von Wunsch- und Willensziel. Ich beziehe mich dabei jedoch nicht auf die Willenskraft von Einzelnen, sondern auf gemeinsame Willensziele und das daraus resultierende gemeinsame Handeln. Am Beispiel des Durchstiegs der Nordwand der Grandes Jorasses zeige ich auf, dass eine Gemeinschaft viel mehr zu leisten imstande ist, als ein Einzelner. In der Entwicklung handlungsfähiger Gemeinschaft sehe ich eine der vordringlichsten Aufgaben von Unternehmen, da sie damit ihr Überleben nachhaltig absichern können.

Die Nordwand der Grandes Jorasses: der Walkerpfeiler

Als Sepp Bierbaumer mich im Sommer 1984 fragt, ob wir gemeinsam in die Westalpen fahren, bin ich sehr stolz. Drei Jahre zuvor ist er noch mein Lehrer beim Anfänger-Kletterkurs gewesen, und weder er noch ich hätte sich damals vorstellen können, dass wir beide jemals gemeinsam in die Westalpen fahren würden, geschweige denn schon drei Jahre später. Wir verstehen uns prächtig und haben schon im Sommer zuvor einige Klettertouren in den Dolomiten gemeinsam unternommen. Ich habe in der Zwischenzeit intensiv trainiert und meine Leistungsfähigkeit deutlich erhöht. Bei einem kurzen Vorbereitungswochenende in den Dolomiten sehen wir, dass unsere Form stimmt.

Sepp hat schon einige Erfahrung in den Westalpen und bereits große kombinierte Touren – das sind Touren, bei denen sowohl Eis als auch Felspassagen zu bewältigen sind –, wie die Droites-Nordwand hinter sich gebracht. Für mich sind die Westalpen eine neue Welt. Ich bin noch nie zuvor auf einem Gletscher unterwegs gewesen und auch noch nie mit Steigeisen in einer kombinierten Wand geklettert. Wir setzen uns daher den Mont Maudit als Ziel, den wir als eher leichten Berg einschätzen. Die Autofahrt bringt uns über das Aosta-Tal vom Süden ins Mont-Blanc-Gebiet, und unmittelbar nach der Ankunft schnappen wir die nächste Gondel, die uns zur Turiner-Hütte bringt, von wo aus wir am nächsten Tag den Kuffner-Grat auf den Mont Maudit in Angriff nehmen wollen.

Als wir am nächsten Tag frühmorgens um vier Uhr aufbrechen, hat sich das strahlende Sommerwetter vom Vortag deutlich verwandelt. Nebel, Schneetreiben und ein massiver Temperatur-Sturz bedeuten, dass wir uns den Kuffner-Grat für den heutigen Tag abschminken können. Während wir so über den Gletscher navigieren, schiebt der Wind plötzlich die Wolken kurzzeitig auseinander und gibt so einen Blick auf die Nordwand der Tour Ronde frei. Wir entschließen uns kurzerhand einzusteigen. Wir steigen drei Seillängen in Wechselführung nach oben. Ich merke, dass ich mit den Steigeisen keinerlei Probleme habe und gut zurechtkomme. Wir entschließen uns, das Seil wegzugeben und klettern den Rest der Tour seilfrei weiter. Zurück auf der Turiner-Hütte entschließen wir uns, in Anbetracht der völlig durchnässten Klamotten und des auch für den nächsten Tag noch als unbeständig angekündigten Wetters mit der Gondel ins Tal und weiter nach Chamonix zu fahren.

Dort angekommen erkundigen wir uns im Maison de la Montagne nach dem weiteren Wetterbericht. Nach einer unbeständigen Nacht und einem weiteren wechselhaften Tag sollte das Wetter für drei Tage durch ein stabiles Hoch geprägt sein. Das heißt für uns, einen Tag zu warten und dann zu entscheiden, welche Tour wir in Angriff nehmen können. Während wir durch den Ort schlendern, treffen wir einige bekannte Bergführer aus Österreich und unterhalten uns kurz. Sie erzählen uns nebenbei von einer Rettungsaktion am Walkerpfeiler, bei der eine slowenische Seilschaft geborgen werden musste, und dass heuer aufgrund der Vereisung noch kein erfolgreicher Durchstieg dieser berühmten Nordwand gelungen war.

Der Walkerpfeiler ist die begehrteste Route durch die Nordwand der Grandes Jorasses, die zusammen mit der Eiger-Nordwand und der Matterhorn-Nordwand die berühmten „drei großen Nordwände der Alpen“ bildet. Die Matterhorn-Nordwand wird mit dem 4. Schwierigkeitsgrad bewertet und ist die leichteste dieser drei Wände. Die Eiger-Nordwand wird mit dem 5. Schwierigkeitsgrad bewertet und ist nicht zuletzt wegen der dramatischen

Geschichten rund um ihre Erstersteigung die berühmteste der drei Nordwände. Die Grandes Jorasses-Nordwand mit dem Walkerpfeiler ist die klettertechnisch schwierigste der drei Nordwände: 6. Schwierigkeitsgrad im Granit, der bei Vereisung nahezu unmöglich werden kann.

Für mich als extremer Felskletterer stellt der Walkerpfeiler schlichtweg die Traumroute der Alpen dar. 1.200 Meter Wandhöhe, Granit, Eis, höchste Kletterschwierigkeiten im 6. Grad und eine unglaubliche Ästhetik der Linienführung. In der Felskletterer-Bibel der 80er-Jahre – „Im extremen Fels" von Walter Pause – wird die Durchsteigung als das große Finale alpiner Leidenschaft, als ein Muss für jeden Extremkletterer gepriesen. Wir haben natürlich schon oft über den Walkerpfeiler gesprochen, im Sinne eines möglichen Fernziels gemeinsam von der Durchsteigung geträumt. Der Routenverlauf ist uns klar, wir kennen eine Unmenge von Bildern und Geschichten und können uns die Anforderungen vorstellen. Diese intensive gedankliche Beschäftigung mit Routen im Vorfeld ist mit eine wesentliche Voraussetzung dafür, um irgendwann später, wenn die Gelegenheit günstig erscheint, rasch entscheidungs- und handlungsfähig zu sein und kurzfristig Chancen zu nutzen.

Ich sehe zwar das Leuchten in Sepps Augen, wenn wir vom Walkerpfeiler sprechen, denke aber im Moment nicht im Entferntesten daran, in diese Route einzusteigen. Ich denke nicht einmal daran, in eine andere, leichte Route einzusteigen: Die Kleider sind noch feucht und das Wetter sieht zurzeit trotz der positiven Prognosen noch alles andere als freundlich aus. Am Abend beginnt es wieder zu regnen, und wir suchen uns einen Rohbau, in dem wir unsere Unterlagsmatten und Schlafsäcke für die Nacht ausrollen können. Die Nacht ist kurz und unbequem. Schon sehr früh kommen die Maurer und geben uns unmissverständlich zu verstehen, dass wir uns vertschüssen sollen, weil sie weiterbauen wollen.

Nach einem Frühstück auf einer noch feuchten Parkbank holen wir noch einmal den Wetterbericht ein. Ja, es sollte tatsächlich für drei Tage schön werden. Sepp fragt mich: „Gehen wir den Walkerpfeiler?" Ich sage: „Ich weiß nicht, ob ich mir das zutrauen soll. Ich bin noch nie in viertausend Meter Höhe mit Steigeisen im extremen Fels geklettert." Sepp meint dazu lediglich: „Bis vorgestern bist du auch noch nie seilfrei im Eis geklettert, und die

Nordwand der Tour Ronde war auch kein Problem für dich." Das überzeugt mich vorerst, und eine Stunde später sitzen wir in der Zahnradbahn nach Montenvers.

Das Wetter klart auf, und als wir aussteigen und von der Bergstation in Richtung Mer de Glace hinuntergehen, sehe ich ihn zum ersten Mal: den Walkerpfeiler.

So übertrieben es auch klingen mag, aber es verschlägt mir fast den Atem. So unglaublich hoch, so extrem mächtig und gleichzeitig so schön, ästhetisch und herausfordernd. Jetzt spüre ich das erste Mal: Ich will da raufklettern!

Während wir uns über den Gletscher in Richtung Leschaux-Hütte bewegen, bin ich aufgeregt und fühle mich wie von einer pulsierenden Kraft getrieben. Mit zunehmender Nähe zur Wand schwindet jedoch die anfängliche Faszination und weicht einer aufkommenden Beklemmung. Mit jedem Schritt, den Sepp und ich tun, wird mir klarer, welch ein Monster da auf mich wartet.

Die Wand sieht aufgrund des vorangegangenen Wettersturzes höchst bedrohlich aus, sie wirkt, als wäre es Winter. Schnee. Eis. Nur dazwischen etwas nackter Fels.

Mitte des Nachmittags erreichen wir die Leschaux-Hütte. Am späten Nachmittag gesellen sich noch weitere Seilschaften dazu: Oberösterreicher, die zur Petites Jorasses-Westwand wollen, zwei vollbärtige Spanier und zwei Engländer, die mit Irokesenschnitt und langen Unterhosen, über die sie kurze Adidas-Shorts tragen, ein für die damalige Zeit eher ungewohntes Bild in den Bergen abgeben. So geben wir eine illustre Runde ab, die in Anbetracht der Prüfungen, die vermutlich auf jeden warten, wortkarg um den Tisch sitzt und sich nach dem Abendessen relativ früh Schlafen legt.

Der Ruf von Sepp reißt mich aus dem Schlaf: „Rainer, steh auf. Es ist sternenklar!" Es ist 0.30 Uhr und mir wird schlagartig klar, was das bedeutet. Jeder in der Hütte müsste jetzt eigentlich mein Herz klopfen hören. Warum kann es nicht regnen? Dann wäre klar, dass wir nicht einzusteigen brauchen. Aber so? Ich bin unfähig, mich zu bewegen. Ich hätte nie gedacht, dass ein Mensch so schwer sein kann. Ich habe das Gefühl, Tonnen zu wiegen. Ich weiß nicht genau, ob ich in die Tour einsteigen möchte oder nicht – ich möchte natürlich schon, ich möchte zumindest sagen können, dass ich es geschafft habe; aber Möchten und Wünschen bringt mich hier nicht weiter, denn es geht um eine andere Kategorie. Es geht ums Wollen und ich bin mir nicht sicher, ob ich es wirklich wagen will.

Ich merke, dass meine Zweifel mich ans Bett fesseln. Was würde Sepp sagen, wenn ich „Nein, ich gehe doch nicht" sagen würde? Ich merke, dass mich diese Gedanken keinen Schritt weiterbringen. Es ist eine Sache, die ich ganz mit mir alleine ausmachen muss. Mir wird klar, dass ich jetzt bald eine echte Entscheidung treffen muss. Kein lauwarmes „Ja, vielleicht …" oder zögerliches „Ja, aber …", sondern ein echtes, inneres JA. Oder eben ein echtes, inneres NEIN. Als ich so daliege, tonnenschwer und bewegungsunfähig und mich frage, ob ich das will und kann, passiert etwas Eigenartiges. Ich habe das Gefühl, als hätte ich die Frage, ob ich der Wand wirklich gewachsen bin und ob ich das wirklich will, noch gar nicht richtig an mich herangelassen. Ich darf mir die Frage nicht nur mit dem Kopf stellen, sondern muss auch mit Bauch und Herz überlegen: „Kann ich das? Will ich das? Und bin ich bereit, den ganzen Einsatz zu bringen, den eine Durchsteigung mir abverlangen würde?" Ich habe das Gefühl, ich muss diese Fragen ganz tief in mich hineinlassen und ganz offen für sie werden.

Und als hätte es nur einen Spalt breit von dieser Öffnung gebraucht, taucht plötzlich ein Bild vor mir auf und ich sehe mich klettern, und zwar so real, als wäre ich schon oben in der Wand. Ich sehe mich voll Entschlossenheit und Kraft hinaufklettern: Ich klettere den Roten Kamin, die letzten extrem schwierigen und auch teilweise brüchigen Seillängen am Walkerpfeiler. In über viertausend Meter Höhe zudem meist vereist. Ich weiß plötzlich: „Ich kann das! Ich will das! Und ich bin bereit, den ganzen persönlichen Einsatz, der für eine Durchsteigung erforderlich ist, in das gemeinsame Unternehmen mit Sepp einzubringen!" Ich fühle, wie Energie durch meinen Körper strömt, und bin plötzlich wieder bewegungsfähig. Ich stehe auf und trete in den Fluss des folgenden Geschehens ein.

Wir verlassen die Hütte und gehen mit Stirnlampen zum Fuß des Pfeilers. Beim ersten Morgenlicht steigen wir in den Walkerpfeiler ein. Die ersten Seillängen wären bei normalen Bedingungen nicht schwer, aber aufgrund des vielen Schnees verlangen sie bereits volle Konzentration. So erreichen wir den Rebuffat-Riss, die erste sehr schwere Seillänge im 6. Grad. Ich bin mit

Führen dran. Es sind meine ersten extremen Klettermeter im Granit. Glücklicherweise sind die entscheidenden Stellen hier im Riss trocken und schneefrei. Ich komme auch mit den steifen Schuhen gut zurecht. Im Unterschied zu den schweren Dolomitentouren, wo wir im Kalk mit den weichen, profillosen Kletterpatschen unterwegs waren, klettern wir hier mit steigeisenfesten Bergschuhen, die auch die Kälte etwas abhalten. Ich bin ganz begeistert, wie gut ich im Granit vorankomme. Vor den schwierigsten Metern hänge ich noch den Rucksack ab, um ihn später mit dem Seil nach oben zu ziehen. Als Sepp nachklettert, merke ich, dass es schwer gewesen sein muss.

Nach dem Rebuffat-Riss warten drei unter normalen Verhältnissen etwas leichtere Seillängen auf uns, bevor es in der 75 Meter-Verschneidung wieder extremer wird. Die leichten Seillängen haben bei den derzeitigen Verhältnissen nach dem Wettersturz leider ausnahmslos den Nachteil, total vereist und schneebedeckt zu sein. Die folgenden 120 Meter liegen normalerweise im 4. Schwierigkeitsgrad, vom Fels ist aber nur zwischendurch etwas zu sehen. Einzig von den Sicherungshaken ist noch weniger zu sehen als vom Fels. Die Haken sind zur Gänze unter Schnee und Eis verschwunden. Sepp und ich klettern die vollen 120 Meter zwar in Seilschaft, aber so gut wie ohne Sicherung. Wenn das Seil zu Ende ist, stecken wir das Eisbeil irgendwie in den lockeren Schnee und sichern pro forma über dessen Schaft nach, wohl wissend, dass dies niemals einen Sturz des jeweils anderen aushalten könnte.

Bei jedem einzelnen Schritt geht es hier im wahrsten Sinn des Wortes ums Ganze. Würde einer von uns beiden einen Fehler machen, würden wir beide als Seilschaft in hohem Bogen aus der Wand fliegen und unsere Reste sich hunderte Meter tiefer auf dem Gletscher wieder finden. Im Moment des Kletterns gibt es aber nur das wechselseitige Vertrauen darauf, dass jeder mit höchster Konzentration und Verantwortung für das Ganze mit den entsprechenden Reserven und der nötigen Kontrolle über jeden einzelnen Schritt zur Sache geht. Anders wäre es absolut unverantwortlich, hier auch nur einen einzigen weiteren Schritt zu machen. Wir müssten den sofortigen Rückzug antreten.

Es dauert nicht lange bis wir die 75 Meter-Verschneidung erreicht haben. Die Schwierigkeiten steigern sich nun bis zum oberen 5. Schwierigkeitsgrad, der durch die noch immer anhaltende Vereisung immens anspruchsvoll zu klettern ist. Wir sind aber trotzdem etwas entspannter, da wir nun zumindest fixe Standhaken zum Sichern zur Verfügung haben. Die Kletterei bleibt trotzdem extrem. Immer wieder müssen wir die Haken aus dem Eis auspickeln, uns dann wieder auf schneebedeckten Leisten nach oben schwindeln, mit den Steigeisen an den Füßen im vereisten Fels nach oben spreizen, dann wieder an unzuverlässigen Haken hängend die Steigeisen ausziehen, um drei Meter ohne Steigeisen weiter zu klettern und sie gleich danach wieder – an dem nächsten unzuverlässigen Haken hängend – anzuziehen. Die 75-Meter-Verschneidung kostet uns enorm viel Kraft, Nerven und Haut an den Fingerknöcheln. Als wir am Ende auf einem Sims angelangt sind und dann auch noch Wolken aufziehen, beschließen wir nach 600 Metern, hier, etwa in Wandmitte, zu biwakieren.

Die Nacht verbringen wir auf einem cirka vierzig Zentimeter breiten Sims, die Füße baumeln in den Abgrund. Die mentale Beanspruchung in der Nacht ist härter als am Tag beim Klettern. Ich sitze hier und habe Zeit zum Grübeln. Mit den freihängenden Füßen ist an echten Schlaf nicht zu denken. Immer wieder schrecke ich auf und weiß nicht genau, was los ist. Ändert sich das Wetter? Nein, es war nur der Wind, der in den Biwaksack, den wir uns übergestülpt haben, gefahren ist. Gegen Morgen hin wird es immer kälter und die völlig durchnässten Bergschuhe beginnen einzufrieren, ich verliere das Gefühl in den Zehen. Als es endlich heller wird, schmelzen wir mit dem Gaskocher etwas Schnee, um eine Tasse Tee zuzubereiten. Noch bevor es ganz Tag wird, klettern wir weiter.

Wir wollen es heute bis zum Gipfel schaffen. Es geht gleich vom Biwak weg ziemlich hart zur Sache. Extrem schwierige Granitplatten, Überhänge, zwischendurch delikate Passagen, wo es darauf ankommt, beim Aufstehen auf abschüssigen, schneebedeckten Granitleisten mit den Steigeisen nicht abzurutschen, immer wieder die Erleichterung, wenn die Frontalzacken der Steigeisen auf den Granitplatten endlich Unebenheiten finden und wir wissen, dass sie zumindest für den nächsten Schritt halten werden. Wir klettern und klettern und merken gar nicht, wie die Zeit vergeht. Plötzlich legt sich die Pfeilerkante etwas zurück, der Fels wird trocken, zwischendurch scheint etwas Sonne in die Wand und wir kommen etwas problemloser voran, merken aber gleichzeitig, dass wir langsamer werden.

Sepp und ich kommen an einer Stelle vorbei, wo eine Unmenge von Haken und Karabinern baumeln und zwei neuwertige Seile zusammengeknäuelt auf einem Vorsprung liegen. Das muss die Stelle sein, wo die Slowenen aus der Wand geborgen wurden. Wir klettern weiter. Es wird Abend und das Sonnenlicht am Gletscher ist warm und goldig. Wie spät ist es? Es wird bald sieben Uhr. Meine Güte, ist die Zeit vergangen. Wir erreichen auf viertausend Meter Höhe ein Band unterhalb des Roten Kamins und beschließen noch einmal zu biwakieren. Das heißt wir haben heute „nur" vierhundert Meter geschafft und morgen bleiben uns noch zweihundert Meter bis zum Gipfel.

Der heutige Platz ist geringfügig komfortabler als der Biwakplatz der vorangegangenen Nacht. Gleichzeitig merken wir die Anstrengungen der letzten Tage. Weil es so aufwändig und langwierig ist, aus Schnee und Eis Tee zu machen, haben wir seit dem Frühstück nichts mehr getrunken. Der Mund ist pelzig, das Brot will auch bei noch so langem Kauen nicht mehr wirklich hinunterrutschen, auch die Salamistücke mit viel Senf machen Mühe. Ich werfe einen Kilo Brot aus der Wand. Wozu habe ich es überhaupt die ganzen zwei Tage mitgeschleppt? Wir kochen Tee, um uns wenigstens einigermaßen zu regenerieren. Die zweite Nacht ist noch kälter als die erste. Ich spüre meine Zehen schon lange nicht mehr. Erstaunlicherweise hat das taube Gefühl das Klettern kaum beeinträchtigt. Immer wieder versuchen nagende Zweifel während der Nacht von meinem Denken Besitz zu ergreifen. Es tut gut, dass es heller wird und wir im Morgenlicht endlich wieder weiterklettern können.

Eine Seillänge geht es im Eis über das so genannte Firndreieck nach oben, dann sind wir im berüchtigten Roten Kamin. Die Stelle, die mir schon im Tal so viel Respekt eingeflößt hatte. Ich spüre meine Zehen nicht mehr, meine Finger sind kalt, ich bin müde und ausgezehrt, aber ich klettere. So wie ich unten in der Hütte aus dem plötzlich auftauchenden Bild Kraft für den Aufbruch geschöpft habe, gibt mir dieses Bild hier am Ort des Geschehens erneut Energie. Ich spreize höher, die Beine weit auseinander, jeweils links und rechts an den Kaminwänden abgestützt und klettere über vereiste Stellen. Ich mache Stand und Sepp kommt nach, nimmt im selben Stil die nächste Seillänge in Angriff, macht Stand, ich komme nach und das Spiel wiederholt sich von vorne.

Auf einmal legt sich die Pfeilerkante zurück und wir sehen den Gipfelgrat. Von oben winken zwei Bergsteiger, die über den Normalweg aufgestiegen sind, zu uns herab. Wir wissen beide, dass uns der Durchstieg nun nicht mehr zu nehmen ist. Zwei Seillängen noch, die letzten zehn Meter auf den Gipfelgrat fallen an mich. Ein paar Schritte noch und ich wälze mich vollkommen erschöpft, aber glücklich und erleichtert über die Wächte auf den Gipfel. Sepp kommt nach, wir umarmen uns. Mit dem letzten Bild des Filmes machen wir unser Gipfelfoto. Dann wartet noch ein langer Abstieg auf uns. Meine Reserven sind ziemlich verbraucht, ich bin froh, in Sepp einen starken Partner zu haben. Sechs Stunden später sind wir unten.

Am Abend gönnen wir uns das erste Mal auf dieser Fahrt ein richtiges Essen in einem Restaurant. Wir feiern unseren Erfolg mit einer ganz gewöhnlichen Bestellung, bei der sich kein normaler Mensch etwas denken würde. Für uns ist es ein Festmahl. Es geht gar nicht so sehr darum, dass wir hier nach drei kargen Tagen mit wenig Trinken und Essen einfach nur mit dem Finger zu schnippen brauchen. Das Wissen, gemeinsam etwas Großartiges geschafft zu haben, macht aus dem einfachen Menü ein Fest. 1.200 Meter vereister, senkrechter Granit im 6. Schwierigkeitsgrad liegen hinter uns, ich habe sieben Kilo abgenommen, nur mehr wenig Haut auf den Fingerknöcheln und kein Gefühl mehr in den Zehen. Klar, wir mussten beim Klettern drei Tage lang alles geben, und die zwei Nächte, in denen wir ohne schlafen zu können auf schmalen Felsvorsprüngen saßen und die Füße in den Abgrund baumeln ließen, trugen auch nicht wirklich zur Erholung bei.

Rückblickend gesehen befand sich die Schlüsselstelle aber nicht in der Wand, sondern auf der warmen und sicheren Matratze in der Leschaux-Hütte.

Lektionen aus der Nordwand der Grandes Jorasses

Der Durchstieg der Nordwand der Grandes Jorasses zeigte mir, welche Erfolge eine Gemeinschaft durch gemeinsame Willensziele realisieren kann, und was gemeinsam durch eine Vielzahl von kleinen Interaktionen, die zusammen eine mächtige Kraft ergeben, möglich wird. Die dafür notwendigen Grundbestandteile sind Vertrauen, Verlässlichkeit, Verantwortung, das Zusammenlegen unterschiedlicher Stärken und die gemeinsame Begeisterung

für eine Sache. Im Angesicht dieser gewaltigen Nordwand wurde mir der Unterschied zwischen Möchten und Wollen deutlich. Wunschziele sind leicht gefunden, ein Willensziel zu haben, bedeutet hingegen, sich etwas nicht nur zu wünschen, sondern auch etwas dafür zu tun; nicht nur vom Ziel zu reden, sondern konkret zu handeln. Die Nordwand der Grandes Jorasses war für mich vorher lange ein Wunschziel gewesen und wurde erst vor Ort zum Willensziel. Somit stellte die gedankliche Auseinandersetzung mit meinem Wunsch- oder Sehnsuchtsziel nichts Negatives dar, es war gerade das gemeinsame Traum-Ziel von Sepp und mir, welches uns half, die Energie für dessen Realisierung aufzubauen. Unser Geist war vorbereitet, als sich die günstige Gelegenheit ergab. Nur durch unsere intensive gedankliche Auseinandersetzung im Vorfeld waren wir in der Lage, die sich für uns plötzlich eröffnende Chance zur Durchsteigung des Walkerpfeilers zu nutzen.
Folgende Lektionen habe ich aus der schwersten, der drei großen Alpenwände für mich mitgenommen, von denen sowohl Einzelne als auch Unternehmen profitieren können. Ich lade Sie ein, diese Überlegungen auf Ihre Arbeit und Ihr Unternehmen zu übertragen.

- Besser gemeinsam, als nebeneinander und einsam: Wenn Sie am Beginn eines Vorhabens sind, stellen Sie zuerst Ihr Team zusammen und widmen Sie sich dann erst den konkreten gemeinsamen Zielen. Wenn Sie ein bestehendes Team führen, nutzen Sie die bestehenden Unterschiede und Stärken gezielt, anstatt zu versuchen, Einzelne zu ändern. Wenn Sie Mitglied in einem Team sind, übernehmen Sie bei jedem persönlichen Schritt Verantwortung für sich und das Ganze. Wenn Sie für einen Bereich oder ein ganzes Unternehmen verantwortlich sind, etablieren und entwickeln Sie Führungsteams. Fragen Sie sich: Was kann ich in meiner Situation tun, um die Kraft der Gemeinschaft noch besser zu nutzen?
- Von Wunsch- zu gemeinsamen Willenszielen kommen: Wille zeigt sich im Handeln, und gemeinsamer Wille zeigt sich im gemeinsamen Handeln. Gemeinsames Handeln resultiert aus gemeinsam getragenen Entscheidungen, und die Qualität der Gespräche ist ein Schlüssel dazu. Etablieren und entwickeln Sie die Praxis des Dialogs als Kunst gemeinsam zu denken, um zu intelligenten Entscheidungen und gemeinsamen

Willenszielen zu kommen. Fragen Sie sich: Gibt es in Bezug auf die Qualität der gemeinsamen Umsetzung Verbesserungspotenziale in unserem Bereich oder Team? Wie müssten wir unseren Dialog gestalten, um zu gemeinsamen Willenszielen zu kommen?

→ Den Geist auf das Unerwartete vorbereiten: Der auf unterschiedliche Möglichkeiten und Szenarien vorbereitete Geist kann Chancen besser nutzen und Krisen besser meistern, als der Geist, dessen Vorstellungen an einer einzig denkbaren Möglichkeit kleben. Um in Ausnahmesituationen rasch entscheidungs- und handlungsfähig zu sein, sollten Sie am besten über einen „Vorrat" an durchdachten Optionen verfügen. Fragen Sie sich: Wie können wir uns gedanklich auf das Unerwartete vorbereiten? Welche unerwarteten Szenarien sollten wir gedanklich durchspielen?

Impulse und Gedanken für den Transfer

Besser gemeinsam, statt nebeneinander und einsam

Beim gemeinsamen Klettern schafften wir oft schwerere Touren, als wir uns ursprünglich vorgenommen hatten. Zu Beginn stand nur fest, dass wir gemeinsam klettern gehen würden. Zuerst war die Absicht klar: Wir gehen klettern – und nicht fischen oder was auch immer. Dann bildete sich die Seilschaft, und danach folgte erst das gemeinsame Nachdenken darüber, welche Wand wir durchsteigen wollten. Ich lernte daraus, dass es auch im Berufs- oder Geschäftsleben ratsam ist, zuerst Gemeinschaften zu bilden und dann über Möglichkeiten nachzudenken, die daraus entstehen können. Aufgrund meiner Erfahrung weiß ich, dass man, wenn man zuerst den oder die Partner und dann die Ziele wählt, offen für zusätzlichen Möglichkeiten bleibt, die durch die Gemeinschaft entstehen. Wenn Sie also am Beginn eines Vorhabens stehen, stellen Sie zuerst Ihr Team zusammen und widmen sich erst danach den gemeinsamen Zielen.

Unterschiedliche Stärken nutzen

Einer der wesentlichsten Erfolgsfaktoren, um schwierige Route und extreme Wände durchsteigen zu können, ist das gezielte Nutzen unterschiedlicher

Stärken. Wenn der eine Bergsteiger Spezialist für extrem schwierige Felspassagen ist und der andere sich im Eis und im kombinierten Gelände wohler fühlt, kann das schon eine perfekte Mischung für eine große Wand darstellen. Vorausgesetzt, man kann sich darüber verständigen und nutzt dies als gemeinsamen Vorteil, anstatt die Stärken zu bewerten oder eine Rangordnung herzustellen. Diesen Punkt kann man nahezu 1:1 auf alle Bereiche des Lebens übertragen, insbesondere jedoch auf die Arbeit in Teams.

Dafür wichtig ist es, seine Stärken erstens zu kennen und zweitens zu ihnen zu stehen. Dies bedeutet vice versa, sich über die eigenen Schwächen im Klaren zu sein, ohne darin Defizite zu sehen, derer man sich schämt und die es auszumerzen gilt. Man kann von seinen eigenen Schwächen wesentlich mehr profitieren, als man denkt, wenn man sie als ideale Anknüpfungspunkte für Partner und Kooperationen betrachtet.

Verantwortung für sich und das Ganze übernehmen

In einer Seilschaft muss man sich bei jedem Schritt bewusst sein, dass es nicht nur um persönliche Belange, sondern auch um das übergeordnete Ganze geht. Hier gilt es, sich zu fragen: Welchen Beitrag soll ich zum Ganzen leisten?, und dann dementsprechend zu handeln.

Eine Seilschaft steigt in eine extreme Route in der Regel erst ein, wenn sie aufeinander eingespielt ist und nicht mehr viele Worte braucht, um sich über die wesentlichen Abläufe zu verständigen. Bei meinen langjährigen Seilpartnern konnte ich an der Seilbewegung ablesen, in welcher Situation sie sich befanden, was von mir an Unterstützung verlangt war, und ob ich noch sichern oder schon weiterklettern sollte, obwohl ich sie manchmal weder sah noch hörte, weil der Routenverlauf um mehrere Kanten und Winkel führte.

Um auch im Berufs- oder Geschäftsleben zu dieser Form der Zusammenarbeit zu kommen, sind aus meiner Erfahrung folgende Fragen sinnvoll: Was braucht der andere von mir an Informationen, Wissen, Unterstützung, damit er seinen Beitrag zum Ganzen leisten kann? Was brauche ich vom anderen, damit ich dies ebenfalls tun kann? Was müssen wir wechselseitig von unseren Aufgaben wissen, damit wir diesen Austausch starten können?

Übernehmen Menschen in einem Unternehmen diese wechselseitige Verantwortung füreinander und für das Ganze, so entsteht Vertrauen. Und

Vertrauen macht schnell. Wenn Menschen in einer Organisation wie eine Seilschaft in der Nordwand zusammenarbeiten, rechnet sich dies für jedes Unternehmen. Doch gerade in Führungsteams lastet ein hoher Ergebnisdruck auf den einzelnen Führungskräften, der sich auf die eigenen Bereiche bezieht und ein intensives Zusammenwirken nicht unbedingt begünstigt. Gerade in Führungsteams ist jedoch ein Nordwand- Seilschafts-Denken von großem Nutzen für das Ganze. Deshalb sollte hier die Fähigkeit zur Doppelbindung jedes einzelnen Mitgliedes gezielt entwickelt werden. Doppelbindung bedeutet, sich gleichermaßen für den eigenen Bereich sowie für das Ganze verantwortlich zu fühlen, und auch in diesem Sinne zu handeln, was weder leicht noch widerspruchsfrei, aber meistens notwendig ist. Als Ermutigung führe ich Scott F. Fitzgerald an, der meint, das Kennzeichen ausgezeichneter Intelligenz sei die Fähigkeit, gleichzeitig zwei widersprüchliche Ideen im Kopf zu haben und trotzdem funktionsfähig zu bleiben.

Führungsteams etablieren und entwickeln

„Wenn man betrachtet, in welchem Territorium sich Unternehmen heutzutage zu bewegen haben, so sind Management und Führung mit einer Komplexität konfrontiert, die zu erfassen die Fähigkeiten eines Einzelnen eigentlich immer überfordert. Es ist also höchst unwahrscheinlich, dass einsame Entscheidungen heroischer Manager auf Dauer zu tragfähigen Ergebnissen führen. Langfristig kann dieses Modell als irrational und zum Untergang verdammt angesehen werden." (Simon, 2004)

Mit diesen Aussagen von Fritz B. Simon möchte ich meine eigenen Erfahrungen untermauern. Ich beobachte, dass die Entscheidungsfindung in komplexen Problemlagen mehr und mehr zu einer Aufgabe wird, die nur in intelligenten Formen der Zusammenarbeit bewältigt werden kann. Als Beispiel hierfür möchte meine Erfahrungen in der Beratung von TELEKO (Name anonymisiert) anführen. TELEKO bietet Infrastruktur für Telekommunikation an, ist weltweit tätig, und musste aufgrund eines extremen Kostendrucks im Konzern seinen Vertriebsbereich umorganisieren und einige Tätigkeiten nach Asien auslagern.

Wir starten mit einer Klausur, in der es um Fragen der Aufgabenteilung zwischen zentralen und dezentralen Einheiten geht. Würden wir eine traditionelle Vorgangsweise wählen, kämen vermutlich einige Führungskräfte zusammen, um im kleinen Kreis relativ rasch vermeintlich gute Lösungen zu finden. In weiterer Folge würde man versuchen, den Rest der Organisation „mit ins Boot zu holen". Doch vor dem Hintergrund des komplexen Problems kommt eine solche Vorgangsweise für meinen Beraterkollegen und mich nicht in Frage. Denn komplexe Probleme verlangen komplexe Bearbeitungsformen. Wir versuchen den Leiter der Einheit Marketing und Sales von TELEKO davon zu überzeugen, dass es in dieser Situation wichtig wäre, ein crossfunktionales Team aus dreißig Managern für drei Tage zusammenzubringen, und nach kurzem Zögern nimmt er unseren Vorschlag an.

Wir lassen die Mitarbeiter in Kleingruppen Dialoge führen, wechseln diese mit Feedbackrunden im Plenum ab, um in der nächsten Kleingruppenarbeit dann das Feedback aus dem Plenum wieder einzuarbeiten. In den ersten beiden Arbeitsrunden kommt zur anfänglichen Skepsis noch Verzweiflung und Verwirrung ob der großen Komplexität des Problems. Doch ab der dritten Runde beginnt das Team die Problemlage Schritt für Schritt zu durchdringen. Es folgen noch weitere sechs aufeinander aufbauende Arbeitsrunden.

Im Laufe der dreitätigen Klausur kommen die dreißig Manager gemeinsam zu einer inhaltlichen Lösung des Problems und geben darüber hinaus auch ein Commitment zur Umsetzung derselben ab. Der intensive Dialog während dieser Zeit bewirkte, dass die Teilnehmer zu gemeinsamen Zielen kommen konnten. Sechs Monate später bekommen wir vom Leiter das erfreuliche Feedback, dass die gemeinsame Klausur dem Team einen echten Ruck gegeben hatte und die Umorganisation nicht nur umgesetzt wurde, sondern die Zusammenarbeit in der neuen Struktur nun auch gut funktioniert.

Aufbauend auf Erfahrungen wie diesen, beginnt sich heute in immer mehr Organisationen die Einsicht durchzusetzen, dass Führung eine kollektive Herausforderung und Aufgabe ist. Ein zeitgemäßes Selbstverständnis von Führungsteams könnte folgendermaßen aussehen:

- Wir sind zusammen für die Führung und Steuerung des Unternehmens verantwortlich. Das Führungsteam denkt und trifft Entscheidungen gemeinsam. Im Zweifelsfall entscheidet die Hierarchie, wir streben jedoch gemeinsam getragene Entscheidungen an.

- Jeder trägt die Verantwortung für sich und das Ganze. Wenn irgendeine Sache mehr als einen von uns betreffen könnte, kommt sie so früh wie möglich auf den Tisch. Jeder nimmt seine Rolle als Mitglied des Führungsteams gleich wichtig wie die Rolle in seinem individuellen Verantwortungsbereich.
- Wir tragen unsere Konflikte und inhaltlichen Dissens produktiv aus, denn darin stecken Chancen für Lösungen auf einer höheren Ebene. Wir sind uns gleichzeitig der Vorbildwirkung bewusst, die das Führungsteam auf die gesamte Organisation hat. Deswegen achten wir als Einzelne darauf, keine widersprüchlichen oder von unseren Vereinbarungen abweichenden Signale in die Organisation zu senden.

Führungsteams, die in der Lage sind, in diesem Modus zu arbeiten, müssen in der Organisation gezielt etabliert und entwickelt werden.

Im Führungsteam von Wunsch- zu gemeinsamen Willenszielen kommen

Gemeinsamer Wille zeigt sich im gemeinsamen Handeln, und gemeinsames Handeln resultiert aus gemeinsam getragenen Entscheidungen. Ausschlaggebend dafür, wie sehr sich der Einzelne einer gemeinsamen Entscheidung verpflichtet fühlt, ist der Prozess, der zu dieser Entscheidung geführt hat. Auf dem Weg zu gemeinsamen Willenszielen ist die Qualität der Gespräche entscheidend. Ich konnte in Führungsteams drei verschiedene Grundformen von Gesprächen beobachten.

Die erste Form nenne ich Oberflächen-Gespräche. In dieser Form des Gesprächs werden wichtige Dinge nicht angesprochen, obwohl zumeist alle wissen, dass unter der Oberfläche andere Themen brodeln, doch man bespricht diese nicht, sondern schwindelt sich drüber. Die Atmosphäre beim Oberflächen-Gespräch kann die gesamte Stimmungsbandbreite von höflich-scherzhaft, dahinplätscherndem „Business-Sprech", bis hin zu beklemmendem Schweigen haben. Gemeinsam ist diesen Gesprächen, dass wichtige Themen aus Angst, Vorsicht, Vorbehalt oder Kalkül nicht angesprochen werden. Das kann in Einzelfällen erforderlich oder klug sein, auf Dauer kann sich so weder ein Führungsteam entwickeln, noch kann es zu gemeinsam getragenen Entscheidungen und Handlungen kommen. Edgar Schein berichtet in diesem Zusammenhang auf sehr amüsante Art und Weise vom so genannten Abilene-Paradox, wo sich eine Familie eines Sonntags zum Mittagessen in Abilene wieder findet, obwohl dort eigentlich niemand hinwollte. Trotzdem fuhren alle hin, weil niemand etwas Ablehnendes äußern wollte und alle von der Annahme ausgingen, dass das Schweigen der anderen Zustimmung bedeutete. (Schein, 2000) Ich beobachte das Auftreten des Abilene-Paradox manchmal zu Beginn der Zusammenarbeit in Führungsteams, wo Schweigen als Zustimmung ausgelegt wird und das zu Entscheidungen gelangt, die nicht wirklich von allen mitgetragen werden.

Die zweite Form von Gesprächen nenne ich Win-lose-Diskussionen. Hier werden Dinge offen angesprochen und Standpunkte prallen durchaus kontrovers aufeinander, wodurch schon ein erster Entwicklungsschritt weg vom Abilene-Paradox geschehen ist. Schwierige Themen werden nicht mehr unter der Oberfläche versteckt. Bleibt es jedoch beim kontroversen Aufeinanderprallen der Standpunkte und geht es eigentlich nur um die Frage, wer sich letztlich durchsetzt, ist inhaltlich nicht viel gewonnen. Win-lose-Diskussionen kann man daran erkennen, ob und wie die einzelnen Personen einander zuhören: Will der Zuhörer die andere Person verstehen? Oder sucht er bereits ein Gegenargument, obwohl jene noch gar nicht ausgesprochen hat?

Die dritte und aus meiner Sicht wichtigste Form des Gesprächs ist der Dialog. Die Fähigkeit, einen konstruktiven Dialog zu führen, halte ich für eine der wichtigsten Qualitäten eines Führungsteams. Hierbei kann das Potenzial einer Situation erspürt und Dinge, die noch nicht greif- oder sichtbar sind, können wahrgenommen und in weiterer Folge formuliert werden. Meetings werden durch Dialoge zu Orten des gemeinsamen Denkens statt zu einer Arena, wo man Punkte sammelt. Gemeinsam zu denken impliziert jedoch, dass der eigene Standpunkt zu Beginn eines Gesprächs noch nicht feststeht. Somit ist der Verzicht auf das Recht-haben-Wollen eine Grundvoraussetzung dafür, dass ein Dialog stattfinden kann.

Für die strategische Arbeit in Führungsteams erscheint mir die Fähigkeit zur öffnenden und schließenden Kommunikation zentral zu sein: Öffnende Kommunikation schafft Raum für Möglichkeiten und Gedankenexperimente, sie ist durch spielerisches Erkunden und Hypothetisieren von strategischen Möglichkeiten gekennzeichnet. Sie expliziert Annahmen und lässt Fragen an die Oberfläche kommen, die strategische Bedeutung haben. Schließende Kommunikation ist entscheidungsorientiert, setzt Prioritäten, schließt aus, trifft Entscheidungen. Hierbei geht es um den Ausschluss von Alternativen, was durchaus zum heiß umkämpften Streit auf der Sachebene werden kann, und wenn es im Interesse der inhaltlichen Lösung ist, auch durchaus manchmal werden soll, ohne dass sich dabei die Positionen verhärten. Im besonderen Führungsteams brauchen die Fähigkeit, zwischen öffnender und schließender Kommunikation zu unterscheiden und bewusst hin- und herzuwechseln. Im Wesentlichen geht es darum, einen gemeinsamen Rhythmus

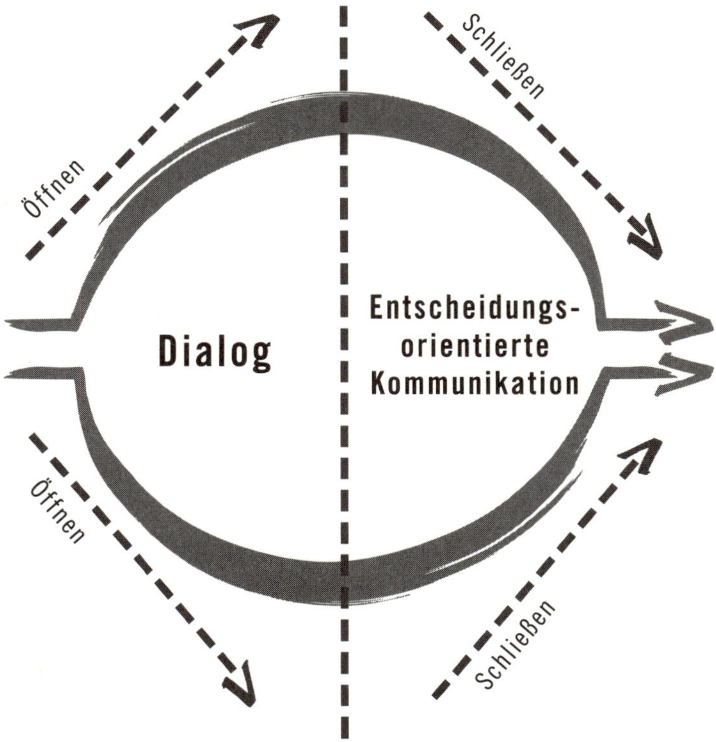

Abb 3 – Öffnen und Schließen der Kommunikation

zu finden und den Wechsel vom öffnenden in den schließenden Modus und retour gemeinsam zu vollziehen. Wenn Teile des Teams noch im öffnenden Modus sind und mit Fragen die Situation tiefer erkunden möchten, während andere Teammitglieder auf eine Lösung drängen, geht die Kommunikation aneinander vorbei und das Gespräch wird zu einem mühsamen Gezerre statt zu einem fließenden Miteinander. Es erfordert Übung, damit dieser Wechsel gemeinsam erfolgen kann. Etablieren und entwickeln Sie die Praxis des Dialogs als Kunst, gemeinsam zu denken, um zu intelligenten Entscheidungen und gemeinsamen Willenszielen zu kommen. Abbildung 3 stellt das Öffnen und Schließen der Kommunikation dar. Siehe Seite 105.

Den Geist auf das Unerwartete vorbereiten

Den Geist auf das Unerwartete vorzubereiten bedeutet, das Unerwartete zu erwarten und ihm zumindest dadurch ein kleines Schnippchen zu schlagen. Es bedeutet, vorauszudenken und zu antizipieren, aber trotzdem davon auszugehen, dass man überrascht wird. Die Fähigkeit, mit dem Unerwarteten produktiv umzugehen, hängt in hohem Maße von den Strukturen ab, die bereits etabliert sind. Mit Strukturen meine ich sowohl strukturelle Voraussetzungen und Kontextbedingungen, als auch Strukturen des Denkens und Handelns.

Hier möchte ich kurz den Fokus auf Strukturen des Denkens legen, denn diese bestimmen in hohem Maße, welche Aspekte einer Situation wir selektiv wahrnehmen und wie wir diese – als Grundlage unserer Handlungen – interpretieren. Selbst in einfachen Situationen übersteigt die Menge an verfügbaren Daten die Verarbeitungskapazität unseres Bewusstseins. Aus der Kognitionspsychologie ist hinlänglich bekannt, dass unser Verstand regelmäßig in Denkfallen tappt:

- Wir bevorzugen bestätigende und erwünschte Informationen und überschätzen den Wert anschaulicher Informationen;
- es fällt uns schwer, zwischen zufälligen und nichtzufälligen Ereignissen zu unterscheiden;
- wir neigen zu einer Überbewertung neuester Trends und überschätzen die Stabilität beobachtbarer Ereignisse;

- wir beurteilen unser Verhalten im Nachhinein als optimal und tun uns schwer, zwischen Fähigkeiten und Glück zu unterscheiden.

Diese Denk-Voraussetzungen führen dazu, dass wir in der Zukunft eher keine Überraschungen erwarten und Sicherheit in einer Extrapolation der Vergangenheit suchen. Diese Denk-Strukturen machen uns anfälliger für und in Krisen. Und sie können uns das Erkennen günstiger Gelegenheiten und Chancen verwehren, weil unsere Gedanken nur um eine wahrscheinliche Vorstellung der Zukunft kreisen.

In diesen Denkstrukturen nehmen wir Signale aus der Außenwelt nur wahr, wenn sie für eine unserer Zukunftsoptionen relevant sind. Jeder, der sich beispielsweise für den Kauf eines bisher nicht in Betracht gezogenen Automodells interessiert, wundert sich darüber, wie viele solcher Autos sich plötzlich auf den Straßen befinden und dass er diese vorher nicht wahrgenommen hat. Es reicht natürlich nicht aus, die Signale in der Außenwelt wahrzunehmen. Bei unvermuteten Chancen muss man auch die Energie aufbringen, zu handeln. Diese Handlungsenergie wird dadurch aufgebaut, dass man – als Einzelner oder in Teams – die wünschenswerten Zukünfte immer wieder gedanklich aufsucht. Denke ich heute an den Durchstieg der Grandes Jorasses Nordwand, so ist mir klar, dass wir die Gelegenheit nur deshalb beim Schopf packen konnten, weil wir in unserer Vorstellung bereits vorher in diese Wand eingestiegen und eine Durchsteigung gedanklich immer wieder durchgespielt hatten. In der unvorhersehbarer werdenden Wirtschaftswelt gewinnt das Durchspielen unterschiedlicher Umweltszenarien und der daran geknüpften Handlungsoptionen zunehmend an Bedeutung. Professor Friedrich Macher, mit dem wir ein Interview zu diesem Thema führten (siehe: „Drei Wege zum Erfolg. Beispiele aus der Praxis“), meint dazu: „Was wir heute brauchen, ist Probedenken. Das heißt, man sitzt mit der Führungsmannschaft jedes Jahr eine Woche zusammen und überlegt: Wo gibt es Möglichkeiten? Was sind die Chancen? Was sind die heute noch unvorstellbaren Risiken? Was könnte Unerwartetes auf uns zukommen? Danach besprechen wir gemeinsam, was wir im Fall des Falles tun würden: Wie würden wir dieses und wie jenes tun? Das verstehe ich unter Probedenken. Wenn sich dann während des Jahres eine unvorhergesehene Chance ergibt, weiß jeder, was zu tun ist. So ist man um Monate schneller als der Wettbewerb und kann Chancen auch in einem sehr kleinen Window of Opportunity nutzen."

Als Berater empfehle ich, jede Strategieentwicklung, in der eine beabsichtigte Hauptrichtung festgelegt werden soll, mit dem Durchdenken von Alternativ-Szenarien zu flankieren, nicht nur auf Ebene der Unternehmensführung, sondern auch in den mittleren Führungsetagen. Ein Geist, der auf unterschiedliche Möglichkeiten und Szenarien vorbereitet ist, kann Chancen besser nutzen und Krisen eher meistern. Um in Ausnahmesituationen rasch entscheidungs- und handlungsfähig zu sein, ist es am besten, bereits über einen Vorrat an durchdachten Optionen zu verfügen.

LITERATUREMPFEHLUNGEN

Adam Kahane: Solving tough Problems. Berrett-Koehler Publishers 2004

Niklas Luhmann: Vertrauen. Ein Mechanismus der Reduktion sozialer Komplexität. Lucius & Lucius 2000

Fritz B. Simon: Gemeinsam sind wir blöd!? Carl-Auer-Systeme Verlag 2004

Ruth Wageman et.al.: Senior Leadership Teams. Harvard Business School Press 2008

4. Prinzip: Ziele kommen lassen

„Verfolge dein Ziel, als ob du es nicht hättest."
Laotse

Beim 4. Prinzip beginne ich mit einem persönlichen Negativ-Beispiel, wie man es nicht machen sollte. Der Durchstieg der Nordwand der Les Courtes führte mich in die Planungs-Falle und hätte für mich fast in einer Katastrophe geendet. Diese Schlüsselerfahrung begründet meine Überzeugung, dass starre Ziele und Pläne gefährlich sind. Ich zeige deshalb Möglichkeiten für einen offeneren Umgang mit Zielen auf, was zur Basis für ein neues Verständnis von Strategiearbeit von Einzelnen und Unternehmen werden kann.

Die Nordwand der Les Courtes

Nach dem großartigen Erfolg am Walkerpfeiler bin ich auf einem Höhenflug des Selbstvertrauens. In den Wochen danach hält das Hochgefühl an. Obwohl das Feingefühl in den tauben Zehen erst nach cirka sechs Wochen wieder zurückkehrt, bin ich im Fels unglaublich leistungsfähig, nicht nur wegen der sieben Kilo Gewichtsabnahme. Mir gelingen noch einige schwere Dolomitenklettereien, darunter der Pilastropfeiler in der Tofana und im Sellamassiv erstmals auch Routen im 7. Schwierigkeitsgrad.

Im Herbst bereitet nicht nur der erste Schneefall dem Klettern ein jähes Ende. Ich soll zu studieren beginnen, aber eigentlich weiß ich nicht so recht, was. Ich lande schließlich rein körperlich an der Technischen Universität Graz im Fach Architektur. Gedanklich bin ich jedoch die meiste Zeit in den Bergen. Irgendwann dämmert mir die Tatsache, dass, wenn ich im Hörsaal sitze und von den Bergen träume, ich weder im Hörsaal noch in den Bergen bin. Ich frage mich: Wozu bin ich hier? Will ich das wirklich? Bin ich hier im Hörsaal, weil es mich interessiert, oder weil ich versuche Vorstellungen anderer zu verwirklichen?

Zur selben Zeit erhalte ich die Möglichkeit, in den Ferien als Reservist die Ausbildung zum Heeresbergführer zu beginnen. Als ich im Rahmen eines Winterkurses die Stubaier Alpen durchquere, trifft mich im Gehen wie ein Blitz die Erkenntnis: Ich möchte vom Bergsteigen leben. Das ist es! Dazu bin ich hier! Es klärt sich hier für mich etwas, das mit den ersten Klettertouren als Jugendlicher begonnen hatte, als würde sich dichter Nebel lichten und erstmals schemenhaft den weiteren Weg in meinem Spielfeld erkennen lassen. Die entscheidende Weichenstellung ist schnell getroffen und so beende ich das begonnene Architektur-Studium und widme mich dem Bergsteigen. Innerhalb kürzester Zeit schließe ich die begonnene Bergführer-Ausbildung beim österreichischen Bundesheer ab und absolviere dann auch gleich die staatliche Berg- und Skiführer-Ausbildung. Damit habe ich die Voraussetzung, um als Profi-Bergführer zu arbeiten. In der Zwischenzeit bin ich beim Bundesheer als Offizier auf Zeit tätig und lerne dabei sehr viel über Führung und Organisation.

Im Sommer des Jahres 1986 bin ich mit Rudi Anetter unterwegs. Er ist etwas jünger als ich, aber immens leistungsstark und voller Begeisterung. Wir haben uns dienstlich kennen gelernt und schon im Frühjahr einige extreme Felsklettereien am Gardasee und in einem kroatischen Nationalpark unternommen. Nun sind wir gemeinsam nach Chamonix unterwegs, und natürlich soll wieder eine große kombinierte Wand durchstiegen werden. Im Gegensatz zu meiner ersten Westalpenfahrt gehe ich diesmal nicht spielerisch und locker an die Sache heran, sondern setze mir schon zu Hause die Nordwand der Les Courtes im Argentière-Kessel zum Ziel. Ich habe in einer Zeitung faszinierende Fotos von Kletterern im Steileis dieser Wand gesehen und mir fix in den Kopf gesetzt, diese Route zu klettern. Zuvor wollen wir noch einige der faszinierenden Granitklettereien an den Nadeln von Chamonix machen, dann aber auf jeden Fall auch eine richtig ernste Nordwand als Trophäe mit nach Hause bringen.

Nach der Ankunft in Chamonix nehmen wir die erste Gondel zur Aiguille du Midi, die uns auf 3.800 Meter Höhe bringt. Ein kurzer Abstieg führt auf den Gletscher unterhalb der Midi-Südwand, durch die einige faszinierende Granit-Routen führen. Wir schlagen unser Zelt zwischen den Gletscherspalten auf, um die nächsten Tage hier im Granit zu klettern. Das Wetter ist schön und unglaublich warm, ideal für schwierige Felsklettereien. Die Rebuffat- und die Contamine-Führe, die beide dem 7. Schwierigkeitsgrad zuzurechnen sind, gelingen uns ohne Hakenhilfe. Wir sind in hervorragender Form. Als uns die Vorräte ausgehen, fahren wir mit der Gondel wieder zurück nach Chamonix und klettern noch am nächsten Tag vom Tal aus durch den berühmten Brown-Riss in der Blaitière-Westwand.

Es ist weiterhin unglaublich warm, und wir sind in hervorragender Felskletterform. Wir könnten noch einige wunderschöne und interessante Felsrouten realisieren, wenn da nicht unser Ziel wäre, unbedingt den Erfolg der Nordwand der Les Courtes mit nach Hause zu bringen. Und so verlassen wir die tollen Granitwände, packen am nächsten Tag unsere Rucksäcke und stellen schon am Nachmittag unser Zelt im berühmten Argentière-Kessel am Gletscher unterhalb der imposantesten Eiswände der Alpen auf.

Im Gegensatz zu den Fotos, die ich von diesen Eiswänden kenne, bietet die Realität hier ein trauriges Bild. Vom Eis ist nicht mehr viel zu sehen. Es war scheinbar viel zu warm und sämtliche Routen sind stark ausgeapert. Dort, wo in der Droites-Nordwand früher Eisfelder waren, schauen jetzt mächtige, abschreckende Granitplatten heraus. Vom berühmten Eisschlauch in der Les Courtes-Nordwand ist nur noch ein hauchdünner Streifen übrig, der sich wie ein fragiles, silbernes Band zwischen den Felsen hindurchschlängelt. Insgesamt ein tristes Bild. Aber wir haben uns dieses Ziel vorgenommen und den Durchstieg genau geplant. Deshalb bleiben wir hier.

Der nächste Morgen beginnt wieder mit schönem Wetter, und als wir nach kurzem Zustieg die Randspalte des Einstiegseisfeldes überwinden, ist es bereits sonnig und warm. Problemlos erreichen wir über diese Eispassage den Beginn des ehemaligen Eisschlauches, sozusagen die ersten Reste des Silberstreifens im mittleren Wandteil. Zu unserem Schreck handelt es sich dabei jedoch nicht mehr um Eis, sondern nur mehr um ein Gemisch aus morschen Eisresten und vor Nässe triefendem Schneematsch. Wir verlieren abrupt an Tempo. Alles ist brüchig und locker. Wir müssen äußerst vorsichtig nach oben balancieren und finden dabei nur wenige verlässliche Sicherungspunkte. Hie und da bringen wir einen Klemmkeil außerhalb des Schnee- und Eisstreifens unter. Eisschrauben wollen hier einfach keine halten, die Eisauf-lage beträgt meist nur wenige Zentimeter und ist von äußerst schlechter Qualität.

In völliger Ruhe und Konzentration bringen wir die delikaten Passagen hinter uns. In diesen schwierigen Seillängen scheinen wir sowohl die Zeit als auch alles andere ringsum vergessen zu haben. Es ist bereits spät, und nicht nur das – in unserer Klettertrance bemerken wir nicht, dass sich das Wetter verändert hat. Der Himmel ist bereits völlig grau, aber es ist weiterhin warm. Es hat den Anschein, dass ein Gewitter im Anzug ist. Nur noch ein schmales Band trennt uns vom Trichter im unteren Teil des oberen Eisfeldes. Wir blicken auf die Uhr, auf den Himmel und uns gegenseitig in die Augen. Die Bedingungen sind äußerst schlecht, aber wir entscheiden uns wortlos, weiterzugehen. Wir wollen heute noch diese Nordwand machen und sind auf dieses Ziel programmiert.

Ich bin in der nächsten Seillänge mit dem Führen dran und quere leicht ansteigend mit den Frontalzacken über ein schmales Felsband nach links in den Eistrichter. Ich bin erleichtert, als ich den ersten Fuß in das Eisfeld setze. Ab nun wird es rein technisch gesehen kein großes Problem mehr sein, die Tour zu durchsteigen. Wir müssen allerdings wegen des Wetters jetzt sehr schnell sein. Ich blicke zurück. Rudi befindet sich zehn Meter rechts unter mir. Eine Möglichkeit zur Zwischensicherung gibt es auf diesen Metern nicht. Ich prüfe, ob es möglich ist, in diesem Eismatsch eine Sicherungs-Schraube zu setzen, aber die Schneeauflage ist sehr dick. Es kostet zu viel Zeit, den Schnee wegzuputzen und auf solides Eis zu stoßen.

Ich klettere weitere zehn Meter im Eis nach oben und blicke wieder zurück zu Rudi. Er ist jetzt zwanzig Meter unter mir und das Seil läuft ohne Zwischensicherung frei vom Standplatz zu mir. Ich höre Donnergrollen. Irgendetwas kommt mir komisch vor, und ich blicke nach oben. Was ich sehe, lässt mir augenblicklich das Blut in den Adern gefrieren. Ab jetzt nehme ich alles nur mehr in Zeitlupe wahr: Weit oberhalb von mir, einige hundert Meter schätzungsweise, fliegt eine riesige Granitplatte durch die Luft. Egal welche Flugbahn sie genau nimmt, alles, was sie auf ihrem Weg nach unten noch in Bewegung setzen wird, all das wird seinen Weg unausweichlich durch den Trichter nehmen, durch den ich gerade klettere. Mir bleiben nur wenige Augenblicke, um zu reagieren, schätzungsweise drei Sekunden. Ich kann nicht ausweichen, rechts und links von mir ist gerade einmal ein Meter Platz. Ich ramme die Eisgeräte in den Schnee, schaffe mir noch eine größere Standfläche und schmiege mich dann so eng es geht an den Berg. Ich warte. Es wird lauter und ich merke, wie der Steinschlag über mich hinwegfegt.

Kein Stein trifft mich. Sekundenbruchteile später kommt eine kleine Schnee- und Eislawine nach. Eigentlich ein Lawinchen. Ein kleiner Rülpser eines großen Berges. Es reicht, um mich aus dem Stand zu reißen.

Verdammt, es geht nach unten. Nur nicht mit den Steigeisen in den Schnee kommen, sonst verfange ich mich und drehe mich kopfüber. Ich rutsche über das Schneefeld und habe schon nach wenigen Metern ein Höllentempo. Am Ende des Schneefeldes katapultiert es mich über die Felsen hinaus, und es geht im freien Fall weiter. Ich fliege an Rudi vorbei und sehe sein Gesicht, er schaut ungläubig. Warum tut er nichts? Er kann nichts tun. Alles anspannen, denke ich mir. Wenig später schlage ich ein erstes Mal kurz auf einem schneebedeckten Felskopf auf wie ein Billardball an der Bande, und dann geht es noch einmal weiter.

Wann kommt endlich der rettende Ruck des Seiles?

Ziemlich abrupt dreht es mich um und ich pendle mit dem Kopf nach unten seitlich rechts zum Fels. Kopfüber bleibe ich hängen. Rudi wird mir später erzählen, dass er minutenlang meinen Namen gebrüllt hat, um zu wissen, was los ist. Ich bekomme von alledem nichts mit. Ich bin fürs Erste einfach nur froh, hier zu hängen. Keine Ahnung, wie lange genau. Warum hänge ich überhaupt kopfüber? Es hat mir während des Rutschens einen Strang des Zwillingsseils zwischen den Beinen durchgeschoben, und der hat sich hinten an meinem Hüftgurt in einen Materialkarabiner eingehängt. Ich versuche das Seil aus meinem Gurt auszuhängen, habe aber keine Chance. Okay, Rainer, tu was, denn kopfüber hängend bleibst du nicht lange aktionsfähig. Ich rufe Rudis Namen. Ich höre ihn antworten: „Alles klar?" Ich rufe: „Nein, aber halt mich einfach!"

Gute zwei Meter rechts neben mir entdecke ich einen Riss im Fels. Dort könnte ich einen Notstandplatz bauen, um mich aus dieser schmerzhaften Hängeposition zu befreien. Ich versuche zu pendeln, beginne mit den Händen hinüber zu hangeln, pendle wieder zurück, es tut weh, ich pendle wieder hin und wieder zurück, die Amplitude wird größer, beim vierten Mal bekomme ich die Fingerspitzen in den Riss und grabe sie hinein, als wollte ich diesen Fels niemals wieder auslassen. Ich verklemme eine Hand im Riss und fingere mit der zweiten Hand einen Klemmkeil vom Gurt. Der erste Keil ist zu klein, erst der zweite Keil passt. Ich stopfe ihn in den Riss, hänge eine Expressschlinge rein und verbinde sie mit meinem Brustgurt. Ich schreie Rudi zu: „Lass das Seil nach!" Das Seil kommt nach, und ich kann endlich umlasten und komme so in eine halbwegs normale Position, der Kopf ist wieder oben. Ich lege einen zweiten Keil und habe jetzt fürs Erste einen sicheren Standplatz. Ich binde mich aus den Seilen aus, damit Rudi am Doppelstrang abseilen und zu mir herunterkommen kann.

Es dauert lange, bis er mit dem Abseilen beginnt. Ich wundere mich, dass er nur das rote Seil zum Abseilen verwendet. Knapp oberhalb von mir muss er einen zweiten Standplatz machen. Das heißt, ich hänge hier mehr als zwanzig Meter unterhalb unseres höchsten erreichten Standplatzes, was wiederum bedeutet, dass ich insgesamt vierzig Meter geflogen bin. Als Rudi endlich da ist, merke ich auch, warum er das blaue Seil nicht mehr benützt. Bei meinem Sturz hat es eine scharfe Felskante bis zur Hälfte durchtrennt. Rudi seilt nochmals neben mir zu einem komfortableren Standplatz einige Meter unterhalb von mir ab und ich lasse mich dann ebenfalls zu ihm abseilen. Rudi erzählt mir, dass er wie verrückt gebrüllt hat, dass ich mich beeilen soll, denn an seinem Standplatz hatte die Wucht meines Aufpralls einen Klemmkeil herausgerissen und wir hingen beide für kurze Zeit nur mehr an einem Haken. Dass das blaue Seil fast durchtrennt war, fiel ihm erst kurz vor dem Abseilen auf. Mir geht es in Anbetracht der Sturzhöhe körperlich eigentlich blendend, ich habe ein paar blutende Schrammen und vom ersten Aufprall Schmerzen im Becken, sonst scheine ich okay zu sein. Psychisch fühle ich mich allerdings wie ein Häufchen Elend, möchte hier am liebsten sitzen bleiben und geschehen lassen, was auch immer geschehen wird, obwohl das Gewitter immer heftiger wird, Blitze einschlagen und immer wieder Steinschlag runterpoltert.

„Komm, weg hier!“, sagt Rudi, und seine Worte wirken auf mich wie ein Energiestoß und ich kann aufstehen. Wir lassen das blaue Seil liegen und beginnen in Richtung Einstieg, der etwa vierhundert Meter tiefer liegt, abzusteigen. Drei Seillängen sichern wir uns, danach erreichen wir wieder das Eisfeld. Das Gewitter und die Blitze nehmen zu und damit auch der Steinschlag. Wir entscheiden uns, das Seil wegzutun und ab nun seilfrei über das Eisfeld abzusteigen, damit wir schneller sind. Immer wieder pfeifen Steine knapp an uns vorbei. Wir sind noch immer zweihundert Meter oberhalb des Einstiegs und ich denke mir, dass es eigentlich an ein Wunder grenzt, wenn wir heute ungeschoren davonkommen. Eigentlich muss noch etwas passieren. Ich bin vollkommen bereit zu akzeptieren, dass es aus sein könnte, und denke mir gleichzeitig, dass ich trotzdem alles tun werde, um nach unten zu kommen.

Ich bin noch nie so schicksalsergeben geklettert wie jetzt auf diesen letzten zweihundert Metern nach unten. Rudi und ich klettern ungefähr zwischen fünf und zehn Meter nebeneinander, jeder voller Konzentration, Schritt für Schritt, die Frontalzacken ins Eis setzend, die Eisgeräte ins Eis schlagend nach unten. Ungefähr fünfzig Meter oberhalb des Bergschrundes lässt uns noch einmal ein eigenartiges Geräusch aufschrecken. Eine Granitplatte, messerscharf und groß genug, um darauf ein Abendessen für zwei Personen anzurichten, taucht plötzlich aus dem Nichts auf, nimmt Kurs auf uns beide und kollert wie das Sägeblatt einer Kreissäge zwischen uns durch.

Wenig später sind wir oberhalb des Bergschrundes, drehen eine Eisschraube in das Eis und seilen daran ab. Als ich den Gletscher erreiche, ziehe ich das Seil ab und marschiere in Richtung Zelt, das noch ungefähr einen Kilometer entfernt ist. Rudi geht neben mir, wir gehen und gehen, ohne zurückzublicken, aber jederzeit in der Erwartung, doch noch von einer Granitplatte erschlagen zu werden, wir gehen und gehen, bis wir nach zweihundert Metern am Gletscher wissen, dass uns hier keine noch so große Lawine und keine noch so weit fliegende Steinplatte mehr erwischen kann. Wir sind draußen.

Conclusio mit Anleitung zum Absturz

Unmittelbar nach der Tour, als wir wieder im Tal angekommen waren, dachte ich, wir hätten spätestens am Ende des Eisschlauchs umdrehen sollen, als wir bemerkten, dass sich das Wetter verschlechtert hatte. Als ich zu Hause ankam, dachte ich, wir hätte schon vor dem Eisschlauch bei Schönwetter umdrehen sollen, als wir die schlechte Eisqualität erkannten. Zwei Monate darauf dachte ich, wir hätten gar nicht erst einsteigen sollen.

Wenn ich heute, nach mehr als zwanzig Jahren, diese Sache reflektiere, weiß ich, dass ich in die Planungs-Falle geraten war. Einer der Hauptgründe für den Absturz lag schon in der Fixiertheit, mit der wir von zu Hause aufgebrochen waren. Das fixe Ziel Les Courtes-Nordwand, mit dem wir nach Chamonix fuhren, ließ uns die tollen anderen Möglichkeiten, die sich dort boten, gar nicht wahrnehmen. Vom Wetter und den Verhältnissen her war von kombinierten Touren eher abzuraten, aber das wollten wir nicht wahrhaben. Außerdem waren wir in toller Kletterform und es hätte sich angeboten, noch andere begeisternde Granitrouten zu klettern. Aber nein, das wollten wir nicht. Wir blieben bei unserem Plan und dem fixen Ziel.

Statt dem sturen Festhalten am Plan wäre es aber weit intelligenter gewesen, auf die nahezu unübersehbaren Chancen neu hinzuschauen, die alten Vorstellungen und Ziele loszulassen und auf die Nordwand der Les Courtes diesmal zu verzichten. Aber unsere Fixiertheit auf das Ziel vernebelte unsere Wahrnehmung. Ich bin froh, heute noch zu leben und darüber reflektieren zu können, und für mich war es im Nachhinein eine wertvollere Lernerfahrung als so mancher Erfolg, aber wenn ich denke, wie knapp es war, empfiehlt sich eine Wiederholung oder Nachahmung auf keinen Fall.

Meine Erfahrungen aus der Nordwand der Les Courtes, die man aus meiner Sicht auf Abstürze aller Art umlegen kann, fasse ich in folgender ironisch gemeinter „Anleitung zum Absturz“ zusammen:

1. Setzen Sie sich ein hohes, ehrgeiziges Ziel – möglichst genau, konkret und detailliert!
2. Identifizieren Sie sich völlig damit!
3. Trennen Sie Denken und Handeln!
4. Machen Sie einen Fünf-Punkte-Plan und ziehen Sie ihn beinhart durch!
5. Ignorieren Sie mögliche Gefahrenhinweise sowie alternative Chancen, und verfolgen Sie das ursprüngliche Ziel ohne rechts oder links zu schauen weiter!

In den Jahren zuvor wurden meine größten Klettererfolge durch eine spielerische Lockerheit möglich und meine jeweiligen Kletterpartner und ich gingen immer mit einer Einstellung an die Touren, die einerseits von hohen Ansprüchen an uns selbst geprägt war, andererseits aber immer Raum für das Unvorhersehbare, Unerwartete und Zufällige ließ. Diesmal hatten wir uns im Gegensatz dazu auf ein Ziel fixiert und wollten dieses unbedingt erreichen. Das Resultat war lebensbedrohend. Nach dieser Erfahrung war mir klar, dass es besser ist, mit einer gewissen Offenheit und Beharrlichkeit an eine Aufgabe heranzugehen und die Ziele einfach selbst kommen zu lassen, anstatt der Welt seinen Plan aufzwingen zu wollen.

Lektionen aus der Nordwand der Les Courtes

Die Anleitung zum Absturz stellt ein augenzwinkerndes Rezept dar, wie es mit hoher Wahrscheinlichkeit NICHT funktionieren wird. Aus dieser Vermeidung kann aber noch keine genaue Orientierung für das Funktionieren abgeleitet werden. Ich möchte Ihnen aber folgende Impulse mitgeben, die sich aus meiner Erfahrung sowohl am Berg als auch im Business bewährt haben:

- Kombinieren Sie absichtsvolles und offenes Vorgehen. Legen Sie jedes Vorhaben – egal ob groß oder klein – als einen zirkulär-dynamischen Prozess an und verabschieden Sie sich vom sturen Festhalten an einmal festgelegten Zielen und Plänen. Dieses Vorgehen ist in sich stark ändernden, überraschungsreichen Umfeldern dem Festhalten an starren Plänen weit überlegen. Fragen Sie sich: Wie finden bei mir notwendige oder sinnvolle Anpassungen Eingang in einmal getroffene Entscheidungen? Wie gelange ich selbst, oder wie gelangt mein Team, zu einer Willensqualität, die vom Wünschen zum Wollen orientiert ist, ohne jedoch in ein Zu-sehr-Wollen zu verfallen?
- Lenken Sie Ihre Aufmerksamkeit auf die leisen Signale der Zukunft. Der Science-Fiction-Autor William Gibson meinte sinngemäß: Die Zukunft ist schon da. Sie ist bloß noch nicht gleichmäßig verteilt. Wenn Sie, wie ich es beim 3. Prinzip beschrieben habe, durch Szenario-Denken den Geist auf das Unerwartete vorbereiten, steigen Ihre Chancen, die leisen Signale der Zukunft zu bemerken. Es könnte aber sein, dass Sie bestimmte Entwicklungen auch bei breit angelegten Szenario-Überlegungen noch nicht auf Ihrem Radarschirm haben. Fragen Sie sich: Wie kann ich mein Umfeld regelmäßig scannen, um relevante Entwicklungen frühzeitig wahrzunehmen?
- Schaffen Sie Raum und Zeit für das, was auftauchen und entstehen will. Wer nur arbeitet, hat keine Ideen. Wer nur im Modus der Vor- oder Aufgabenfüllung unterwegs ist, unterdrückt möglicherweise eigene innovative Impulse. Allgegenwärtiger Druck und grenzwertige Arbeitsbelastungen kommen den Unternehmen nicht nur wegen der gesundheitlichen Folgekosten teuer: Sie bewirken, dass innovative Ideen oder Vorhaben nicht oder nur stark vermindert aufkommen können. Fragen Sie sich:

Wie kann ich dafür sorgen, dass Ideen, Gedanken und Vorhaben mit großem Erneuerungspotenzial an die Oberfläche der Wahrnehmung kommen können?

Impulse und Gedanken für den Transfer

Absichtsvolles und offenes Vorgehen kombinieren

Ziele kommen zu lassen, bedeutet natürlich nicht, dass nicht mehr geplant werden darf und keine Ziele mehr gesetzt werden können oder sollen. Es geht vielmehr darum, die eigenen Ziele und Pläne revisionsfähig zu halten. Nicht um schon zu Beginn eine Ausrede für ein späteres Nichterreichen einzubauen, sondern um sie dem Lauf der Dinge entsprechend anzupassen, zu hinterfragen, möglicherweise auch zu ersetzen.

Der Psychologe Dietrich Dörner zeigt am Beispiel des Schachspiels auf, dass es nicht sinnvoll ist, zu früh zu konkrete Ziele festzulegen: „Soll man, damit man ein spezifisches Ziel als klaren Richtungsgeber für das Planen von Handlungen hat, schon vor dem ersten Zug festlegen: Sein König muss auf H-1 stehen, meine Dame auf D-2, gedeckt durch Läufer auf G-3. Außerdem … Dann ist er schachmatt! Das wäre ein sehr konkretes Ziel; zugleich wäre es dumm, in der Anfangsphase ein solches Ziel festzulegen, denn: weiß man, wie sich die Sache entwickelt? Man gestaltet das Spiel ja nicht allein, der Gegner ist auch noch da! Man muss bereit sein, Gelegenheiten zu ergreifen, die sich während des Spiels ergeben. Eine allzu frühe Festlegung des Endziels kann stören, da man sich dadurch den freien Blick auf den möglichen Gang der Entwicklungen verstellt." (Dörner, 1989)

Ziele kommen lassen heißt, Emergenz-Phänomene zu berücksichtigen. Emergenz-Phänomene werden nicht geplant, sondern durch den Lauf der Dinge hervorgebracht. Wir haben es mit einer lebendigen Welt zu tun, vieles taucht auf, ist plötzlich da. Es ist wie in der Entwicklungsgeschichte der Menschheit, die man sich auch nicht als kausalen Vollzug von Evolutionsplänen vorstellen kann.

Der Quantenphysiker Anton Zeilinger sagt dazu: „Wir wissen, dass es Dinge gibt, die geschehen, für die es keine Ursache und somit auch keine Erklärung gibt. Die Welt ist offen. Fast alle großen technischen Entwicklungen waren die Folge unerwarteter Geschehnisse. Philosophische Neugier schlägt gezielte Forschung. Es sind auf Dauer die erfolgreich, die eine Idee verfolgen, nicht die, die erfolgreich sein wollen. Man muss den Dingen nachgehen, die einen interessieren. Wichtige Dinge ergeben sich oft von selber." (Zeilinger, 2004)

Strategisches Denken im Sinne des Prinzips Ziele kommen lassen ist ständig auf der Suche nach Zwischenzielen, die dem ursprünglichen Vorhaben sowie dem Aufbau von Erfolgspotenzialen dienen. Es lässt dadurch gleichzeitig Raum für neue und auch unbeabsichtigte Möglichkeiten, die auftauchen.

Der Strategieexperte Henry Mintzberg weist darauf hin, dass die meisten erfolgreich realisierten Strategien eine Kombination aus beabsichtigten und sich herausbildenden, das heißt emergenten Strategien sind. (Mintzberg, 1999)

Die Aufmerksamkeit auf die leisen Signale der Zukunft lenken

Im Umgang mit der Ungewissheit und sich verändernden Verhältnissen ist es notwendig, das so genannte Situationspotenzial zu erspüren. Dabei geht es darum, das auszumachen, was im Werden begriffen, aber noch nicht manifest ist. Auch dazu braucht es eine gewisse Lockerheit, ungerichtete Aufmerksamkeit und den unvoreingenommenen Blick des Neuen Hinschauens.

Die Aufmerksamkeit auf die leisen Signale der Zukunft zu richten, bedeutet einerseits in sich selbst hineinzuhören, andererseits mit allen Sinnen die Signale aus der Umwelt wahrzunehmen. Dieses sensible Abtasten der Welt ist das genaue Gegenteil davon, einem Ziel hinterher zu laufen oder eine ellenlange To-do-Liste abzuarbeiten.

Mit folgendem Beispiel möchte ich illustrieren, wie man die leisen Signale der Zukunft im Außen wahrnehmen kann, wenn man offen dafür ist:

Ende der 80er-Jahre unternahm Ernst Müllner als Manager des Geschäftsbereiches Philips Magnetic Media wiederholt Geschäftsreisen nach Hongkong. Während in Asien gerade die ersten handlichen Handys auf den Markt kamen, waren bei uns die ersten Mobiltelefone noch schwere, unhandliche Koffertelefone. In Hongkong machte er bei Geschäftsessen wiederholt die Erfahrung, dass die asiatischen Geschäftspartner sofort nach dem Platznehmen ihr Handy aus der Tasche zogen und es in Zeitlupe auf den Tisch legten, um dabei die Reaktion des Gegenübers zu beobachten. Sichtlich beeindruckt waren die meisten Europäer darauf erpicht, die Wunderdinge einmal berühren zu dürfen. So auch Ernst Müllner: „Mir war sofort klar, dass da in Europa noch ein gewaltiger Handy-Boom einsetzen wird."

Etwa eineinhalb Jahre später wurde Ernst Müllner mit der unangenehmen Aufgabe betraut, die in Wien ansässige Lautsprechergruppe zu schließen. Er bat die Konzernführung um drei Monate Zeit, um den Bereich kennenlernen zu können. „Ich dachte mir, vielleicht gibt es ja eine Alternative zur Schließung, denn eine Schließung bedeutet immer auch eine Vernichtung von Kompetenz. Und wenn Kompetenz einmal vernichtet ist, dann kommt sie nie mehr wieder. Zumindest in der Industrie ist das so sicher wie das Amen im Gebet ", so Müllner.

Er bekam drei Monate Aufschub, um dann entweder mit der Schließung zu beginnen oder aber eine sinnvolle Alternative zu präsentieren und diese dann auch umzusetzen.

„Der Bereich Lautsprecher hatte seine Existenzberechtigung verloren und war auf der Suche nach einer neuen Strategie. Mir war zu dem Zeitpunkt aufgrund meiner Erlebnisse in Hongkong schon klar, dass da in der Telekommunikation etwas Gewaltiges auf uns zukommt. Unklar war, ob es in zwei, drei oder vielleicht in vier Jahren kommen würde. Aber dass es kommen würde, war klar. Aus einer gewissen Not heraus und mangels anderer Alternativen war es meine Strategie, das Unternehmen auf diese kommende Technologie zu fokussieren. Unsere Entscheidung war, uns von den damaligen Produktsegmenten innerhalb von drei Jahren zu trennen und innerhalb dieser drei Jahre den Change in Kompetenz, Technologie und Produkt für eine neue Art von Applikationen, für Lautsprecher von Mobiltelefonen, zu schaffen. Wir brauchten damals ein optimistisches Szenario, um das Management von der eigentlich bereits getroffenen Entscheidung zur Schließung wieder umzustimmen. Im Nachhinein muss ich sagen, dass unsere Markteinschätzung, die wir damals für optimistisch hielten, deutlich zu konservativ war."

Obwohl noch nicht ganz klar war, wie es gehen könnte, sagte ihm die eigene Überzeugung, „Der Markt wird kommen!", und die Vision lautete zuerst einfach vage, aber kraftvoll: „Da kommt etwas, und wir wollen ganz zu

Beginn dabei sein. Wir wollen die Kompetenzen, die wir haben, zeitgerecht weiterentwickeln, damit wir dann, wenn der Markt zu entstehen beginnt, schon mit tollen Produkten in diesen Markt reingehen können. Diese Vision hat uns unendlich viel Kraft gegeben."

Knapp vor der Schließung der Philips Lautsprechersparte baute Ernst Müllner Philips Sound Solutions zum Weltmarktführer bei Handy-Lautsprechern auf. 2006 verkaufte Philips seine Halbleitersparte inklusive Sound Solutions an NXP. Im Dezember übernahm der US-Industriekonzern Dover Corporation die Sound Solutions um 652 Millionen Euro und gliederte sie in seine Tochter Knowles Electronics ein. Sound Solutions beschäftigt heute weltweit rund 1.000 Leute, davon 500 am Hauptsitz in Wien.

Raum schaffen für das, was entstehen will

Damit die leisen Signale der Zukunft im Inneren wahrgenommen werden können, braucht man Raum und Zeit, das bedeutet, zu verlangsamen und zu entschleunigen.

Wenn es um wesentliche Entscheidungen und tief greifende Weichenstellungen am persönlichen Weg geht, ist ein zeitweiliger Rückzug empfehlenswert. So kann man in einen tiefen Dialog mit sich selbst kommen. Ich selbst höre meine innere Stimme in der Natur am besten, das Herz schlägt hier etwas lauter. Ich unternehme heute vor allen wesentlichen Entscheidungen und Weichenstellungen ausgedehnte Wanderungen in den Bergen oder auch einsame Skitouren im Winter. Stille ist ein mächtiger Kontext für das Kommen Lassen von Zielen. Dieses Kommen Lassen lässt sich nicht kalendarisch fixieren, so nach dem Motto: An diesem Wochenende ziehe ich mich zurück, um an meiner Vision zu arbeiten, und am Montag beginne ich mit der Umsetzung. Ziele kommen zu lassen ist ein natürlicher Prozess, der sich keinen linearen Zeitvorgaben unterwirft.

Nicht nur wichtige Zukunftsfragen, auch Produktideen brauchen Raum und Zeit zum Auftauchen. Der Schokoladen-Hersteller Sepp Zotter etwa ist davon überzeugt, nur zu Ideen zu kommen, weil er sich dafür Zeit und Raum gibt. Er umgibt sich in seinem Büro gezielt mit Gewürzen, Weinen und anderen Rohmaterialien und schaut diese einfach immer wieder an. Das inspiriert ihn immer wieder zu dreihundert bis vierhundert Blitzideen pro Jahr, die er in sein Ideenbuch schreibt. Sie lesen seine Originalaussagen später bei den Beispielen aus der Praxis – „Die süßen Seiten des Lebens".

Weitere Impulse für Unternehmen

Was kann es nun für Unternehmen bedeuten, Ziele kommen zu lassen? Wie beim Einzelnen geht es auch in Unternehmen darum, absichtsvolles und offenes Vorgehen zu kombinieren, auf die leisen Signale der Zukunft zu achten und dem, was kommen will, Zeit und Raum zu geben. Ziele kommen zu lassen ist, so paradox es klingt, im Rahmen systematischer Strategiearbeit durchaus möglich.

Wie Einzelne brauchen auch Teams Zeit und Ruhe für den Dialog und das gemeinsame Nachdenken über strategische Zukunftsfragen. Strategische Führung bedeutet, sich den Fragen rund um Suche, Aufbau und Erhalt von Erfolgspotenzialen zu widmen und die langfristigen Zukunftswirkungen heutiger Entscheidungen mitzudenken. Dies verlangt bewusste Verlangsamung und Entschleunigung. Strategiearbeit sollte daher abseits vom Dringlichkeitsdruck des operativen Geschehens in Form strukturierter Time-outs durchgeführt werden. Diese sollten in bestimmten Abständen fix eingeplant werden, damit der Blick des Teams immer wieder etwas weiter nach vorne gerichtet wird.

Aus meiner Erfahrung mit Strategieprojekten ist es zu Beginn wichtig, sich im Strategieteam darüber klar zu werden, was man unter Strategiearbeit versteht. Drei weit verbreitete Vorstellungen von Strategiearbeit, die das Kommen Lassen von Zielen behindern, sollte man allerdings kritisch hinterfragen.

Der Fünfjahresplan

„Die Strategie wird einmal für einen längeren Zeitraum formuliert, sie gilt dann beispielsweise für die nächsten fünf Jahre" ist eine Vorstellung von Strategiearbeit, die sich häufig findet.

Entgegen dieser etablierten Vorstellung ist Strategiearbeit eine kontinuierliche Aufgabe.

Geschieht das nicht, veraltet die einmalig formulierte Strategie oft sehr schnell, wird nicht verwendet und schubladisiert. Permanente Auseinandersetzung mit dem Thema Strategie hingegen ermöglicht es, flexibel auf geänderte Rahmenbedingungen reagieren zu können und offen für die leisen Signale der Zukunft zu sein.

Strategie als Top-down-Prozess

Häufig taucht die unhinterfragte Annahme auf, Strategiearbeit sei grundsätzlich ein Top-down-Prozess: Die „Oberen" in der Hierarchie denken und bestimmen den Kurs, die „Unteren" setzen diesen dann um.

Aufgrund meiner Erfahrung stehe ich dieser Annahme sehr skeptisch gegenüber. Strategische Initiativen entstehen oft an den Randzonen des Unternehmens und zukunftsweisende Möglichkeiten sind zumeist in Ansätzen im Unternehmen vorhanden, sie müssen „nur" eingesammelt und in die Strategie eingearbeitet werden.

Entwicklung und Umsetzung der Strategie

„Strategiearbeit besteht aus zwei strikt getrennten Teilen: der Entwicklung durch die Unternehmensführung und der anschließenden Implementierung und Umsetzung durch die Mitarbeiter." Statt Strategiearbeit in eine Entwicklung und eine Umsetzung zu trennen, ist es sinnvoll einen Strategieprozess auf der Basis einer zirkulären Logik zu initiieren. Folgendes Beispiel von IBM macht den Nutzen dieser Vorgangsweise deutlich.

Beispiel IBM

Der Umstieg von IBM auf das Consulting für Internet-Services, der auch den späteren Ausstieg aus dem unrentablen Hardware-Geschäft zur Folge hatte, war keineswegs auf die weise Voraussicht der Unternehmensspitze oder des damaligen CEOs Lou Gerstner zurückzuführen, sondern auf eine strategische Initiative technikbegeisterter Underdogs und mutiger mittlerer Manager. In der ersten Hälfte der 90er-Jahre befand sich das Unternehmen in höchsten Nöten und hatte Verluste in der Höhe von mehreren Milliarden Dollar angehäuft. Der Projektleiter John Patrick und der Programmierer David Grossman bliesen zum Weckruf für IBM. Grossman war schockiert, dass während der Olympischen Winterspiele von Lillehammer Mitbewerber sich auf Basis von IBM-Rohdaten im Internet als Technologieführer präsentierten. Er hatte den Eindruck, dass IBM schlief und die Mitbewerber dem Unternehmen uneinholbar davonziehen würden. Es gelang ihm, John Patrick, der in einer Strategiekommission saß, von der Dramatik der momentanen Situation zu überzeugen, und damit kam ein Prozess ins Rollen, der IBM zu einer strategischen Neuausrichtung führte.

Freilich kamen Patrick und Grossman im weiteren Verlauf nicht ohne die Unterstützung der Unternehmensspitze aus, aber vor allem zu Beginn hatte ihr Projekt eher Ähnlichkeit mit einer subversiven Bewegung, denn mit einem geordneten Businessplan. IBM verwandelte sich im Lauf der nächsten sieben Jahre von einem Unternehmen, das primär Computer verkaufte, zu einem Anbieter von Dienstleistungen und kompletten IT-Lösungen. IBM Global Services wuchs zu einem äußerst profitablen Geschäft mit über 135.000 Beschäftigten heran. (Hamel, 2001)

Innovative Formen der Strategiearbeit

Wie dieses Beispiel zeigt, ist innovative Strategiearbeit kein Top-down-Prozess, sondern vernetzt Top-down- mit Bottom-up- und Kreuz-und-quer-Prozessen. Bei diesen Formen der Strategiearbeit ist auf folgende zwei Aspekte besonderes Augenmerk zu legen.

Relevante Informationen als relevant erkennen und kommunizieren

Damit relevante Informationen für die Strategiearbeit zur Verfügung stehen, muss man diese rechtzeitig beschaffen. Fragen Sie sich: Welche Daten und Fakten sind relevant? Auf welche Art sind sie relevant?

Daten einzukaufen oder extern erheben zu lassen mag bequem und für manche Aspekte auch sinnvoll sein. Effektiver jedoch ist es, wichtige Informationen durch die beteiligten Menschen, wie Schlüssel-Mitarbeiter, Zulieferer und Kunden, zu gewinnen und in die Strategiearbeit hereinzuholen. Hierbei stellen sich folgende Fragen: Besitzen die Schlüssel-Mitarbeiter diese Informationen aufgrund ihrer Tätigkeit schon oder müssen sie sich diese, etwa im Rahmen einer Learning Journey, erst besorgen? Falls ja: Was ist bei der Konzeption einer Learning Journey wichtig? Mitarbeiter und Führungskräfte sollten dorthin gehen, wo sie noch nie waren, mit Leuten sprechen, mit denen sie noch nie gesprochen haben, oder eine andere Branchen aufsuchen, um zu neuen und relevanten Informationen zu gelangen.

Für die Arbeit an der Strategie ist es enorm bereichernd, die Perspektive des Kunden hereinzuholen, wie im Beispiel des Motorenherstellers im Kapitel über das Neu Hinschauen dargestellt wurde. Zusammenfassen lässt sich dies mit der Frage: Welche Menschen und Informationen müssen wie vernetzt werden, damit innovative Strategiearbeit stattfinden kann?

Wirklichen Dialog stattfinden lassen

Damit wirklicher Dialog stattfinden kann, muss ein entsprechend sicheres Umfeld für die Teilnehmer geschaffen werden. Die Arbeiten von William Isaacs zum Thema „Dialog als Kunst, gemeinsam zu denken“ geben dazu ausführliche und hilfreiche Anweisungen. Dialog scheint mir die einzige Möglichkeit zu sein, im Kollektiv Neues entstehen zu lassen.

Gleichzeitig könnte es sich um die einzige Arbeitsform handeln, die es ermöglicht, die hohe Komplexität, durch die die meisten heutigen strategischen Problemlagen gekennzeichnet sind, angemessen zu bewältigen. Um das Bestehende zu hinterfragen, um Neu Hinzuschauen und loslassen und verzichten zu können, reicht eine Dialogform aus, die Otto Scharmer als Reflexiven Dialog bezeichnet. Damit meint er das gemeinsame Erkunden eines Themas oder eines Standpunkts.

Damit aber Ziele kommen können und fundamental Neues entstehen kann, braucht es laut Scharmer eine tiefere Dialogform, die er als Schöpferischen Dialog bezeichnet. Mit dem Schöpferischen Dialog kommen Menschen und Teams zu Outputs und Ergebnissen, die sich vorher alleine niemand hätte vorstellen können. Durch das gemeinsame Sprechen und Denken in der Gruppe entsteht im Schöpferischen Dialog etwas Neues. (Scharmer, 2004)

LITERATUREMPFEHLUNGEN

William Isaacs: Dialog als Kunst gemeinsam zu denken. EHP Verlag 2002

Joseph Jaworski: Synchronicity. The Inner Path of Leadership. Berrett-Koehler Publishers 1998

Richard T. Pascale et al.: Chaos ist die Regel. Wie Unternehmen Naturgesetze erfolgreich anwenden. Econ Verlag 2002
C. Otto Scharmer; Theory U – Leading from the future as it emerges. SoL 2007

5. Prinzip: Nordwand statt Normalweg

„Deine Aufgabe ist es,
deine Aufgabe zu erkennen,
und dich ihr dann
mit ganzem Herzen zu widmen."
Buddha

In den einleitenden Gedanken zum Nordwand-Prinzip ging es unter „Einsteigen und ins Ungewisse" aufbrechen darum, den Zustand der Unklarheit nicht als Hindernis zu sehen, aufzubrechen und sich trotz Ungewissheit auf den Weg zu machen. Folgende Fragen helfen dabei, sich auf diesem Weg zu orientieren und sein Spielfeld zu entdecken: Wer bin ich? Wozu bin ich hier?

Nachdem das Spielfeld nun bereits erkundet und ein tieferes Verständnis des Kontextes vorhanden ist, kommt die klare Aufforderung zur Präzisierung, Konkretisierung und Benennung des Spielfelds. Wenn es zusätzlich darum geht, in diesem Spielfeld auch wirtschaftlich zu bestehen, ist es wichtig, dass die eigenen Beiträge für andere einen sinnvollen Unterschied machen. „Sinnvoll" bezieht sich dabei auf die Frage: Welcher Beitrag wird gebraucht? Will man nicht in die Me-too-Falle geraten, ist es wichtig, sich von den anderen positiv abzuheben, einen signifikanten Unterschied zu machen. Deswegen lautet die nächste Frage: Wie kann ich mich unterscheiden? In diesem Prinzip geht es um das Herzstück der Strategiearbeit.

Ich stelle Ihnen meine Überlegungen dazu anhand meines Weges vom Normalweg- zum Nordwand-Bergführer dar.

Vom Bergsteigen leben

Nach dem Absturz in der Nordwand der Les Courtes falle ich innerlich in ein tiefes Loch und beginne daran zu zweifeln, ob meine Entscheidung, den für mich vorgedachten Weg, „etwas Ordentliches zu studieren und dann was Ordentliches zu arbeiten", zu verlassen und mich dem Bergsteigen zu widmen, richtig gewesen ist.

Wenn ich jedoch in mich hineinhöre, spüre ich trotz des Zweifels, dass ich mich auf dem richtigen Weg befinde. Folgende Aussage des Dalai Lama kommt mir unter: „Wenn du verlierst, verliere nie die Lektion.“ Ich empfinde dies als Aufforderung, aus dem Scheitern das Positive für mich herauszuziehen, und beginne, mich aus dem inneren Loch wieder hinauszubewegen. Ich ziehe meine Lehren aus dem Geschehenen und entscheide mich dafür, einen Schritt nach dem anderen zu tun und dadurch im Gehen die Zuversicht zurückzugewinnen.

Zu diesem Zeitpunkt wird mir auch klar, dass ein Verbleib beim österreichischen Bundesheer für mich nicht in Frage kommt. Ich habe die Gelegenheit erhalten, viele wertvolle Dinge zu lernen, auch manche, deren Wert ich erst später schätzen werde können. Vor meinem geistigen Auge beginne ich aber bereits, mir ein Leben als selbstständiger Profi-Bergführer vorzustellen. Ich habe das Gefühl, damit in Kontakt mit meinen ureigensten Ressourcen und Energien zu kommen. Deshalb quittiere ich den Dienst und beschließe, hinaus auf den freien Markt zu gehen.

Ich will eine Alpinschule gründen und geführte Bergtouren und Kletterkurse anbieten. Nahezu alle Leute tippen sich an den Kopf, wenn sie von meinem Ziel hören. „Das geht nie!“, höre ich sehr oft. Trotzdem bin ich fest entschlossen, es zumindest zu versuchen, um mir nicht später irgendwann vorwerfen zu müssen, es nicht wenigstens probiert zu haben.

Daneben eröffne ich noch einen Laden für Bergsportausrüstung. Ich erwarte mir davon Synergieeffekte, außerdem bin ich ein Ausrüstungsfreak und konnte meine Ausrüstung und Bekleidung bisher immer nur in Chamonix, Cortina oder am Gardasee kaufen, da es im Umkreis von zweihundert Kilometern kein spezialisiertes Geschäft gab. Angeregt durch ein Buch der beiden Spitzenkletterer Güllich und Zak nenne ich Shop und Alpinschule „high life“. Der Name bringt für mich das Lebensgefühl der Kletterer auf den Punkt.

Meine Freundin Waltraud Krainz unterstützt mich, zwei Monate später gesellt sich noch Gerald Sagmeister, ein alter Kletterfreund und ebenfalls Bergführer, in loser Kopplung dazu, wir wollen bei den Touren zusammenarbeiten, zwischendurch will er mich ebenfalls im Shop unterstützen.

Die ersten drei Jahre sind hart, das erste Jahr ist extrem hart. Wir beginnen zu lernen, worauf es ankommt: Es reicht nicht nur, das anzubieten, was wir gut können und wozu wir uns berufen fühlen. Es geht vor allem darum, herauszufinden, was gebraucht und angenommen wird und vor allem, wie wir uns unterscheiden können. Im Shop ergibt sich die Zusammensetzung des Sortiments mit der Zeit fast von alleine.

Die Leute beginnen das Angebot anzunehmen, fragen von uns als deklarierten Spezialisten aber nahezu ausnahmslos die Top-Marken nach.

Für die Alpinschule gestaltet sich die Suche nach dem richtigen Programm weitaus schwieriger. Immer, wenn wir auf den Bergen und den Hütten andere selbstständige Kollegen treffen, merken wir, dass es auch für sie hart ist. Es scheint so zu sein, dass alle Profi-Bergführer dieselben Probleme haben. Die einzigen Unternehmen, die in diesem Bereich wirklich florieren, sind aus unserer Sicht die Bergsteigerschulen der Alpenvereine.

Irgendwann dämmert uns, dass dies daher rühren könnte, dass alle Bergführer und kleinen Alpinschulen nahezu dasselbe Programm anbieten. Es scheint fast so, als hätten alle jährlich bei der Gestaltung des Programms für die nächste Saison nichts Besseres zu tun, als gegenseitig voneinander abzuschreiben. Ununterscheidbarkeit bis zur Unkenntlichkeit ist die Folge, deren peinlichste Höhepunkte wortwörtlich identische Tourenbeschreibungen darstellen. Wir befanden uns, so wie viele andere Kollegen auch, in der Me-too-Falle.

Die mit diesen Marketing-Bemühungen trotzdem verbundenen Erfolge führten mich, wie so viele andere Kollegen auch, auf viele Viertausender der Alpen, x-mal auf den Großglockner und auch zweimal in den Himalaja in das Everest-Gebiet, wo ich mit meinen Kunden neben dem faszinierenden, wochenlangen Gehen durch das eindrucksvolle Sherpa-Land auch 6.000er bestieg. Es sind unvergessliche Erfahrungen, berührende Momente mit glücklichen Kunden, egal ob in den Alpen oder im Himalaja.

Trotzdem gibt es Aspekte, die mir in dieser Zeit klarmachen, dass dies kein Weg sein kann, der von Dauer ist. Profi-Bergführer zu sein mag für einen Außenstehenden aussehen wie etwas Besonderes. Fakt ist, dass ich tue, was viele andere auch tun, und mich nicht unterscheide. Es ist nur ein Aspekt, dass es in der Me-too-Falle wirtschaftlich hart ist, über die Runden zu kommen. Der andere Aspekt, der fast noch schwerer wiegt, ist, dass es meinem Naturell zutiefst widerspricht, dorthin zu gehen, wo alle hingehen, mich einzureihen und einfach der Schlange zu folgen, egal ob am Gipfelgrat des Großglockners oder des Mont Blancs oder auf einer Hängebrücke am Weg zum Mount Everest-Basislager. Dorthin zu gehen, wo es meinem Wesen entspricht, wo die anderen aber nicht hingehen, das müsste es sein.

Das optimale Wirkungsfeld finden

In meinen Träumen tauchen Bilder aus extremen Wänden auf. Ich sehe mich mit Kunden die großen Dolomitenwände meistern, ich sehe, wie ich anderen Menschen das atemberaubende Erlebnis in der Vertikalen ermögliche, weitab von den Normalwegen, auf denen sich die Bergführer üblicherweise bewegen. Wirklich extreme Routen führen Anfang der 90er-Jahre nur wenige Bergführer. Damit könnte ich wirklich einen Unterschied machen, mich abheben. Wird es aber auch gebraucht werden? Gibt es Kunden, die das interessiert? Die auch bereit und finanziell dazu imstande sind, für so ein gehobenes Programm die entsprechend höheren Kosten zu tragen?

Wie so oft, liegt das Beste direkt vor der Nase, und ich habe das Glück, zum Neu Hinschauen regelrecht gezwungen zu werden: Während einer leichten Klettertour erzähle ich die Idee, Führungen durch extreme Kletterrouten als Angebot auf den Markt bringen zu wollen, einem neuen Kunden. Er heißt Ludwig, ist ein deutscher Unternehmer und 54 Jahre alt. Da er nach meiner Einschätzung für extreme Klettertouren wegen seines Alters nicht in Frage kommt, denke ich mir, dass ich ihm meine noch unreifen Gedanken gefahrlos darlegen kann. Er fängt sofort Feuer und zeigt Interesse. Plötzlich sagt er: „Probieren wir das einfach nächstes Jahr! Was müssen wir dazu tun, wir müssen uns ja sicher vorbereiten?“ – „Wäre schon nicht schlecht“, sage ich. Sagt Ludwig: „Was ist, wenn wir uns im Frühjahr zweimal am Gardasee treffen und dann im Sommer zweimal in die Dolomiten fahren, so jeweils vier Tage?“

Mich haut's fast um! Das bedeutet insgesamt sechzehn Tage im extremen Fels. Das bringt mich dem, was ich mir heimlich vorgestellt habe, schon ein großes Stück näher. Wir vereinbaren noch am Ende unserer ersten Klettertage die Termine für das nächste Jahr. Neben der Begeisterung für das Extremklettern als Beruf bedeutet das Ziel, schwere Touren zu führen, für mich auch, eine große Herausforderung anzunehmen. Im Hinterkopf ist mein 40-Meter-Sturz an der Les Courtes noch immer präsent. Wird es mir gelingen, die für die extremen Routen mit Kunden notwendige Lockerheit wieder aufzubauen?

„Wenn du verlierst, verliere niemals die Lektion.“ Das heißt nicht, den großen Herausforderungen in der Zukunft auszuweichen. Es ist vielmehr die Aufforderung, die aus dem Scheitern gewonnenen Erfahrungen in das zukünftige Handeln einfließen zu lassen. Wenn ich extreme Routen mit Menschen klettern will, die mir ihr Leben anvertrauen, werde ich in jeder Hinsicht verantwortungsvoll agieren müssen. Ich werde nicht nur die Routen und die jeweiligen Verhältnisse sorgsam beurteilen müssen. Mir ist auch klar, dass, wenn ich einen Kunden durch schwere Routen führen will, die ich vorher mit gleichwertigen Partnern oft nahe am Limit meistern konnte, diesen Routen haushoch überlegen sein muss. Ich brauche eine Sicherheitsreserve, um diese Unternehmungen verantwortungsvoll durchführen zu können. Diese Sicherheitsreserve muss in souveräner Leistungsfähigkeit bestehen.

Es wird nur möglich sein, wenn ich selbst einerseits hart trainiere, um die entsprechende Form zu erlangen, und wenn ich es andererseits auch schaffe, diese Form zu halten. Um diesen hohen Leistungslevel zu halten, wird es notwendig sein, auch andere Kunden für schwere Routen zu begeistern und gleichzeitig auf alle anderen Aufträge zu verzichten, die mich auf irgendwelche Normalwege führen würden. Ein Kribbeln beginnt mich zu erfüllen. Dieses Kribbeln ist letztendlich ausschlaggebend für meinen inneren Entschluss, mich ganz bewusst raus aus dem Loch zu begeben und mich wieder in die steilen Wände aufzumachen. Jedoch mit einer ganz anderen Mission und unter ganz anderen Vorzeichen als zuvor: Künftig werde ich anderen Menschen das Erlebnis in der Vertikalen eröffnen, ihnen unvergessliche und wertvolle Erfahrungen ermöglichen und dabei mit höchster Professionalität und Verantwortung agieren. Es kribbelt mich, wie schon lange nicht mehr.

Ich weiß aus meiner bisherigen Erfahrung, dass eine Entscheidung für etwas nur möglich wird, wenn man etwas anderes nicht mehr tut. Ich habe gelernt, loszulassen und zu verzichten. Von diesem Tag an lehne ich alle Anfragen für Normalwege ab und vermittle sie an Kollegen weiter, auch wenn es manchmal hart ist, auf diesen Teil des Umsatzes zu verzichten. Mein neuer Fokus ist mir klar und ich will mir und anderen zeigen, dass ich es damit absolut ernst meine. Noch im selben Sommer beginne ich mich auf die völlig veränderten Herausforderungen der nächsten Saison vorzubereiten.

Das optimale Wirkungsfeld finden – Kernfragen für die Suche

Die Frage nach dem optimalen Spielfeld zu stellen, ist eine permanente Aufgabe. Auf meinem persönlichen Weg hat das bedeutet, dass aus der Leidenschaft und einer Nebenbeschäftigung nun ein Beruf wurde und somit ökonomische Überlegungen mit hinzukamen. Zu den eingangs gestellten Fragen:

- → Wer bin ich? Was ist mein größtes Potenzial?
- → Wozu bin ich hier? Was ist meine Aufgabe?

kamen für mich nun folgende Fragen hinzu:

- → Welcher Beitrag wird gebraucht?
- → Wie unterscheide ich mich?

Abbildung 4 zeigt die vier Fragen, die einen Fokusbereich als Schnittmenge ergeben.

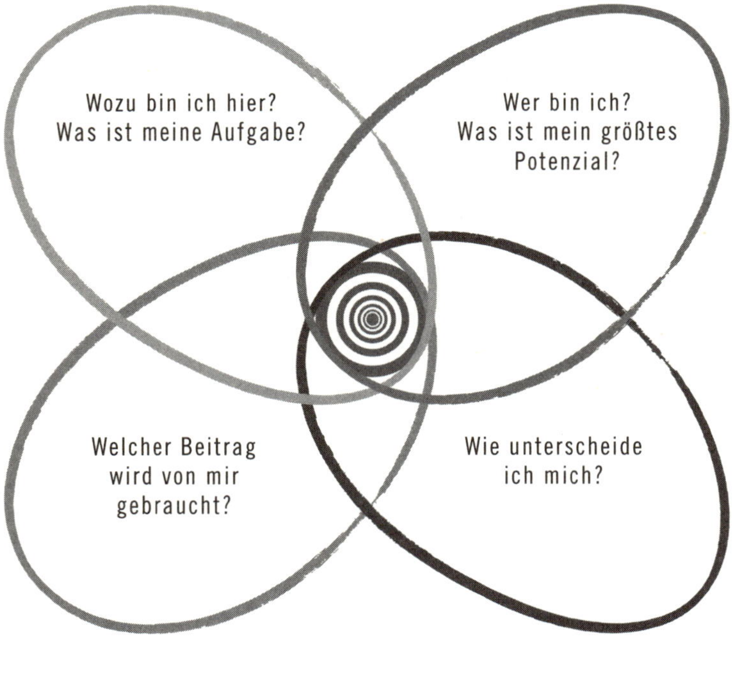

Abb 4 – Vier Fragen

Wenn ich mit Menschen und Teams arbeite und diese vier Fragen stelle, beobachte ich Folgendes: Die Fragen sind leicht zu verstehen, aber die Menschen finden trotzdem oft nicht leicht Antworten darauf. Diese vier einfachen Fragen gehen so tief und treffen so sehr den Sinn des Daseins und des aktuelle Wirkens, dass die allermeisten Menschen ad hoc keine Antworten darauf geben können.

Impulse und Gedanken für den Transfer

Aus meiner Erfahrung braucht es unbedingt Beharrlichkeit, wenn man sich dazu entschließt, sich auf die Suche nach dem optimalen Wirkungsfeld zu begeben. Man wird wahrscheinlich keine schnellen oder offensichtlichen Antworten finden und zuerst möglicherweise mit großer Unklarheit konfrontiert sein.

Diese Unklarheit ist aber an sich nicht unbedingt etwas Schlechtes. Sie ist eher etwas Ungewohntes. Der Logikprofessor Matthias Varga von Kibéd weist auf das Positive an den Zuständen des Nichtwissens, der Hilflosigkeit und der Verwirrung hin: „Nichtwissen hilft uns beim Verzicht auf Interpretationen und erlaubt uns den Zugang zur Wahrnehmung und vor allem zur Selbstwahrnehmung. Und es verzichtet darauf, den Inhalten des Gewussten fragwürdige Dauer zu verleihen, und dient so der Haltung, immer wieder neu und offen hinzuschauen, zu fragen und wahrzunehmen. Die Hilflosigkeit zeigt uns ihre Freundschaftsdienste, indem sie uns daran erinnert, dass wir etwas Komplexes niemals alleine machen oder gar zu einem geplanten Ziel führen können. Und der Versuch, Verwirrung zu vermeiden, entstammt meist dem Wunsch, umfassend zu beherrschen, er verhindert echtes Lernen." (Varga von Kibéd, 2002)

Wenn Ihnen also bei der Suche nach Antworten auf die Fragen nach Ihrem optimalen Wirkungsbereich die eben geschilderten Zustände oder Abwandlungen davon begegnen, haben Sie sich nicht verirrt. Im Gegenteil, vermutlich unterstützen Nichtwissen, Hilflosigkeit und Verwirrung Sie eher dabei, echt zu lernen, neu und offen hinzuschauen, bewusst wahrzunehmen und produktive Partnerschaften mit anderen zu bilden. Ich habe darauf schon in den vorangegangenen Kapiteln bei „Neu Hinschauen" und „Wollen statt Wünschen" hingewiesen.

Die Essenz des eigenen Wirkens finden

Die Beantwortung der vier Kernfragen ist eine permanente Aufgabe und dient dazu, die Essenz des eigenen Wirkens zu finden: Mir wurde schon sehr früh klar, dass das Bergsteigen etwas mit meinem tiefsten Wesenskern zu tun hatte. Im Alter von zwanzig Jahren lautete meine Antwort auf die Fragen „Wozu bin ich hier? Wofür brenne ich? Was ist mein größtes Potenzial?“: Ich bin Extremkletterer. Als ich mich mit 25 Jahren als Profi-Bergführer um meine Positionierung und Profilbildung bemühte, lautete meine Antwort auf die gleichen Fragen: Meine Aufgabe ist es, Menschen das Erlebnis in der Vertikalen zu ermöglichen und ihnen zu helfen, Routen zu klettern, die sie für unmöglich halten.

Ich hatte in der Zwischenzeit Qualitäten und Stärken in mir entdeckt, die ich Jahre zuvor noch als Schwächen angesehen hatte. Im Gegensatz zu vielen natürlichen Klettertalenten musste ich mir mein Kletterkönnen hart erarbeiten. Neben Disziplin und mentaler Stärke lernte ich dabei auch, Bewegungen bis ins kleinste Detail zu zerlegen und zu analysieren, was mich später als Profi-Bergführer in die Lage versetzte, durch meine scharfe Beobachtungsgabe sofort jedem Kunden hilfreiche und konkrete Bewegungstipps zu geben. Eines meiner großen Potenziale war also nicht nur, selbst gut klettern zu können, sondern dies auch anderen Menschen vermitteln zu können.

Und wenn ich mich heute frage „Wozu bin ich heute hier? Was ist heute meine Aufgabe?“, sind die Antworten nicht viel anders, aber sie liegen auf einer Ebene dahinter und näher an der Essenz meines Wirkens: Ich helfe als Management-Berater noch immer Menschen dabei, neue Wege zu finden und zu gehen, nur nicht mehr in realen Felswänden, sondern im schwierigen Umfeld von Unternehmen. Meine Stärken dabei? Mein großes Potenzial heute? Ich habe noch immer einen Blick dafür, was Menschen, Teams und Gemeinschaften in schwierigen Situationen brauchen, und kann ihnen helfen, weiterzukommen. Ich unterstütze die Menschen dabei, die für sie strategisch relevanten Fragen zu stellen, Teams in einen produktiven Dialog zu bringen und gemeinsam Antworten zu finden. Das alles macht mich zu einem hilfreichen Begleiter und Berater in wichtigen strategischen Fragen und längeren Veränderungs- und Entwicklungsprozessen, wo Unternehmen gefordert sind, sich mit der Gestaltung ihrer Zukunft auseinanderzusetzen.

Selber Klettern – andere Menschen durch Nordwände führen – schwierige Veränderungsprozesse in Unternehmen begleiten: Die Essenz meines Wirkens ist in all diesen unterschiedlichen Ausprägungen gleich geblieben.

Kernfragen für Unternehmen

Die große Herausforderung für Unternehmen in einem sich ständig verändernden Umfeld ist es, ihr optimales Wirkungsfeld zu finden und ihren gesamten Fokus darauf auszurichten. Nicht nur bei Menschen, auch im Umgang mit Unternehmen erlebe ich, dass dies ein schwieriger und langfristiger Prozess sein kann.

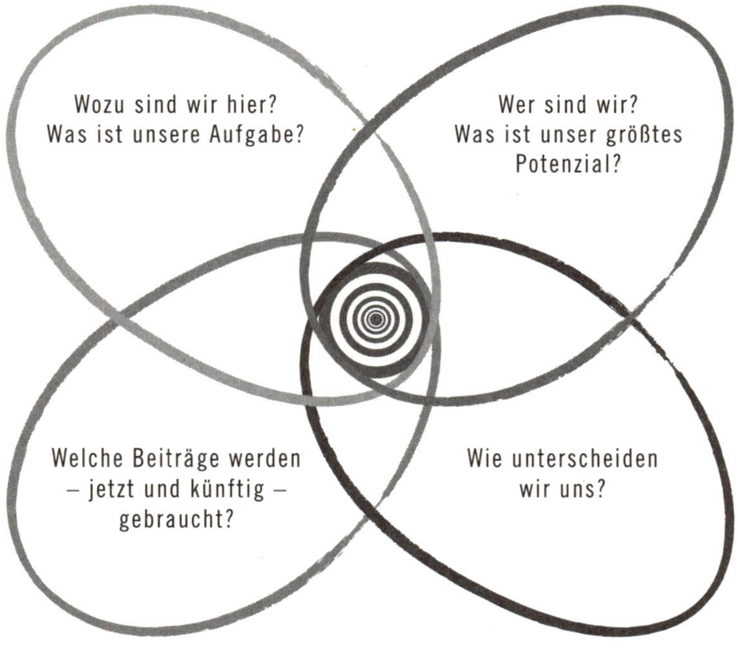

Abb 5 – Vier Fragen für Unternehmen

Abbildung 5 stellt nochmals die vier Kernfragen für Unternehmen dar. Auch bei Unternehmen liegt das optimale Wirkungsfeld in der Schnittmenge der vier Kernfragen.

Diese vier Fragen bilden die Basis für Strategiearbeit in Unternehmen, daher werde ich jede einzeln erörtern.

1. Wer sind wir? Was ist unser größtes Potenzial?

Bei diesen Fragen geht es sowohl darum, was heute ist, als auch darum, was übermorgen sein könnte. Fragen Sie sich: Wer sind wir? Was sind die einzigartigen Stärken und Kernkompetenzen unseres Unternehmens oder unseres Teilbereichs?

Es reicht aber nicht aus, ein zuverlässiges Bild von den heutigen Stärken und Kernkompetenzen zu haben, sie brauchen auch ein gemeinsames Bild der Zukunft und der zukünftigen Erfolgspotenziale. Was ist das größte zukünftige Potenzial Ihres Unternehmens oder Teilbereichs? Fragen Sie sich und Ihre Mitarbeiter oder Partner: „Worin könnten wir die Besten werden?" Entwickeln Sie eine bildhafte Zukunftsvorstellung, die die Gemeinschaft in die Zukunft zieht und ihr Energie verleiht.

Diese bildhafte Zukunftsvorstellung ist für Ihr Unternehmen wichtig, weil Sie heute schon in die vermutlich übermorgen notwendigen Kernkompetenzen investieren müssen, damit Sie diese bis dahin aufgebaut haben. Es geht hier um Zeiträume und Größenordnungen von mehreren Jahren. Die Leistungsfähigkeit von übermorgen ist das Ergebnis einer Vielzahl von Einzelanstrengungen und kleinen „Trainingseinheiten" im Heute.

Im damit erzielten Vorsprung kann auch ein gewisser Schutz liegen: Was Jahre von Aufbauarbeit braucht, kann nicht in wenigen Monaten aufgeholt werden, es sei denn, ein neues Geschäftsmodell macht das Branchenübliche obsolet. Wenn Sie jedoch Ihre einzigartigen Stärken nützen, um Vorsprünge aufzubauen, können diese zumeist nur schwer aufgeholt werden (siehe dazu auch Hamel, 2006).

2. Welche Beiträge werden jetzt und künftig gebraucht?

Der Aufbau von Erfolgspotenzialen benötigt relativ viel Zeit und muss deswegen in engem Zusammenhang mit der vorherigen Frage gesehen werden. Dieser langfristigen Aufbauarbeit der Leistungsfähigkeit von übermorgen stehen im Heute oft Verlockungen in Form kurzlebiger Trends gegenüber. Die große Herausforderung besteht darin, heute schon zu erkennen, was künftig relevant werden könnte, um durch die entsprechenden Innovationen dann die Antworten geben zu können, die der Markt von übermorgen verlangt.

Meiner Erfahrung nach ist es sinnvoll, sich bei der Antwort auf die Frage „Was wird gebraucht?" von einem dauerhaften Kundenproblem oder Kundenbedürfnis leiten zu lassen. Ein dauerhaftes Kundenproblem oder Kundenbedürfnis bietet jene Orientierungsgrundlage, die es ermöglicht, langfristig neue Erfolgspotenziale aufzubauen. Dazu müssen Sie Ihre Augen und Ohren am Kunden haben, Ihre Kunden kennen. Sie dürfen Ihre Augen und Ohren niemals outsourcen.

3. Wozu sind wir hier?

Bei der Antwort auf die Frage „Wozu sind wir hier? Was ist unsere Aufgabe?" sind aus meiner Sicht zwei Dinge wichtig: Erstens bezieht ein Unternehmen auch aus dem Wissen um seinen Existenzgrund einen großen Teil der Energie, die es für eine nachhaltige Leistungskraft benötigt. Der Existenzgrund eines Unternehmens geht über das Geldverdienen hinaus, berührt die Sinndimension der Gemeinschaft und stellt einen der stärksten Antriebe für den gemeinsamen Einsatz und die kollektive Leistungserbringung dar. Sie brauchen nicht nur Antworten auf die Frage „Was tun wir?", sondern auch auf die Frage „Warum tun wir es?".

Zweitens ist es wichtig, dass der Existenzzweck eines Unternehmens lösungs- und produktunabhängig formuliert wird. Ich möchte hier ein bekannte Beispiel für eine vom Produkt abhängige Definition der eigenen Aufgabe anführen: Der Einzug des Computers in die Büros stellte das Ende der Schreibmaschinen-Hersteller dar. Nun stellt sich die Frage: Warum haben die Schreibmaschinen-Hersteller diesen Trend nicht erkannt? Wahrscheinlich, weil sie ihren Existenzgrund in der Herstellung von Schreibmaschinen sahen und nicht erkannten, dass ihre Aufgabe in der Vereinfachung der Büroarbeit des Kunden bestand. Hätten sie dieses Kundenproblem als ihre Aufgabe definiert, hätten sie vielleicht rechtzeitig auf die Entwicklungen und Möglichkeiten, die der Computer mit sich brachte, reagieren können.

Dieses Beispiel soll zeigen, dass nur ein dauerhaftes Kundenproblem auch eine dauerhafte Geschäftsmöglichkeit darstellt und dass Innovationen am besten auf der Basis eines bestehenden oder entstehenden Kundenproblems passieren sollen. Das bedeutet, dass die Gefahr blinder Flecken, die das Erkennen von Veränderungen erschweren oder gar unmöglich machen, dann wächst, wenn die Unternehmens-Aufgabe zu sehr am konkreten Produkt festgemacht wird.

Die Antwort auf die Frage „Wozu sind wir hier? Was ist unsere Aufgabe?" sollte also bei aller Notwendigkeit der Konkretisierung auch allgemein genug bleiben. Sie sollte aber doch klar machen, wofür Sie oder Ihr Unternehmen von welchen Kunden bezahlt werden. Wer sind Ihre Zielkunden? Wem dienen Sie? Welches Kundenproblem lösen Sie? Was ist die dazugehörende ökonomische Kern-Metrik, mit der Sie Ihren Erfolg messen wollen? Was ist der ökonomische Faktor, mit dem Sie operieren? (vgl. Collins, 2001 und Buckingham, 2005) Das führt uns zur letzten Frage: „Wie unterscheiden wir uns?"

4. Wie unterscheiden wir uns?

Nahezu allen Managern und Unternehmern ist bewusst, wie wichtig es ist, sich von den Mitbewerbern positiv zu unterscheiden. Trotzdem findet man in jeder Branche, in jedem Wirtschaftszweig und jedem noch so entlegenen Marktwinkel nahezu unendlich viele Unternehmen, die einander ähneln wie ein Ei dem anderen und nur wenige Unternehmen, die sich von ihren Mitbewerbern positiv abheben.

Es kommt zwar immer wieder vor, dass sich innerhalb einer Branche zumindest zwei strategische Gruppen – zum Beispiel die Billiganbieter und die Qualitätsanbieter – deutlich voneinander unterscheiden, aber innerhalb dieser strategischen Gruppen können sich die Anbieter wiederum meist bis zur Ununterscheidbarkeit ähneln. Gary Hamel bezeichnet dieses Phänomen als strategische Konvergenz.

Wahrscheinlich gibt es für das Phänomen der strategischen Konvergenz mehrere Gründe: Meist besuchen alle Unternehmer und Manager einer Branche dieselben Fachmessen oder Weiterbildungsveranstaltungen, lesen dieselben Fachzeitschriften oder Bücher und orientieren sich an denselben Branchendogmen. Außerdem ist unser ganzes Leben – nicht nur das berufliche oder wirtschaftliche – davon geprägt, sich aneinander und an Normen zu orientieren, angefangen von den elterlichen Bemühungen, aus dem Kind einen normalen Bürger zu machen, bis hin zu den ISO-Normen, die in allen

Bereichen der Wirtschaft die Qualität sicherstellen sollen. Irgendwann auf einmal anders sein zu sollen, könnte normale Menschen somit vor erhebliche Herausforderungen stellen.

Damit nicht genug. Ich vermute weiter, dass die meisten üblichen Werkzeuge, Vorgehensweisen und Analyseverfahren der Strategiearbeit ihre Anwender dazu bringen, sich aneinander zu orientieren, um sich in weiterer Folge anzugleichen. Von Best Practice über Benchmarking bis zur Balanced Score Card.

Ich sage damit nicht, dass es unmöglich ist, dass Unternehmen, die diese Methoden anwenden, sich von den Mitbewerbern unterscheiden. Aber es braucht einen sehr bewussten Umgang, damit man nicht durch die Anwendung von Werkzeugen unbemerkt zur Angleichung und zur strategischen Konvergenz mit den Mitbewerbern geführt wird.

Wenn Sie sich die Frage „Wie unterscheiden wir uns?“ stellen, sollten Sie sich beim Einsatz jedes Werkzeuges immer bewusst sein, dass a) nicht nur Sie dieses Werkzeug benutzen und b) jedes Werkzeug auch etwas mit Ihnen macht, Ihnen eine bestimmte Denkrichtung vorgibt und Ihnen nur einen Ausschnitt der Wirklichkeit zeigt. Mit einem Management-Werkzeug ist es ähnlich wie mit einem stark taillierten Carving-Ski. Dieser zwingt Sie auch zum Kurvenfahren, a) auch wenn es Ihnen gar nicht bewusst ist und b) auch dann, wenn Sie es gar nicht wollen.

Sich ein Profil geben und einen Unterschied machen

Wenn Sie mit Ihrem Angebot Menschen in Bewegung setzen wollen, müssen Sie sich ein Profil verschaffen, das vergleichbar mit dem des Matterhorns ist. Sie müssen sich in der Wahrnehmung der bestehenden und potenziellen Kunden deutlich und positiv vom Rest Ihrer Mitbewerber abheben.

Als Erstes sollten Sie herausfinden, welche die Schlüsselfaktoren des Wettbewerbs in Ihrer Branche sind. Sie sollten zuerst wissen, wovon Sie sich unterscheiden wollen.

Als Nächstes sollten Sie feststellen, welches aus der Sicht des Kunden die kaufentscheidenden Faktoren sind. Was gibt den Ausschlag, dass sich ein Kunde für Ihr Angebot entscheidet? Das festzustellen ist keine Aufgabe für eine externe Marktforschung. Sie sollten die Probleme Ihrer Kunden wirklich kennen, Sie sollten wissen, warum die Kunden Ihr Produkt kaufen und wie sie es verwenden oder wie Ihre Leistung Ihren Kunden hilft oder helfen soll. Dazu reicht weder ein Fragebogen noch ein kurzes Interview aus.

Wenn Sie herausfinden wollen, was Ihre Kunden wirklich bewegt, sollten Sie Gespräche führen, ihre Kunden beobachten oder gemeinsame Workshops durchführen. Überlegen Sie gemeinsam mit Ihren Kunden und mit Ihren Mitarbeitern, wie Sie einen noch besseren oder neuen Nutzen bieten können. Machen Sie das nicht einmal im Jahr, sondern permanent. Planen Sie diesen Austausch monatlich oder auch wöchentlich ein und machen Sie ihn zum Teil Ihres Selbstverständnisses.

Bilden Sie zuerst mehrere mögliche strategische Profile für neue Produkte, neue Services oder überhaupt neue Geschäftsfelder. Holen Sie sich möglichst rasch Annahme-Feedback vom Markt durch schnelle, kostengünstige Feldversuche unter realen Bedingungen. Sie erfahren im nächsten Kapitel, wie Sie durch das 6. Prinzip Kluges Scheitern zu Erfolg versprechenden Prototypen kommen und Durchbruchprojekte realisieren können. Haben Sie dann den Mut, durch Schwerpunkte ein unverwechselbares strategisches Profil zu bilden und sich zu unterscheiden. Schaffen Sie neue und zumindest vorübergehend einzigartige Angebote für bestehende und neue Kunden.

Überlegen Sie gleichzeitig, welche Produkte und Angebote Sie weglassen müssen, wenn Sie Ihr Profil schärfen wollen. Erinnern Sie sich an das Loslassen und Verzichten. Sind Sie aufgrund eines über die Jahre gewachsenen Produktportfolios mit Ihrem Angebot zu einer Art Gemischtwarenhändler geworden? Oder verstehen Sie sich eher als Spezialist, der nur über ein eingeschränktes, aber ausgewähltes Angebot verfügt?

Klarheit über die Kernfragen gewinnen

In einer Welt, die sich ständig wandelt, die in ihrer Komplexität undurchschaubar und mehrdeutig ist und in der Entwicklungen ungewisse und unberechenbare Verläufe nehmen, sind Unternehmen – egal ob groß oder klein – gefordert, sich über diese Kernfragen immer wieder Klarheit zu verschaffen. Sie brauchen Klarheit nach innen, um entscheiden zu können, was sie tun und was sie nicht tun wollen. Sie brauchen Klarheit im Unternehmen, im Bereich oder im Team, um zu einer gemeinsamen Logik des Handelns zu kommen. Sie brauchen Klarheit nach außen, um Partner zu gewinnen, Banken zu überzeugen und vor allem, um Kunden zu bewegen. Wenn Sie Ihr Spielfeld gefunden haben und einen sinnvollen Unterschied machen, sind Sie in der Lage, wesentliche Aspekte Ihres Geschäfts klarer zu beobachten. Sie können klarer entscheiden, was Sie tun und nicht tun werden. Und Sie können dies auch klar kommunizieren, sowohl nach innen, als auch nach außen.

Klarheit nach innen und außen zeigt sich darin, dass Sie und alle Menschen im Unternehmen Folgendes wissen:

- Wer sind konkret unsere Zielkunden?

Sie können klar benennen, mit welchen Produkten und Leistungen Sie welchen Markt bedienen, welche Kundenprobleme Sie lösen, welche Kundenbedürfnisse Sie stillen können und wofür Ihre Kunden Sie bezahlen.

- Worin bestehen die heutigen und wahrscheinlich künftigen Erfolgspotenziale?

Jeder im Unternehmen ist in der Lage, aus der übergeordneten Strategie die persönlichen Beiträge und Entscheidungen abzuleiten, welche zur Erfüllung der eigenen Aufgabe notwendig sind. Diese persönlichen Beiträge und Entscheidungen haben den optimalen Dienst am Kunden sowie das Wahren und Schaffen von Erfolgspotenzialen zum Wohl des Ganzen im Fokus.

- Worin sind wir unseren Mitbewerbern überlegen? Welche Stärken und Kernkompetenzen begründen unsere Überlegenheit?

Ihnen ist klar, welche Kernkompetenzen Sie noch aufbauen müssen, um diese Überlegenheit zu erreichen oder zu erhalten.

- Durch welche Leistungsfaktoren heben wir uns positiv von unseren Mitbewerbern ab?

Sie sind in der Lage, dies klar und unmissverständlich zu benennen.

Einfacher Gegentest: Fast jedes Unternehmen kommt früher oder später in die Situation, eine Selbstbeschreibung verfassen zu müssen. Egal ob für eine Website, eine Broschüre oder ein Inserat. Woran kann es liegen, wenn Ihnen dies schwer fällt oder einfach nicht gelingen will? Woran kann es liegen, wenn auch eine gut dotierte Werbeagentur nicht in der Lage ist, den Punkt genau zu treffen? Harry Beckwith empfiehlt: Wenn Sie nicht in der Lage sind, innerhalb einer Woche ein überzeugendes Statement zu formulieren, warum jemand bei Ihnen kaufen sollte, worin Sie besser sind als Ihre Mitbewerber und worin der einzigartige Nutzen für Ihre Kunden liegt, sollten Sie aufhören, um eine Formulierung zu ringen, die endlich „den Punkt" trifft und sich wieder zurück an die Arbeit an Ihrem Leistungsangebot machen. (Beckwith, 2001)

Menschen durch eine überzeugende Geschichte gewinnen

In der Praxis trifft man oft auf Strategieaussagen, die nur aus Zahlen und Daten sowie aus abstrakten Statements zu strategischen Richtungen, Marktanteilen, Zielen, Stärken, Schwächen, Gefahren und Möglichkeiten bestehen. In manchen Unternehmen wird so versucht, die Unklarheit in strategischen Grundsatzfragen durch Power-Point-Folien mit Diagrammen, Schaubildern und Worthülsen zu kaschieren. Aber auch wenn ein Unternehmen die notwendige Klarheit hat, gewinnt man mit Power-Point-Folien noch keine Menschen. Es geht bei der Antwort auf diese vier Kernfragen für Unternehmen nicht darum, schöne Schaubilder zu haben, sondern darum, damit die Grundlage für gemeinsames Handeln zu schaffen. Meiner Erfahrung nach kann eine schlüssige und überzeugende Geschichte, die die strategischen Kernaussagen zu einem inspirierenden gemeinsamen Auftrag verknüpft, den Mitarbeitern mehr Orientierung über die zu bewahrenden und noch zu schaffenden Erfolgspotenziale vermitteln als die meisten Folien.

„Strategy doesn't only have to position, it also has to inspire. So an uninspriring strategy is really no strategy at all." (Mintzberg 2005)

Mintzberg weist darauf hin, dass „echte" Unternehmensstrategien immer mit lebenden Kunden, dynamischen Märkten und neu entstehenden Technologien zu tun haben und dass diese Strategien immer aus einem intensiven Wechselspiel und Kontakt mit dem Umfeld und der Situation entstehen.

Eine Strategie kommt aus dem richtigen Leben und ist für das richtige Leben gedacht, sie muss inspirieren, in dem Sinne, dass sie Menschen bewegt.

Strategie muss Menschen dazu anregen, die persönlichen Entscheidungen und Handlungen im Heute mit dem gemeinsamen Bild von der Zukunft zu verbinden, nach Weiterentwicklung zu streben, nach neuen Möglichkeiten zu suchen, eine gemeinsame Spur in der Welt zu hinterlassen. In diesem Sinne müssen die Antworten auf die vier Kernfragen durch eine Geschichte, die einen Sinn ergibt und inspiriert, verbunden werden. Wenn die Menschen in einem Unternehmen die Möglichkeit haben, mit ihren Beiträgen, Ideen und Entscheidungen ein lebendiger Bestandteil dieser Geschichte zu werden, wird diese Geschichte eine Quelle der Erneuerung von Sinn, Nutzen, und Selbstvertrauen darstellen. Eine Geschichte in diesem Sinne ist nichts, was einmal „geschrieben" wird, sie muss ständig fortgeschrieben werden und die Menschen müssen durch ihr Tun Teil dieses Fortschreibens werden können.

Ein schönes Beispiel für eine substanzielle Antwort auf die Fragen nach der Essenz des eigenen Wirkens liefert die bereits vorgestellte amerikanische Outdoor-Bekleidungsfirma patagonia.

patagonia schreibt seine Geschichte rund um die eigene Verpflichtung zu vier Kernwerten fort: soul of the sport (Seele des Sports) – environmental activism (aktiver Umweltschutz) – innovative design (funktionales Design) – uncommon culture (Trampkultur).

patagonia entwickelte sich aus einem kleinen Unternehmen, das damit begann Haken für Kletterer herzustellen. Der Alpinismus stellt auch heute noch das Herz des mittlerweile weltweit tätigen Unternehmens dar. patagonia produziert heute funktionelle Bekleidung für Kletterer, Bergsteiger, Touren-Skifahrer, Surfer, Fliegenfischer und andere Natur-Sportarten. Keine davon erfordert den Einsatz von Motoren oder den Applaus eines Publikums. Jede dieser Sportarten lebt von einzigartigen Momenten in der Natur.

Diese Liebe zur Natur mündet in einer Verpflichtung patagonias zum aktiven Umweltschutz, der sich unter anderem in recyclingfähigen Outdoor-Jacken, Bekleidung aus biologisch angebauter Baumwolle und der Unterstützung regionaler Umweltinitiativen zeigt. patagonia spendet seit 1985 jährlich 10 % des Profits oder 1 % des Umsatzes – je nachdem, was mehr ist – für den Umweltschutz.

Das Produktdesign ist durch Einfachheit und Funktionalität geprägt. Darin spiegelt sich die minimalistische Philosophie der Kletterer und Surfer wider, die das Unternehmen aufgebaut haben und deren Lebensstil auch heute die Firmenkultur prägt.

Trampkultur bedeutet für patagonia, dass der selbstständige Abenteurer wichtiger ist als der Massentourist, dass das Verrückte und Lebendige dem Abgeschliffenen und Angepassten vorgezogen wird und dass deshalb auch im Unternehmen die Besonderheit des einzelnen Mitarbeiters Vorrang vor kollektiver Gleichschaltung hat.

Der Gründer und Alleininhaber Yvon Chouinard erzählt Folgendes: „Die tägliche Arbeit bei patagonia musste Spaß machen. Wir brauchten flexible Arbeitszeiten, um surfen zu können, wenn die Wellen gut waren, um Ski zu fahren, wenn es gerade geschneit hatte, oder um zu Hause zu bleiben, wenn ein Kind krank war."

Zwischen Mitte 1980 und 1990 wuchs der Umsatz von patagonia von 20 Millionen Dollar auf 100 Millionen Dollar. Dann kam 1991 die Rezession in den USA, die auch patagonia traf und dem kontinuierlichen Wachstum ein Ende bereitete. patagonia war von einem geschäftlichen Wachstum abhängig, das in dieser Form nicht weiter aufrechterhalten werden konnte.

Chouinard nahm eine Handvoll führender Manager auf eine Wanderung ins wirkliche Patagonien in Argentinien mit. Während sie durch die wilde Einsamkeit streiften, fragten sie sich, warum sie in diesem Geschäft tätig waren und welche Art von Unternehmen patagonia künftig sein sollte. Sie sprachen über die gemeinsamen Grundwerte und Ideale, die sie unter dem Dach von patagonia zusammengeführt hatten.

Chouinard erzählt: „Wir wussten, dass unkontrolliertes Wachstum genau die Werte gefährdet, die patagonia bislang erfolgreich gemacht hatten. Diese Werte lassen sich nicht in einem Firmenhandbuch mit einfachen Patentlösungen ausdrücken. Was wir brauchten, war philosophische Anleitung und Klarsicht, um stets die richtigen Fragen zu stellen und die richtigen Antworten zu finden. Während unsere Manager die Schritte debattierten, um unsere Absatz- und Finanzprobleme zu lösen, begann ich damit, für unsere Angestellten einwöchige Seminare in Firmenphilosophie zu leiten. Wir fuhren jeweils mit einem Bus voll von ihnen hinaus in den Yosemite-Park oder zu den Marin Headlands oberhalb von San Francisco, zelteten draußen und versammelten uns im Schatten der Bäume, um zu reden. Das Ziel war, jedem Mitarbeiter unsere Umweltphilosophie und unsere ethischen Werte zu vermitteln." (Chouinard, 2005)

Chouinard versuchte in dieser schwierigen Phase seinen Mitarbeitern die Kernwerte von patagonia in Form einer Geschichte persönlich zu vermitteln, er ging hinaus und redete. Er delegierte die Verantwortung dafür weder an seine Manager noch gab er Handbücher heraus oder ließ Power-Point-Folien im Unternehmen verteilen.

Ich weiß als ehemaliger Einzelhändler und aus mehr als zehnjähriger Zusammenarbeit mit diesem Unternehmen, dass patagonia seine Geschichte lebt und dass sich diese auch auf die Kunden überträgt.

In der Praxis zeigt sich oft, dass versucht wird, die Strategie in Form einer einmaligen Ansprache zu vermitteln, das Beispiel von patagonia zeigt, dass das jedoch nicht reicht. Wenn jeder im Unternehmen eigenverantwortliche und sinnvolle Beiträge liefern soll, braucht es einen kontinuierlichen Prozess der gemeinsamen Auseinandersetzung mit der Strategie in Form strukturierter strategischer Dialoge und ständiger Thematisierung im täglichen Handeln. Der wichtigste Punkt ist dabei aber wahrscheinlich der, dass es nicht beim Reden bleiben darf – es muss gehandelt werden. Eine Strategie wird über die Zeit nicht durch Kommunikationshandlungen, sondern durch Handlungskommunikationen vermittelt, was bedeutet, dass über längere Zeit erkennbare – oder eben nicht erkennbare – Muster in den Handlungen und Entscheidungen die Strategie viel stärker kommunizieren, als Worte es vermögen. (Schmidt, 2004)

Vom Reden zum Tun

Wie Wittgenstein sagte, zeigt sich der Wille letztlich nur im Handeln. Ich habe anhand meiner Geschichte vom Normalweg hin zum Nordwand-Bergführer bereits aufgezeigt, dass es nur dann möglich ist, im eigenen Spielfeld einen sinnvollen Unterschied zu machen, wenn man sich fokussiert, den Fokus ständig im Auge behält und, wenn notwendig, erneuert. Auch für Sie und Ihr Unternehmen genügt es nicht, klare Antworten auf die essenziellen Strategiefragen gefunden zu haben, die Klarheit der Antworten muss sich im Handeln zeigen.

Folgende Impulse möchte ich Ihnen für das Handeln anbieten:

- Wählen Sie den Fokus Ihrer unternehmerischen Aktivitäten so, dass er ausschließlich innerhalb der Schnittmenge der vier Kreise liegt. Beginnen Sie nur mehr Dinge, die innerhalb dieser Schnittmenge liegen.
- Beenden Sie mehr und mehr bestehende Aktivitäten, die außerhalb dieses Bereichs liegen, und widerstehen Sie Versuchungen, die Sie zu neuen Aktivitäten außerhalb der Schnittmenge verlocken.
- Fragen Sie immer wieder nach der Essenz Ihres Wirkens: Was können wir besser als andere? Was unterscheidet uns? Was ist es eigentlich, was uns die Kraft für unser Tun verleiht – wozu sind wir hier?
- Ein metaphorischer Gedanke zum Schluss: Wagen Sie sich in Ihre Nordwand, weichen Sie nicht auf irgendwelche Normalwege aus.

Abb 6 – Vier Fragen für Unternehmen

Es versteht sich von selbst, dass je nach Größe und Art des Unternehmens auch in den unterschiedlichen Bereichen und Funktionen die Teil-Strategien und Orientierungsgrößen gebildet werden müssen, die in ihrem Zusammenwirken das erfolgreiche Überleben des Ganzen sichern. Welche inhaltlichen Festlegungen dazu notwendig sind, welche konkreten Aussagen zum Produkt-/Markt-Umfang, zu strategischen Richtungen und Aktivitätenbündeln sowie zu ökonomischen Messgrößen getroffen werden, hängt vom jeweiligen Einzelfall ab. Wesentlich ist, dass sich die Bereiche, Teams und auch die Einzelnen in den größeren Zusammenhang einordnen können und ein gemeinsames Bild und Verständnis davon haben, auf welchen zukünftigen Zustand sich das Unternehmen hinbewegt. Nur so können sie bestehende Erfolgspotenziale bewahren sowie nach neuen suchen und dazu beitragen, diese zu schaffen. Dieses gemeinsame Verständnis kann in der Regel nicht alleine mit Folien-Vorträgen erreicht werden. Es braucht dazu einen Prozess der gezielten Auseinandersetzung und Involvierung in geeigneten Dialogveranstaltungen sowie das Engagement der Führungsmannschaft, diese Auseinandersetzung zum unverzichtbaren Bestandteil ihrer Führungsaufgabe zu machen.

LITERATUREMPFEHLUNGEN

Gary Hamel: What matters now. Jossey-Bass 2012

Marcus Buckingham: The One Thing – Worauf es ankommt. Linde International 2006

Jim Collins: Der Weg zu den Besten. DVA 2001

Peter F. Drucker: Was ist Management? Das Beste aus 50 Jahren. Econ 2002

Hermann Simon: Die heimlichen Gewinner. Campus Verlag 1996

Drei Wege zum Erfolg: Beispiele aus der Praxis

„Was immer Du tun kannst oder zu tun träumst, beginne damit.
In der Kühnheit liegen Stärke, Zauber und Genie."
Johann Wolfgang von Goethe

Bisher habe ich gezeigt, wie Einzelne und Unternehmen Strategien für die Zukunft finden können: Erfolgreiche Strategien sind meist kein reines Produkt absichtsvoller und deterministischer Planung, sondern bilden sich im Lauf der Zeit heraus und bleiben offen für günstige Zufälle. Wichtig im Prozess der Strategiebildung ist es, das optimale Wirkungsfeld für das Unternehmen zu finden und sich dieses Feld Schritt für Schritt bis in die feinsten Verästelungen zu erschließen (Einsteigen und ins Ungewisse aufbrechen). In diesem Erkundungsprozess kommt es darauf an, unterschiedliche Blickwinkel einzunehmen, einerseits tief in die Materie einzutauchen, andererseits den großen Überblick zu gewinnen (Neu Hinschauen). Im weiteren Verlauf dieses Prozesses kann es notwendig sein, sich von Altem zu trennen, um fokussiert und konzentriert auf das Neue zugehen zu können. Beim Alten kann es sich sowohl um mentale Modelle oder um alte Vorstellungen handeln, als auch um alte Strukturen, überholte Geschäftsaktivitäten im Großen oder Produktmerkmale im Kleinen (Loslassen und Verzichten). Mehr und mehr werden sich die Herausforderungen der Zukunft nur gemeinsam mit Partnern bewältigen lassen. In diesem Prozess sind je nach Situation Führungsteams, bereichsübergreifende Zusammenarbeit oder Partnerschaften im Netzwerk gefordert (Wollen statt Wünschen). Die Dynamik unserer Zeit bringt es mit sich, dass Planungsgrundlagen niemals vollständig sein können und gleichzeitig die notwendige Umweltstabilität für eine plangetreue Umsetzung der Vorhaben fehlt. Sowohl für Einzelne als auch für Unternehmen wird daher die Fähigkeit immer wichtiger, flexibel vorzugehen sowie günstige Gelegenheiten zu erkennen und zu nutzen. Es wird in Zukunft stark darum gehen, absichtsvolles und offenes Vorgehen miteinander zu kombinieren und die schwachen Signale zu erkennen, die auf günstige Gelegenheiten hinweisen (Ziele kommen lassen). Mehr und mehr wird der Erfolg in der Zukunft auch davon abhängen, ob sich Einzelne oder Unternehmen mit ihren Leistungsangeboten positiv von ihren Mitbewerbern abheben und einen neuen, überlegenen Nutzen stiften können (Nordwand statt Normalweg).

Nachdem ich nun schon zentrale Gedanken des Nordwand-Prinzips dargelegt habe, scheint es mir angebracht zu sein, einen Praxis-Check zu vollziehen. Die folgenden drei Unternehmensbeispiele habe ich ausgewählt, weil sie unabhängig von meinen Erfahrungen aufzeigen, wie Manager und Unternehmer sich mit ihren Organisationen auf ihre Expedition ins Ungewisse (siehe Kapitel „Gegenverkehr beim Seiltanzen") begeben haben und wie die strategischen Prinzipien in der Praxis funktionieren.

Im ersten Beispiel schildert ein Einzelunternehmer, wie es dazu kam, dass er mit seinen außergewöhnlichen handgeschöpften Schokoladen heute die ganze Welt verwöhnt: Sepp Zotter. Im zweiten Beispiel blicken wir über den Tellerrand der Wirtschaft hinaus und in eine andere Disziplin hinein. Ein Naturwissenschaftler berichtet über die neuesten Ergebnisse der Chaosforschung, und wie man analog zur Natur Selbstorganisationsprinzipien in der Unternehmensführung anwenden kann: Prof. Dr. Heinz-Otto Peitgen ist langjähriger Institusleiter von Fraunhofer MEVIS, Gründer und Aufsichtsratsvorsitzender der Mevis Medical Solutions AG und ab 2013 Präsident der Jacobs University in Bremen. Im dritten Beispiel zeigt einer der ganz wenigen Manager und Vollblutbergsteiger in Personalunion Parallelen zwischen Bergsteigen und Management auf: Prof. Friedrich Macher, CEO der GRAMPETCARGO Austria.

Die süßen Seiten des Lebens: Schokoladen-Manufaktur Zotter

Der Erstkontakt mit Zotter findet lange vor dem persönlichen Kontakt statt. Im Feinkostladen um die Ecke entdecke ich außergewöhnliche Schokoladen-Variationen. Die erste Versuchung, der ich erliege, ist die Chili-Schokolade, es folgen Fenchel-Orange, Bergkäse-Walnuss-Trauben, Sellerie-Trüffel-Portwein. Hanf und Mokka macht mich dann endgültig süchtig.

Ich treffe Sepp Zotter in seiner Schokoladen-Manufaktur in den Hügeln des oststeirischen Hügellandes. Sein Büro liegt wie eine kleine Kapitänsbrücke über der Produktion und ist vollgeräumt mit Unterlagen und einem Sammelsurium an Flaschen, Behältern, Pulvern und Gewürzen. Sepp Zotter beginnt zu erzählen:

„Ich bin seit zwanzig Jahren Unternehmer und begann mit einer Kaffee-Konditorei. Ich habe sehr unkonventionelle Mehlspeisen, die es vor mir nicht gegeben hat, gemacht und dann vier Filialen innerhalb von drei Jahren in atemberaubender Geschwindigkeit eröffnet. Durch den schnellen Erfolg sah ich keine Gefahr mehr. Doch dann passierten ein paar unvorhergesehene Dinge, eins ergab das andere, und ich kam in Schwierigkeiten. Genau in der schwierigsten Zeit habe ich die Schokolade erfunden, soll heißen, die Art, wie wir sie produzieren und was Zotter heute ausmacht. Ich war so begeistert von meiner Vision, was ich da in Zukunft tun werde. Genau in dieser schwierigen Phase, wo von Bankenseite aus niemand mehr an irgendetwas Positives geglaubt hat. Auf der einen Seite hatte ich die Vision mit der Schokolade, auf der anderen Seite die vier Filialen am Hals, die ich nicht mehr wollte.

Ich habe dann eine Filiale nach der anderen innerhalb von einem Jahr zurückgekürzt. Das war natürlich eine schwierige Zeit, weil ich vorher immer der Sieger, der Tolle und der Superwuzzi war. Ich bin dazu gestanden: Ich habe den Fehler gemacht, habe zu schnell expandiert und jetzt müssen wir das korrigieren. Ich begann damals mit der Schokolade stärker zu experimentieren. Natürlich standen dann wieder Investitionen an, und da war ich nun natürlich vorsichtiger. Ich hatte daneben noch meine Stamm-Konditorei, die wirklich florierte. 1999 war dann eine ganz schwierige Entscheidung zu treffen, nämlich aus der Konditorei auszusteigen, das volle Risiko auf mich zu nehmen und auf die Schokolade zu setzen, die damals noch nicht wirklich existierte. Wir haben das gemacht, verkauften die Konditorei und fingen mit zwei Mitarbeitern am neuen Standort an.

Die Entscheidungsgrundlage dafür war meine Vision: Ich hatte mit der Schokolade ein Produkt in der Hand, von dem ich wusste, dass es weltweit funktionieren könnte. Aus dem Lernprozess heraus weiß ich, dass man nicht viele Dinge gleichzeitig machen kann und soll. Du kannst auch nicht beim Bergsteigen am Seil in der Wand hängen und Fußball zu spielen beginnen. Du musst dich auf das Wesentliche konzentrieren. Ich habe mir gedacht, es wäre gut, wenn ich mich auf die Schokolade konzentriere, auf die Herstellung und das Marketing, dann könnte das funktionieren.

Das war der goldene Schritt in meiner Karriere. Ich begann mit zwei Mitarbeitern, mittlerweile ist das Unternehmen auch schon wieder auf mehr als fünfzig Mitarbeiter angewachsen und unserem Unternehmen geht es sehr, sehr gut.

Es war die Zeit, wo das Internet aufkam und so viele Dinge im Aufbruch waren, als ich draufkam, dass man das alles nicht mehr aufnehmen kann. Ich hab damals Fachzeitschriften gelesen, das Internet gehabt, Fernsehen geschaut, mein Unternehmen geführt, meine Kunden betreut, und irgendwann dachte ich: Ich werde wahnsinnig, ich schaffe das alles nicht. Ich habe mich dann einmal in Ruhe hingesetzt und mich gefragt: Was brauche ich eigentlich alles nicht? Meine Kunden brauche ich und mein Unternehmen brauche ich, weil ich sonst nicht überleben kann. Brauche ich einen Fernseher? Was bringt mir das, wenn ich keinen Fernseher habe – es bringt mir pro Tag zwei Stunden (!) für die Familie, es ist ja auch wichtig, dass man hier einen starken Rückhalt hat. Zuerst habe ich einmal alle Zeitschriften-Abos abbestellt. Wir lesen ja nur mehr die Überschriften und wissen eigentlich nichts mehr. Es gibt seit damals nur mehr eine Zeitung, das Radio, einen Internetanschluss, aber keinen Fernseher. Und siehe da: Plötzlich war wieder Zeit da. Wir haben wieder über Dinge geredet, und damit bin ich wieder aufs Wesentliche gekommen. Vorher dachte ich, dass ich Fachzeitschriften lesen muss, weil ich ja sonst was versäumen könnte. Ich bin draufgekommen, dass ich das nicht muss, dass ich mich damit beschäftigen muss, was mir wichtig ist und was ich tun kann, und mehr nach meiner Intuition arbeiten muss.

Jetzt bleibt mir wirklich Zeit. Ich komme um acht und gehe um sechs, nur selten dauert's länger. Und siehe da, uns gelingen neue Produkte, schräge Kreationen, unkonventionelle Überlegungen. Es gibt manchmal Zeiten, da musst du über eine Sache drei Stunden konzentriert nachdenken. Manche sagen: Das gibt's ja nicht, wer braucht denn drei Stunden? Es ist aber so. Man muss Dinge manchmal hinterfragen, und oft ist es wichtiger, drei Stunden in die Luft zu schauen und nachzudenken, als hundert Stunden zu arbeiten wie ein Irrer.

Wie komme ich zu Ideen? Ich habe Ideen, weil ich Zeit habe. Ich experimentiere – schauen Sie, um mich herum, das sind nur Rohmaterialien, mit denen ich experimentiere. Weine, Schnäpse, Öle, Essige, irgendwelche Pulver – diese Dinge schaue ich immer an und plötzlich kommen Blitzideen. Und diese Blitzideen kommen bei mir ins Ideenbuch. Alles, was mir einfällt, schreib ich da rein. Einfach nur so. Pro Jahr kommen so an die 300 bis 400 Ideen zusammen. Die geben noch nicht viel her, die sagen noch nichts über die Umsetzbarkeit aus. Und dann, wenn ich mein neues Sortiment machen muss, dann gehe ich her und bediene mich der Ideen in diesem Buch. Hier zum Beispiel steht: „Weihrauch-Schokolade" – mein Gott, was war das? Was habe ich mir damals gedacht? Weihrauch? Manchmal mache ich mir auch eine Notiz dazu – oder hier: Parmesan, Ginseng und Erdnuss. Und dann wird die Idee breiter und bekommt Substanz. Ich gehe dann her und mache ein Rezept, und dann wird eine neue Schokoladensorte draus.

Jede Schokoladensorte hat ihr eigenes Leben, ihre eigene Struktur, ihre eigene Konsistenz und schmeckt anders, und das ist mir wichtig. Ich werde auch kritisiert und bekomme böse Mails: Einer schrieb mir, dass ich einen Psychiater brauche, weil das so was von irr ist, was er gegessen hat: Es war eine Schweinsgrammel-Schokolade. Und er war Vegetarier und hat das mit den Grammeln vorher nicht gewusst! Wenn so etwas passiert, dann weiß ich, man reizt irgendetwas. Ich werde lieber geliebt oder gehasst, ich mag nicht ein bisschen geliebt werden, das taugt mir nicht.

Ich möchte, dass in den Produkten Zotter drinnen ist, wenn Zotter draufsteht, das ist die Seele des Produkts. Ich kann mich nur dadurch abheben, dass ich mich so viel als möglich auf meine Idee fokussiere. Ich lasse mich sonst von nichts beeinflussen. Das ist das Geheimnis von Zotter. Fokus, nicht links, nicht rechts schauen und sich nicht davon beeinflussen lassen, was die Konkurrenz macht. Wenn man sich mit der Konkurrenz beschäftigt, ist das verlorenes Hirnschmalz. Es ist doch viel sinnvoller, sich um das Produkt zu kümmern und sich zu fragen: Wie kann ich mich abheben und wie kann ich anders sein – als seine Zeit mit der Konkurrenz zu verschleudern.

Denn der Mitbewerb geht meistens her und sagt: Was macht dieser und jener und das mache ich jetzt auch. Ich schaue mir irrsinnig viele Produkte an und habe auch alle Schokoladen hier, die es vom Mitbewerb gibt, aber ich habe sie nur deswegen da, um nicht noch einmal dasselbe zu machen, sondern um zu sagen: Okay, das gibt es schon, das brauche ich jetzt nicht mehr zu machen. Die meisten machen das verkehrt, die schauen sich nur andere Betriebe an und sagen, Wahnsinn, hast du den Ablauf schon gesehen, und machen das dann nach.

Wir haben jeden Tag 500 bis 600 Leute hier, insgesamt 80.000 Besucher im Jahr, und bei unseren Führungen lassen wir die Leute alles miterleben. Bei uns kann jeder alles kopieren, wenn er will. Jeder kann unsere Abläufe abschauen. Aber der Geist, der lässt sich nicht kopieren. Das Know-how kann man nicht sehen, das ist woanders.

Verkostungskultur, so wie wir das praktizieren, gibt es in der Form nicht. Es gibt schon so Manufakturen, die das auch machen, aber das sind immer nur Schaubetriebe. Da geistern dann zwei blütenweiße Menschen herum und machen alles richtig. Ich habe gesagt: Nein, das wollen wir nicht. Wir zeigen unseren Betrieb so, wie er ist. Und wenn dahinten ein Schokoladetopf umfällt, dann fällt er eben um. Von meinem Büro aus höre ich die Besucher oft schreien, wenn was passiert. Ich denk mir dann: Super, die Leute nehmen was mit, da passiert irgendetwas. Und im neuen Betrieb gehen wir noch einen Schritt weiter: Da kann man direkt in die Herstellung hineinwandern.

Ich plane nicht, wir haben keinen Businessplan, obwohl wir große Investitionen machen. Ich musste jetzt einmal einen Businessplan machen, weil ich ihn für was anderes gebraucht habe. Es war ein Horror für mich, weil ich mir sagte: Das sind ja alles Fiktionen, das kann alles sein, muss aber nicht. Es gibt halt nichts Fixes.

Ich bereite mich auf die Zukunft vor, indem ich jeden Tag daran arbeite, das Produkt zu verbessern, jeden Tag. Es gelingt mir aber nicht jeden Tag. Manchmal gibt es klarerweise auch Rückschritte. Aber wir bemühen uns zumindest, und ich glaube, wir sollten nicht in Jahren denken, sondern an morgen. Wenn Sie mich jetzt fragen, wo wird die Zotter-Schokolade in drei Jahren sein? Ich weiß es nicht! Ich kann das überhaupt nicht sagen, weil ich mich jeden Tag inspirieren lasse, und wenn ich heute eine Idee habe und mir denke, ab morgen gehe ich in eine andere Richtung, dann mache ich das einfach.

Man kann die Zukunft nicht vorhersagen, aber Trends gibt es schon, die spürt man. Als ich vor fünfzehn Jahren sagte, ich möchte Schokolade produzieren, weil ich sah, dass es nur mehr Massenprodukte gab, war das auch ein Trendforschen. Wenn heute einer sagt, wo gibt es denn noch Marktlücken, dann sage ich: Die Welt ist voll von Marktlücken, das ist wie eine Bienenwabe, so viele Löcher gibt es. Man kann natürlich auch Pech haben, das ist schon klar, aber die Chancen und Möglichkeiten überwiegen. Viele verwechseln Marktlücke mit Geld verdienen. Das sehe ich problematisch, wenn man das Geldverdienen im Fokus hat, dann geht es in eine falsche Richtung. Ich habe noch nie an Geldverdienen gedacht. Ich habe immer gesagt, ich möchte gute Produkte machen, ich möchte, dass die Menschen was von meinen Produkten haben, und diese Überzeugung ist letztendlich auch aufgegangen."

Auch wenn in dieser Geschichte Sepp Zotter im Mittelpunkt steht, so ist der Erfolg der Zotter-Schokoladen, wie er betont, auf seine Seilschaft mit seiner Frau Ulrike sowie dem Künstler Andreas Gratze, der die einzigartigen Verpackungen gestaltet, zurückzuführen. Dass er Verantwortung für das Ganze übernimmt zeigt die konsequente Produktion auf Basis fair gehandelter Rohstoffe, wie Kakao und Rohrzucker. Zotter-Schokoladen werden heute weltweit exportiert (www.zotter.at). Neben den unübersehbaren Fähigkeiten Sepp Zotters, neu hinzuschauen, loszulassen und zu verzichten sowie Ziele kommen zu lassen, ist er ein Paradebeispiel eines Unternehmers, der sein Spielfeld gefunden hat und einen sinnvollen Unterschied macht. Das merken Sie spätestens dann, wenn Sie die erste Schokolade von ihm probiert haben.

Grenzgänge zwischen Wissenschaft und Wirtschaft: Prof. Dr. Heinz-Otto Peitgen

Ich lernte Prof. Dr. Heinz-Otto Peitgen 2009 bei einer gemeinsamen Vortragsveranstaltung für Manager kennen. Folgende Aussagen von ihm beschäftigten mich seither immer wieder: 1.) Chaos ist der Verlust der praktischen Vorhersagbarkeit in Anwesenheit eines gültigen Gesetzes. 2.) Im Chaos haben ungefähr die gleichen Ursachen nicht ungefähr die gleichen Folgen. 3.) Die Natur regelt und codiert nur das, was tatsächlich geregelt werden muss: Randbedingungen innerhalb derer selbstorganisierte Vielfalt sich selbst bilden kann. Als Institutsleiter von Fraunhofer MEVIS erforscht Professor Peitgen einerseits naturwissenschaftlich die Prinzipien der Selbstorganisation und die Muster des Chaos, um die daraus gewonnenen Erkenntnisse für bildgebende Verfahren in der Chirurgie nutzbar zu machen, andererseits integriert er diese Erkenntnisse als Führungskraft in seinen betrieblichen Alltag.

Ich treffe ihn in Bremen zu einer spannenden Gedankenreise, die uns über die Disziplinengrenzen von Wissenschaft und Wirtschaft hinweg führt.

Rainer Petek: Heinz-Otto, ich finde deine Aussage, die Natur regle nur das, was geregelt werden muss, wie beispielsweise Randbedingungen, innerhalb derer sich Vielfalt selbstorganisiert entwickeln kann, äußerst interessant. Warum glaubst du, ist das Thema Selbstorganisation für Organisationen relevant?

Prof. Dr. Heinz-Otto Peitgen: In den letzten Jahrzehnten entwickelten sich die Naturwissenschaften in zwei Strängen. Der eine Strang deckt immer mehr geregelte Systeme auf, etwa im molekulargenetischen Bereich, der andere Strang findet immer mehr selbstorganisierte Organismen. Aus meiner Sicht bedeutet das, dass Natur eine Dualität hat, nämlich die Dualität Regelung, sprich Setzung, und Selbstorganisation. Jetzt könnte man fragen: Wie ist das Verhältnis der beiden zueinander? Was überwiegt? Was ist wichtiger? Ich glaube jedoch, dass diese Frage nicht sehr sinnvoll ist. Entscheidend für die Natur ist ja ihre Überlebensfähigkeit, und da zeigt sich, dass diese Dualität irgendwie austariert ist. Der Beweis wird durch die Tatsache, dass Natur existiert und weiterexistiert, praktisch täglich gegeben. Dass Natur sich anpasst und immer wieder neue Lösungen findet, ist offenbar ein raffinierter, von uns überhaupt noch nicht verstandener Ausgleich zwischen diesen beiden Grundpositionen Setzung und Selbstorganisation. Das ist wahrscheinlich das wirkliche Geheimnis der Natur. Der mechanistische Ansatz glaubt, wir könnten durch Naturwissenschaft immer tiefer in die Natur reingucken, sie immer genauer in kleinere Subeinheiten zerlegen, immer mehr Sätze und Regelmechanismen finden. Doch dieser Glaube kommt nicht an ein gutes Ende, weil klar ist, dass die Prinzipien der Selbstorganisation da sind und diese unabhängig von den filigranen Regelnetzwerken funktionieren.

Wenn wir in die Gesellschaft reingucken, sehen wir, dass wir diese Dualität – wahrscheinlich unbewusst – von der Natur übernommen haben. Nach unserem heutigen Verständnis von Gesellschaft funktioniert diese nur, wenn sie zwei Elemente hat: Einerseits müssen wir für ganz wichtige Dinge eine Planung und eine Codierung machen, nämlich Gesetze. Aber wir müssen auch darauf achten, dass diese Planung und Codierung von Gesetzen so viel Freiraum lässt, dass die Gesellschaft nicht erstarrt, sondern sich entwickeln kann.

Schauen wir mal auf eine Firma. Wenn diese ein einfaches mechanisches Produkt herstellt, eine Dose oder einen Hammer beispielsweise, lässt sich das sehr gut beschreiben. Weil man es sehr gut beschreiben kann, liegt es nahe, das Produkt so zu strukturieren, dass man es optimal herstellen und verkaufen kann. Eine fast nahezu vollständige Setzung, oder Regulierung, ist in diesem Fall machbar. Ich schreibe hin, was ich brauche: Holz, um den Stiel zu machen, Eisen, um den Hammer zu machen, dann brauch ich die Leute, die das herstellen, verpacken und verkaufen. Das ist alles relativ einfach zu beschreiben, daher machbar und deshalb auch gemacht worden.

Wenn wir jetzt in ein modernes, großes Unternehmen gucken, stellen wir fest, dass dieses eine Komplexität hat, die um Größenordnungen – sprich um Zehnerpotenzen – höher ist. Hier stößt diese vollständige Durchplanbarkeit und Durchbeschreibbarkeit aller Abläufe an ihre Grenzen oder ist überhaupt nicht mehr möglich. Hier liegt es nahe zu sagen: Ich setze oder regle das, was geregelt werden muss, und überlasse andere Teile den Prozessen der klugen Selbstorganisation, weil ich gar nicht anders kann. Das gewinnt besondere Bedeutung, wenn das, was die Firma vorhat, dynamisch ist. Wenn zu der Komplexität, die von der Struktur her da ist, noch eine dynamische Komplexität auf der Zeitachse kommt, wenn beispielsweise die Anforderungen und Voraussetzungen sich ändern oder die Ergebnisse sich ändern müssen. Wenn das alles hinzukommt, ist es noch fraglicher, ob hier eine Feinsteuerung möglich ist. Dann ist man zwangläufig in der Lage, dass man die Selbstorganisation zulassen muss, da man Feinsteuerung im vollständigen Sinn in so komplexen Systemen gar nicht denken und handhaben kann.

Das wirklich Spannende an der Chaosforschung ist, dass wir Methoden entwickelt haben, die uns erlauben zu erkennen, ob wir in einer gesetzten oder in einer selbstorganisierten Situation sind. Das finde ich revolutionär, und es steht im Gegensatz zum klassischen naturwissenschaftlichen Denken. Klassisches Denken heißt: Ich habe ein Ziel, ich gehe zu den Voraussetzungen, die dafür nötig sind, und wenn ich die habe, wird daraus dieses Ziel ableitbar sein. Das klassische Denken kommt aus dem sturen, mechanistischen Denken, das sagt: Wenn ich eine große Sache mit großer Komplexität vor mir habe, dann kann ich diese vollständig in die kleinsten Uhrrädchen zerlegen und erkennen, wie diese zusammen ticken. Damit ist die Sache erledigt, dann brauche ich die Uhr nur noch zu bauen, auch wenn das Bauen vielleicht mühsam ist, wird die Uhr laufen. Das neue Denken sagt: Kann so sein, kann aber auch ganz anders sein.

Petek: Dazu fallen mir folgende Dinge ein: In meinen Beratungsprojekten erlebe ich sehr oft so etwas wie ein selbstorganisiertes Funktionieren in Organisationen, man könnte auch sagen, ein funktionierendes Chaos. Vielfach treffe ich auf Führungskräfte, die diesen Zustand als defizitär empfinden. Sie versuchen, Schritte zu setzen, um das Ganze zu steuern, und riskieren damit, eine reichhaltige Kultur im Unternehmen zu beschädigen oder zu zerstören. In der Krise vor zwei Jahren beobachtete ich, dass der spontane Impuls in Richtung strikte Vorgabe ging. Die Führungskräfte stellten nicht auf ein komplexitätsgerechteres Steuerungsverständnis, also Selbstorganisation, um, sondern machten genau das Gegenteil. Wenn ein Bergsteiger über eine glatte Stelle geht, muss er sich vom Hang weglehnen, damit er nicht runterfällt, und darf sich nicht ängstlich zum Hang hinlehnen, weil er dann wegrutschen könnte. Die Führungskräfte lehnten sich in der Krise aber nicht weg vom Hang, sondern eher zum Hang hin.

Zum Thema Selbstorganisation im Unternehmen stellt sich überdies die Frage: Wenn man diesen Weg einschlägt, wie kann man feststellen, ob man am richtigen Weg ist? Ich mache die Erfahrung, dass Iteration hier eine wichtige Rolle spielt, das heißt, sich immer wieder die Frage zu stellen: Sind wir am richtigen Weg? Kommen wir hier zum Ziel? Sich ständig zu hinterfragen kann schon ein Korrektiv darstellen.

Peitgen: Ja, ich glaube, das sind ganz schlaue Überlegungen. Die Vorstellungen, die wir alle haben, ob wir wollen oder nicht, sind tiefbeladen von unserer Vergangenheit und Erfahrung. Und in der Vergangenheit wurde die Auseinandersetzung mit Welt und Natur immer rein mechanistisch aufgebaut. Mechanistischer Aufbau heißt, dass ich das Gesamtsystem in seinem Zusammenspiel der Teile vollständig verstehe. Wie ich schon darlegte ist dies das Bild der klassischen Produktionsstraße. Im Gegensatz dazu steht diese andere Natursicht, über die wir eben sprachen. Hier wird klar: So wie es sich der mechanistische Ansatz vorstellt, funktioniert Natur nicht. Da ist zwar viel gesetzt und viel geregelt, aber es gibt diese Elemente der Selbstorganisation, die die Natur erst robust machen. Und hierher passt der Gedanke der Iteration, den du aufgebracht hast: In jedem Zeitschritt passt sich das System der Situation neu an, nicht denkend oder optimierend, sondern eben nach Mechanismen der Selbstorganisation. Insofern würde ich dir zustimmen, dass für eine betriebliche Organisation das iterative Denken ungeheuer nützlich wäre. Nämlich die Herausforderung anzunehmen und zu sagen: Wir können zwar den Prozess einmal vollständig vom Ziel zu den Voraussetzungen denken und abbilden, aber wir wissen, dass wir ihn nicht wirklich linear durchfahren können. Wir müssen in bestimmten Zeitschichten immer wieder gucken, vergleichen und uns auch die Freiheit geben, den Prozess wieder neu aufzusetzen. Vielleicht dauert so ein Zeitschritt eine Woche, einige Monate oder Jahre, das hängt sicher von der Situation ab. Aber in jedem Zeitschritt sollten wir wieder diese Auseinandersetzung und diesen Abgleich zulassen. Das wäre jetzt aber schon innerhalb der Selbstorganisation.

Das iterative Denken steht einem anderen Bild vollständig diametral gegenüber: dem Bild der Qualitätssicherung. Hier haben wir als wesentliche Elemente wieder Ziel, Voraussetzung und Prozess, und in diesem Prozess gilt es zu prüfen, ob ich Abweichungen habe. Habe ich Abweichungen, gilt es diese zu analysieren und das System wieder in den Normzustand zurückzuschieben. Das Qualitätsmanagement, das heute überall gebräuchlich ist und das Denken beherrscht, ist im Grunde eine Verstärkung des alten mechanistischen Denkens samt einer kleinen Ausweitung. Man sagte: Ja, es ist leider so, dass die Pfade von den Voraussetzungen zu den Zielen nicht genau eingehalten werden. Da passieren kleine Unfälle, da gibt es Abweichungen, man muss sie feststellen und das System wieder in die Spur zurück drücken. Was du jetzt mit dem iterativen Denken vorschlägst, und was ich auch unterstütze, wäre, zu sagen: Nein, das mache ich nicht so, ich mache Qualitätsmanagement anders. Ich besinne mich darauf, was der bessere Weg ist, und drücke die Abweichungen nicht wieder gewaltsam in eine alte Spur, weil dieses Vorgehen verhängnisvoll ist, aufgrund der Kosten, der neuen Gegebenheiten oder was auch immer.

Petek: Die Unterscheidung zwischen der Arbeit an einem belebten oder unbelebten Objekt kann da hilfreich sein. An einem unbelebten Objekt hat das Thema Qualitätsmanagement ohne Zweifel gewaltige Fortschritte gebracht.

Peitgen: Hier hat es Fortschritte gebracht, absolut, beispielsweise im Bereich Automobilbau oder Flugzeugbau.

Petek: Meine Erfahrung in Beratungsprojekten zeigt, dass unter Umständen enorm viel Setzung, also Bestimmtheit und Entschiedenheit, notwendig ist, um das System überhaupt auf Selbstorganisation umzustellen. Ich möchte hier als Beispiel die Großgruppenmethodik Open Space anführen, die ganz selbstorganisiert ist. Manchmal müssen ich und meine Beraterkollegen die Leute ganz bestimmt und entschieden in dieses Setting hineinführen. Nur selbst organisiert, würden die Mitarbeiter in diese Methodik gar nicht hineinkommen, denn der Reflex des System wäre: Hoppla, unbekannt, Risiko; nein, wir machen das lieber nach einem alten Strickmuster. Daraus ergibt sich die spannende Frage: Wie kriegt man es hin, dass ein Manager weiß, was er setzen muss, und dann auch vermittelt, was in dieser Setzung an Selbstorganisation erwartet wird, notwendig und erwünscht ist.

Peitgen: Meine Erfahrung ist, dass es in der Praxis auch das intelligente Experiment sein kann, womit man dies herausfindet. Also ein permanentes, durchdachtes Versuchen, Ausprobieren, Iterieren, Immer-wieder-Dranbleiben, auf das Menschsein gerichtet, unterstützend.

Petek: Ja, genau. Ich glaube, der Mitarbeiter soll nicht alleine herausfinden müssen, was an Selbstorganisation nötig ist und was dabei von ihm erwartet wird, sondern die Führungskraft soll ihn immer wieder auf das Thema der Selbstorganisation hinweisen und dies auf Augenhöhe tun. Die Rolle der Führungskraft entwickelt sich dabei weg von einer anweisenden Position, hin zu einer unterstützenden Rolle, die ich Supportive Leadership nenne.

Peitgen: Das erfordert wiederum von allen Verantwortlichen, das in einer sehr intensiven Weise umzusetzen, im Sinne von: Also hör mal, von dir wird erwartet, dass du dich selbst vernetzt, wenn du Fragen hast, selbst herausfindest, wem du die Fragen stellst. Du kannst davon ausgehen, dass der Mitarbeiter, von dem glaubst, dass er dir bei dieser Frage helfen kann, dir auch hilft. Dann müssen natürlich die, die hinter den Türen sitzen, sich auch so verhalten, sonst fällt das sofort wieder zusammen. Wenn der Mitarbeiter von der Führungsebene hört: Nicht jetzt, komm morgen wieder oder vielleicht nächste Woche, dann ist das Prinzip der sogenannten Selbstorganisation nur Papperlapap. Dann wird es nicht gelebt.

Petek: Für mich als Berater stellt sich die Frage, ob das Thema Selbstorganisation für Unternehmen angesichts der Komplexität der Herausforderungen, die auf uns zukommen, nicht das Steuerungskonzept ist, auf das man sich in irgendeiner Form hin entwickeln sollte. Und meine These ist, dass sich mit der Internetgeneration ein ganz neuer Menschentyp entwickelt. Das sind Leute, die sich nicht einfach von irgendwem etwas sagen lassen, nur weil er in einer Organisation Weisungsbefugnis hat.

Peitgen: Ich glaube, die Antwort ist da ganz klar: Dieser neue Menschentyp wird in einer Organisation der alten Art nicht leben können und wollen. Wenn sie guten Nachwuchs haben wollen, werden Unternehmen sich vielleicht schon deshalb in Zukunft ändern müssen. Sie werden den Jungen ein Modell anbieten müssen, das partizipativer und selbstorganisierter ist, denn der Wettbewerb um gute Mitarbeiter ist das Entscheidende in den Organisationen. Da kommt eine Generation mit völlig anderen Wertvorstellungen, die auch anders geführt werden will.

Petek: Aus meiner Sicht wird es dazu eine völlig neue Form des Führens brauchen und Führungspersönlichkeiten, die aus einem ganz anderen Selbstverständnis heraus agieren. Wie siehst du das?

Peitgen: Die neuen Anforderungen werden einen neuen Typ von Mensch als Führungskraft verlangen, der aus einem veränderten Selbstbewusstsein heraus agiert. Nicht aus dem Selbstbewusstsein der Überlegenheit, sondern aus einem Selbstbewusstsein, das vielleicht noch gar nicht richtig beschreibbar ist. Dazu stellen sich jedoch einige Fragen: Wie kann man beispielsweise einem Vorgesetzten die Angst nehmen, dass er sich in einem solchen, anderen Führungsprozess nicht jeden Tag in Frage gestellt fühlt, sondern sicher. Wenn er Angst hat und sich unsicher fühlt, kann es sein, dass er emotional gegenreagiert und das alte Selbstbewusstsein der Überlegenheit wieder zutage tritt. Wenn das passiert, ist es fatal, weil das Team spürt: Der Vorgesetzte sagt etwas, aber er handelt anders.

Im alten hierarchische System spricht der Chef mit seinem Untergebenen, und wenn die Chemie zwischen beiden überhaupt nicht stimmt, macht das nicht so viel, weil sowieso klar ist: Der Chef sagt, was Sache ist, und ich muss das ohnehin machen. Für das Funktionieren des alten Systems kommt es darauf an, dass der Businessplan stimmt, das Produkt stimmt und der Markt stimmt, und dann läuft das schon. Und wenn es läuft, dann kann man all die Dinge ertragen.

In dem neuem System spielen die Emotionen, die Chemie und all diese Dinge, die unterhalb des rationalen Bewusstseins liegen, eine ganz tragende Rolle. Denn hier soll die Produktivität dadurch entstehen, dass das ganze Team miteinander kann, also die selbstorganisierten Prozesse sich wirklich Bahn brechen. Und wenn ich in einem selbstorganisierte Netz bin, hab ich im Bewusstsein, dass ich alles dafür tun muss, damit dieses filigrane Netz erhalten bleibt. Also reagiere ich wahrscheinlich sensibler, zurückhaltender, vorsichtiger, auf den anderen zugehend, weil es produktiv für uns alle ist. Dies muss in einem Transformationsprozess gelernt werden, wo ich aus dem alten Denken herauskomme und mir neue Praktiken aneigne.

Petek: Ich habe das Gefühl – das deckt sich sehr stark mit den Erfahrungen, die ich beim Führen am Berg hatte –, dass, je extremer die Situation, je größer die Herausforderung, je größer die Notwendigkeit, gemeinschaftlich Leistung zu erbringen, desto wesentlicher ist es, dass sich die gefühlte Asymmetrie zwischen der Führungsfunktion und jemandem, der geführt wird, von steil auf eher flach verlagert. Nehmen wir beispielsweise das Thema Ziele her: Im alten System ist Zielvereinbarung zumeist nur eine Umschreibung für das Durchreichen von von oben vorgegebenen Zielen nach unten. Im neuen System ist es vielleicht so etwas wie ein gemeinsamer Entdeckungsprozess auf Augenhöhe.

Peitgen: Ich möchte hier das Beispiel Mitarbeitergespräch anführen, das bei uns schon so weit entwickelt ist, dass genau dieser Dialog auf Augenhöhe passiert. Das Mitarbeitergespräch wird größtenteils vom Mitarbeiter geführt, und nicht nur von ihm, sondern auch von den Menschen, die er um sich hat und in dem Gespräch um sich haben will. Der Mitarbeiter hat Themen, Vorschläge und Vorstellungen, die bringt er auf den Tisch und fordert dabei auch die Verantwortlichen, die mit ihm das Gespräch führen, heraus. Bei uns läuft das häufig so ab, dass die unangenehmen Fragen von den Mitarbeitern kommen.

Petek: Wird das Mitarbeitergespräch von den Mitarbeitern initiiert?

Peitgen: Nein, jeder Mitarbeiter hat mindestens einmal im Jahr ein Recht darauf, und wenn er das nicht hätte, dann würde es aus Faulheit der Leitung wahrscheinlich nicht stattfinden, weil man ja nie Zeit hat und es immer Wichtigeres gibt. Hier im Haus gibt es bereits eine entsprechende Kultur, also eine angstfreie Kultur, die ja Teil dessen ist, was wir soeben besprochen haben. Und es gibt Mitarbeiter, die hauen da in der Sache auf den Putz, natürlich in einem sauberen, höflichen Stil, aber doch. Sie legen in erstaunlicher Klarheit und mit großem Selbstbewusstsein die Schwächen unseres Instituts offen. Nicht anklagend, sondern Verbesserung und Veränderung einfordernd.

Diese Gespräche enden immer wieder in heißen Debatten über Sachfragen, und für uns ist das inzwischen ein wunderschöner Prozess geworden. Man nimmt sich viel vor als Institut, auch wenn man nur hundert Leute hat, hat man große Ziele. Diese Ansprüche und die Wirklichkeit reißen aber immer wieder auseinander, es kann ja gar nicht anders sein, wir sind ja keine Supermenschen. In den Mitarbeitergesprächen kommen Risse, Unstimmigkeiten, Fehlentwicklungen, verpasste Chancen, Fehlsteuerungen in unseren Prozessen gnadenlos von den Mitarbeitern auf den Tisch.

Petek: Was ist für dich der große Gewinn dabei?

Peitgen: Die Gewissheit, dass ich nicht allein für alles verantwortlich bin. Im hierarchischen Denken müsste ich all diese Fragen, die da auf den Tisch kommen, selbst haben. Ich müsste die Probleme selbst als existent erkennen und selbst darüber nachdenken: Wie ordne und organisiere ich sie? Wie führe ich sie aus? Wie ändere ich sie? Im alten System müsste ich das im Wesentlichen alleine machen oder mit zwei, drei Leuten im Institut. In der anderen Art der Arbeit ist klar, dass die Mitarbeiter drängen, schieben und verändern. Es gibt beispielsweise viele selbstorganisierte Projekte im Haus. Und die stärksten Errungenschaften, die das Institut heute nach 17 Jahren hervorgebracht hat, sind Ergebnisse, Methodiken, Lösungen, die durch selbstorganisierte Prozesse der Mitarbeiter entstanden sind und die nicht von oben definiert, initiiert oder geführt wurden. Natürlich gibt es ein oben und ein unten, es gibt den Institutsleiter, den stellvertretenden Institutsleiter und ein Führungsgremium, da sitzen die Verantwortlichen für die verschiedenen Bereiche – öffentliche Drittmittel, Industriedrittmittel, Beziehungen zu den Krankenhäusern, verschiedene Technologiegebiete – drin, das tagt einmal in der Woche, immer montags.

Petek: Wie groß ist das Führungsgremium?

Peitgen: Das sind sieben Personen. Es ist vollkommen klar, dass es solche Instrumente gibt, die nicht wirklich durchlässig sind, in dem Sinn, dass da jeder drinsitzt oder drinsitzen kann. Aber wir gestalten es insofern durchlässig, als das, was dort passiert, protokolliert und im institutsinternen Netz öffentlich gemacht wird. Ich halte dies für eine ungeheure Errungenschaft. Jeder kann da rein gucken, und die Mitarbeiter geben ihre Sachen an das Gremium weiter, wollen zu bestimmten Sachen Entscheidungen oder legen eigene Projektideen vor.

Das sind sicher schon Elemente von Selbstorganisation, die hier verwirklicht und eingeübt werden. Wir haben beispielsweise keine Abteilungen und deshalb auch keine Abteilungsleiter. Wenn neue Projekte kommen, dann ist es nicht so, dass die Projekte mit Personal ausgestattet werden oder von oben gesagt wird, wer was macht. Es finden dynamische Vernetzungen im Institut statt, natürlich mit einem Projektleiter, das ist klar, der ist koordinierend verantwortlich. Aber die Arbeit an den Projekten findet, wie wir das gerne nennen, in dynamischen Netzwerken statt. Die Mitarbeiter sagen bei den Projekten: Wir möchten das jetzt mal ausloten, wir möchten das explorieren, wir glauben, dass das ganz interessant ist. Dann schreiben sie einen klaren Projektplan samt Kosten auf, und wenn das im Rahmen der Grundfinanzierung bei uns machbar ist, dann machen wir das. Eigengesteuert, vollkommen selbstverantwortlich, ohne jede Anleitung, Führung und Kontrolle von außen. Also das Institut läuft in vielen Bereichen sehr stark selbstorganisiert.

Wir packten in den letzten drei Jahren zwei ganz neue Themenfelder an: Das ist einmal die Bilderzeugung, sprich die Technologie, die in der Tomografie und in der Kernspinresonanztomografie drin steckt. Wie werden diese Bilder erzeugt? Wie kann man sie besser erzeugen? Wie kann man noch mehr Informationen aus einer Erkrankung durch die Bildgebung herausholen? Und das andere ist die mathematische Modellierung von Krankheitsphänomenen und numerische Simulation – ich beschreib jetzt mal nicht, was das im Einzelnen heißt. Dazu beriefen wir zwei neue Professoren, und es wäre naheliegend gewesen zu sagen: Wir haben einen alten Kern, der wird als Gruppe weitergeführt, und die beiden Neuen entwickeln praktisch parallel dazu neue Gruppen. Die jungen Professoren sagten jedoch: Das wollen wir nicht. Wir möchten, dass die Mitarbeiter vollkommen buntfleckig überall verteilt sitzen und nicht eine eigene Gruppe bilden. Weil wir auch den Netzwert, also den Wert aus der Vernetzung, haben möchten. Das bewährte sich gut.

Petek: Kommen wir nochmal zurück zum Thema Organisation: Was wäre aus deiner Sicht notwendig, um aus einem alten System, aus einem alten Mindset, eine Veränderung in Richtung Selbstorganisation zu machen? Sowohl was das Steuerungskonzept betrifft, als auch das notwendige Denken der verantwortlichen Führungskräfte?

Peitgen: Mir fallen dazu zwei Sachen ein: Zuerst ist eine extreme Vermenschlichung notwendig. Im klassischen System passiert im Grunde genommen eine Entmenschlichung, weil nur auf Funktionalität im mechanistischem Sinn geguckt und auch nur diese bewertet wird. Im neuen System reden wir über Tatbestände, die ganz viel mit Menschlichkeit zu tun haben. Da spielen plötzlich Faktoren wie Emotionen und Chemie hinein. Das ist einerseits sehr schön, aber andererseits ist es eine große Herausforderung. Weil das in Bereiche führt, die weniger beherrschbar, weniger setzbar, weniger regulierbar sind, hier wird eine Ergebnisoffenheit gefordert.

Der zweite Gedanke ist: In dem alten System glauben die Leute, wenn man es richtig macht, funktioniert's. In dem neuen System haben sie großes Misstrauen. Um sie zu gewinnen müsste man nicht nur beschreiben, wie das neue System aussieht, warum es besser funktionieren und wo es optimaler reagieren kann, sondern man müsste auch seine Gefahren beschreiben. Denn das neue System ist auf natürliche Weise komplexer als das alte System. Das alte System ist relativ einfach und schlicht, daher der Komplexität oft nicht gewachsen. Man könnte sagen, da liegt der „schwarze Peter" bei der Komplexität der Dinge, aber nicht bei der Komplexität der Organisation, die einfach geführt ist. Bei dem neuen System haben wir die Komplexität bei dem, was wir bearbeiten wollen, und setzen ihr gegenüber die Komplexität der Organisation. Das schafft natürlich leicht Sorge, Misstrauen und Skepsis, wenn man nicht auch über die Gefahren und Schwierigkeiten des Systems spricht. Wenn man nicht wenigstens deutlich macht, es gibt sie, und deutlich macht, dass es sie nicht nur gibt, sondern wie sie auftreten, und vielleicht sogar, wie man sie lösen kann.

Petek: Welche Hauptgefahren und Schwierigkeiten siehst du da?

Peitgen: Ich glaube, eine der Hauptgefahren ist die Mitnahme der Menschen: Stimmen sie dem System zu, machen sie mit, integrieren sie sich in das System? Ich glaube, das ist noch so lange wesentlich, solange wir noch, ich nenne es mal ganz verkürzt, den „alten Menschentyp“ haben, der in einer Hierarchie der Sicherheit sein will, der Geborgenheit sucht. Der bei der Einstellung fragt: Wer ist mein Vorgesetzter, wem reportiere ich, was ist seine Verantwortung, was ist meine Verantwortung? In der Arbeitsplatzbeschreibung wird genau aufgeführt, für was ich verantwortlich bin, und das will ich dann auch tun, aber komm mir nicht damit, dass ich selbstorganisatorisch verantwortlich bin. Das ist mir zu unpräzise, da habe ich Angst.

Den „neuen Menschentyp“ muss man dafür vielleicht nicht gewinnen, der fordert das sogar, dass man die Menschen versteht in ihren Bedürfnissen und aus der gewachsenen, alten Struktur hinaus in diese Öffnung führt. Das sind diese schrecklichen Worte, die ich nicht gerne in den Mund nehme, wie Begleitung, Abholung und dieser ganze Softbereich, aber das muss irgendwie adressiert sein, und es müssen auch praktische Hinweise gegeben werden: Was passiert in dem neuen System? Was kommt da auf einen zu? Welche Herausforderungen sind das? Wie kann man sie modellhaft anpacken?

Petek: Bei mir ist spontan das Bild vom Iglubau entstanden. Mit dem Iglubau helfen wir vielen Leuten dabei, Selbstorganisation nicht als Chaos, vor dem man Angst haben muss, sondern als intelligente Form des Zusammenhelfens einer Gemeinschaft zu sehen. Man weist einem Team einen Platz mit Schnee zu, gibt dreißig Leuten sieben Schaufeln und sagt: Wir wollen in einer Stunde drei Iglus sehen. Es funktionierte noch nie, dass ein hierarchisch geführtes Projektteam zu einem guten Ergebnis kam. Ein gutes Ergebnis war immer das Resultat eines Selbstorganisationsprozesses, der chaotisch verwirrt begann und wo sich langsam eine Struktur herausbildete, die dann zum Schluss funktionierte.

Peitgen: Das sind aber wunderschöne Hinweise. Ein beliebtes Mittel sind auch Retreats, wo man zusammenkommt und die hierarchischen Grenzen schon mal auflöst. Alle sind in Freizeitkleidung, und dann macht man sehr raffinierte, gezielte Übungen, in denen Selbstorganisations-Prozesse stattfinden und erfahrbar werden.

Petek: Wir erleben einfach, dass die Bereitschaft, sich auf Selbstorganisation einzulassen oder darüber nachzudenken, ob Selbstorganisation ein Thema für das Unternehmen sein könnte, nach der konkret gemachten Erfahrung wesentlich höher ist.

Peitgen: Das glaub ich sofort. Man kann über vieles reden, aber wenn man es selbst erlebt, an einem spaßmachenden und gleichzeitig ernsthaften Ding wie einem Iglu, dann ist das etwas ganz anderes.

Ein Begriff, der eine wesentliche Bedeutung in diesem neuen Denken der Selbstorganisation hat, ist die Kommunikation. Ich glaube, dass die selbstorganisierte Führung eine neue, erweiterte Form der Kommunikation erzwingt. Auf der einen Seite kann es aus meiner Sicht nicht funktionieren, im Team – oder wo auch immer – selbstorganisiert Probleme zu lösen und alles zu tun, was wir besprochen haben, ohne nahezu vollständige Information zu haben. Auf der anderen Seite haben die Unternehmen alle große Angst davor, sensible Informationen an ihre Mitarbeiter weiterzugeben. Selbstorganisation bedeutet jedoch ein Stück Übernahme von anderen Verantwortungsketten, und Verantwortung erfordert Information. Wenn die Information nicht da ist, läuft die Verantwortung ins Leere, sie arbeitet unter falschen Voraussetzungen.

Offen zu kommunizieren kann auch ein Riesenwagnis sein. Denn es kann einen Mitarbeiter extrem verunsichern, wenn er den wirklichen Zustand eines Unternehmens kennenlernt, weil er plötzlich sieht: Es ist gar nicht alles so toll, die Zukunft ist nur mehr auf eineinhalb Jahre sicher, oder wir haben nur mehr Aufträge für drei Monate.

Wir haben es hier im Institut einfach, wir machen einfach die totale Information und Kommunikation. Alle Beratungen des Entscheidungsgremiums stehen im geschützten Netz, jeder Mitarbeiter guckt da rein, wenn er sie sehen will. Wir haben jeden Tag um 9 Uhr eine Morgenversammlung, die genau 15 Minuten dauert, wo sich die Mitarbeiter, die schon da sind, treffen. In den 15 Minuten wird immer berichtet, was gestern war, und erzählt, was heute passiert. Pro Woche ist das über eine Stunde, wo man diskutiert und informiert wird, und über den Monat und über das Jahr sieht man, was da für eine Zeitmenge herauskommt, in der kommuniziert wird. Die tägliche Morgenversammlung lohnte sich bisher ungeheuer.

Petek: So wie ich dich verstehe, ist die Morgenversammlung nicht von deiner Anwesenheit abhängig?

Peitgen: Genau, das bewährte sich bisher. Man lebt so in einem Fluidum von Offenheit. Viele der 60 bis 70 Studenten, die neben den hundert Festangestellten bei uns arbeiten, kommen auch um 9 Uhr, sie finden das besonders spannend. Selbstorganisation ohne die notwendige Information läuft ins Leere und die Frage ist: Wie viel Information darf ein Unternehmen aus dem Sack lassen? Und welche Mechanismen muss man noch dafür erdenken, dass die Unternehmen den für die Selbstorganisation notwendigen Informationsumfang bereitstellen, ohne sich selbst zu gefährden? Da sehen wir noch ein Arbeitsfeld.

Bergsteigen und Managen auf hohem Niveau: Prof. Friedrich Macher

Prof. Friedrich Macher ist einer der wenigen Spitzenmanager und Lebensbergsteiger, der sowohl schwere alpine Touren im Vorstieg klettern als auch große Unternehmen zu Erfolgen führen konnte. Darüber hinaus etablierte er an der Donau-Universität Krems einen MBA-Lehrgang, in dem er sein Wissen weitergibt. Seine beeindruckende Tourenliste weist über 1.400 schwere und zum Teil schwerste Klettertouren auf, darunter den Südgrat der Aiguille du Noire im Mont Blanc-Gebiet, im oberen 5. Grad, der Cengalopfeiler, im unteren 6. Grad, sowie die Fuori-Kante, im oberen 6. Grad, beide im Bergell. Sein beruflicher Aufstieg führte ihn von der Donau-Dampfschifffahrts-Gesellschaft über die Geschäftsleitung der Digital Equipment Company (DEC) Österreich in die Logistik-Branche, in der er als Vorstandsvorsitzender bei der Kühne + Nagel AG sowie als Generaldirektor der Rail Cargo Austria tätig war und nun als CEO und Miteigentümer der GRAMPETCARGO Austria fungiert.

Wir hatten schon für die erste Auflage 2006 ein Interview geführt. Nun treffe ich Prof. Friedrich Macher erneut in seinem Büro in Wien, er sprüht vor Energie, und wir starten einen angeregten Dialog.

Rainer Petek: Die letzten sechs Jahre waren von großen Veränderungen in der Weltwirtschaft geprägt. Als 2006 die erste Auflage des Nordwand-Prinzips auf den Markt gekommen ist, sagten viele „Nett, aber eigentlich geht's nur aufwärts, und es wird so weitergehen". 2008 kam dann der große

Einbruch und führte vielen Führungskräften, Unternehmern und Managern die Relativität des Planens vor Augen. Dadurch wurden die Themen Unsicherheit und Ungewissheit auch in der allgemeinen Wahrnehmung wichtiger. Sechs Jahre sind bezogen auf die Gebirgsbildung eine sehr kurze Zeit, in Bezug auf die Veränderungen in der Wirtschaft aber ein sehr langer Zeitraum. Wie hast Du diese Veränderungen der letzten Jahre wahrgenommen? Welche neuen Anforderungen an Führungskräfte und Unternehmer ergaben sich deiner Meinung nach daraus?

Prof. Friedrich Macher: Was ich generell glaube ist, dass vieles von dem, was in der ersten Auflage des Nordwand-Prinzips noch eine Hypothese war, in der Realität der Weltwirtschaftskrise 2008/2009 Wirklichkeit geworden ist. Sowohl das überraschende Auftreten von Ereignissen wie der Lehman-Pleite und anderer Vorläufer der Weltwirtschaftskrise, als auch die Auswirkungen der Krise waren dramatisch. Erstmals in meiner 40-jährigen Praxis als Unternehmensführer mit dem Schwerpunkt Logistik erlebte ich, dass das Volumen des Welthandels schrumpfte. Selbst in Zeiten der Ölpreiskrise 1 und 2 und vieler geplatzter Bubbles nahm das Welthandelsvolumen zu, doch im 1. Quartal 2009 schrumpfte es im zweistelligen Bereich. Das hielt vorher niemand für möglich. Alle glaubten, die Globalisierung und die internationale Arbeitsteilung würden ein weiteres Weltwirtschaftswachstum sicherstellen, auch wenn einige Länder und Regionen von der Rezession erfasst werden würden. Die weltweite Rezession war eine Überraschung für alle. Hätte ein Wirtschafter oder ein Politiker dies vorher ernsthaft prognostiziert, wäre er für verrückt erklärt worden. Noch in den Quartalen 2 und 3 2008 glaubten wir an ein mäßiges Wachstum, doch die Rahmenbedingungen änderten sich schnell und völlig überraschend, und wir gingen in eine Phase der völligen Unsicherheit. Seit damals ist in der Logistik die Volatilität die große Herausforderung.

Wie gehe ich nun als Unternehmen mit der absoluten Unsicherheit um? Normalerweise extrapoliert man die Vergangenheit in die Zukunft und zeigt dann die Entwicklung in einer Geraden oder auch in einer leicht degressiv verlaufenden Linie an. Dass eine lineare Entwicklung vorbei ist, wussten wir schon. Aber es wurde dann so dramatisch, dass man über Quartale hinweg die Entwicklung in einer Wellenlinie zeichnen musste, weil wir nichts voraussagen konnten. Ich hab damals in meiner Funktion in der Rail Cargo Austria (RCA) das Motto „Fahren auf halbe Sicht" ausgegeben: Wir müssen uns darauf einstellen, dass es völlig ungewiss ist, wie die Zukunft weitergeht. In einem extrem fixkostenlastigen Unternehmen ist das eine riesige Herausforderung.

Petek: Das heißt, die Krise hat sich in einem Ausmaß manifestiert, die selbst der größte Pessimist in einem Worst-Case-Szenario nicht für möglich gehalten hätte.

Macher: Ja, so war es. Zu einer weiteren Schlüsselaufgabe in der Logistik wurde nun das Thema Flexibilität. Früher wählte man beispielsweise einen Szenariotrichter, mit einem Worst-Case-Szenario, mit einem optimistischen Szenario und einem mittleren Szenario, und dann sagte man: Wir richten unsere Planung auf das mittleren Szenario aus. Doch dieses Vorgehen ist aufgrund der Krise nicht mehr up to date. Jetzt muss man sagen: Bereiten wir uns auf völlig chaotische Verhältnisse vor, und denken wir noch andere Szenarien als das Worst-Case-Szenario durch. Lernen wir außerhalb des Szenariotrichters zu denken, und fragen wir uns: Was passiert, wenn 50 % unserer Lieferanten ausfallen? Oder was passiert, wenn 50 % unserer Kunden nicht mehr kaufen können oder ihre Kaufentscheidung über Monate oder Quartale vor sich herschieben?

Es ist ein Lerneffekt der Weltwirtschaftskrise 2008 und 2009, dass es ein flexibles Logistikunternehmen schaffen kann, 50 % überraschende Reduktion der Zulaufmenge oder 50 % überraschende Reduktion der Absatzmenge in zwei Wochen so auszupendeln, dass das Kosten- und Ertragsbild wieder das vorhergehende Niveau erreicht. In diesen Kategorien dachte davor kein Unternehmen. In der Rail Cargo Austria stellten wir uns auf das ungünstigste denkbare Szenario ein und waren damit in der Krisenbewältigung 2009 das beste europäische Bahnunternehmen.

Wenn es eine große Lehre aus der Weltwirtschaftskrise gibt, dann die: Früher war Krise der Ausnahmezustand, jetzt ist Krise der Normalzustand und der Ausnahmezustand heute ist völlig unvorhersehbares Chaos.

Ich bin nun schon seit Jahrzehnten in der Unternehmensführung tätig, und für uns war in der Vergangenheit die Krise der Ausnahmezustand, denn es gab auch wieder Phasen der Stabilität und Kontinuität. Obwohl diese Stabilität immer eine Chimäre war, gab es relativ stabile Rahmenbedingungen. Nun ist die Krise zum Normalzustand geworden, es gibt Volatilität und Unsicherheit, aber immerhin kann man gewisse Bandbreiten abschätzen, in denen eine Entwicklung möglich ist. Der Ausnahmezustand zeigt sich heute in den Rahmenbedingungen, die chaotisch sind. Und Chaos heißt Unberechenbarkeit. Ich kann nun nicht mehr einschätzen: Kippt das System als Ganzes? Kippen Teile des Systems? Wohin entwickeln sich bestimmte Parameter? Mit diesem Thema hast du dich ja im Nordwand-Prinzip ja schon seit Jahren beschäftigt.

Petek: Was sind unter solchen Rahmenbedingungen aus deiner Sicht die organisationalen Voraussetzungen und Fähigkeiten, die Erfolge trotzdem möglich machen?

Macher: In der Logistik hat man wegen der Krise zwei Erfolgsvoraussetzungen neu entwickelt: einerseits Flexibilität, andererseits Resilienz, das ist Robustheit.

Was macht nun ein Unternehmen flexibel? Zunächst einmal brauche ich eine Unternehmenskultur, bei der Wandlungs- und Anpassungsfähigkeit ganz an der Spitze angesiedelt sind. In der RCA wurde ich damit konfrontiert, dass Belegschaftsvertreter und Stakeholder nur Vergangenes verteidigen oder bewahren wollten. Dort jedoch, wo man an der Vergangenheit hängt oder die Privilegien der Vergangenheit verteidigt, kann man nicht aktiv und gemeinsam die Zukunft gestalten.

Um im globalen arbeitsteiligen Geschäft schnell reagieren und den Anforderungen der Flexibilität entsprechen zu können, ist Netzwerkfähigkeit wichtig. Wenn ich ein vielfältiges und gut strukturiertes Netzwerk an Lieferanten, Partnern und Dienstleistungspartnern habe und in einem sehr hohen Ausmaß die Vorteile der informationstechnischen Vernetzung nütze, bin ich schnell und flexibel.

Bei den Erfolgsvoraussetzungen ist die Robustheit der siamesische Zwilling der Flexibilität. Robustheit ist die Fähigkeit, schnell wieder stabile Verhältnisse herzustellen, sowohl in der Produktion, als auch in meinen Lieferanten- und Kundenbeziehungen, und vor allem in meiner Organisation selbst.

Petek: Eine wesentliche Erfolgsvoraussetzung unter schwierigen Rahmenbedingungen ist die Unternehmenskultur. Jedes Unternehmen hat ja eine bestehende Kultur, und manche knabbern hart an ihrer Kultur, weil sie mit den Erfolgen der Vergangenheit ja auch die damit verbundenen Muster konserviert und widerständig gegen Veränderungen ist. Andererseits ist die Unternehmenskultur immer auch eine Kraftquelle. Wie also kann das Management aus deiner Sicht eine anpassungsfähige Unternehmenskultur etablieren? Wie kann es ein Unternehmen wandlungsfähiger machen?

Macher: Menschen, die in einer Misstrauenskultur oder im Kommandoprinzip verbildet worden sind und auf Anweisung warten, sind einfach nicht schnell und flexibel genug, weder von der Mentalität noch von den Organisationsstrukturen, noch von den Arbeitsprozessen. Auch eine zentralistische, hierarchische und bürokratische Struktur ist in einer Organisation nicht in der Lage, sich schnell anzupassen, weil der Kommunikationsweg vom Gipfel der Pyramide, zwei oder drei Ebenen hinunter und wieder zurück, einfach zu lang ist. Das heißt, wir brauchen Unternehmen, die in Netzwerkstrukturen statt in Hierarchien und Bürokratiekategorien denken. Wichtig für das Unternehmen ist eine gemeinsame Vision, die das Unternehmen treibt und klar definiert, wo die Bandbreiten der Entwicklung sind, die man anstrebt.

Planen heißt in so einem Unternehmen, verschiedene Alternativen zu durchdenken und gleichzeitig auch die Freiräume zu definieren, welche die Mitarbeiter im Sinne von Empowerment und Vertrauensorganisation dann selbstständig nutzen. Wenn sich die Rahmenbedingungen plötzlich drastisch verändern, wartet die ganze Organisation nicht auf ein neues Leitbild oder eine neue Strategie, sondern die Menschen sind selbstorganisierend und proaktiv unterwegs.

Petek: Ein zentraler Punkt in meiner Arbeit ist die Entwicklung von intelligenten und reifen Führungsteams. Darüber hinaus merke ich in meiner Beratungstätigkeit, dass es immer mehr um das Zusammenspiel der Führungsebenen geht und dass die Kraft der Führung nicht nur die einer einfachen Person ist, sondern vielleicht definiert werden kann als die Kraft einer Gemeinschaft, die in der Lage ist, sich auf neue Realitäten einzustellen.

Macher: Das Thema der Schwarmintelligenz ist eines der Schlagworte, das man zurzeit häufig diskutiert. Schwarmintelligenz bedeutet, dass es faktisch in den Genen einer Organisation steckt, dass Anpassungen schneller und leichter passieren. Die Schwarmintelligenz kommt allerdings erst unter bestimmten Rahmenbedingungen, die von den Gesamtverantwortlichen vorgegeben werden, zum Tragen.

Wie ich schon sagte, heute ist Krise der Normalzustand, und der Ausnahmezustand, das sind wirklich chaotische Rahmenbedingungen. Ich muss mich einstellen auf Volatilität und auf proaktive Maßnahmen, um mich in einer Krise schnell verändern zu können und reagibel zu werden. Und nur ein Managementteam, das auch chaotische Szenarien schon vorher gedanklich eingeübt hat, wird das schaffen.

Man muss sich gemeinsam fragen: Wenn das und das passiert, was tun wir dann wirklich? Nicht im Sinne einer deterministischen Planung, sondern im Sinne der Generierung von Einstellungen und schnellen, fast automatisierten Reaktionsmustern, die eine rasche Selbsttätigkeit ermöglichen. Diese schnellen proaktiven Aktionen müssen dann natürlich wieder in einen Ordnungsrahmen, in Stukturen und Prozesse, gebracht werden, um den Anforderungen der Resilienz zu genügen.

Wenn ich jedoch diese Szenarien außerhalb des klassischen strategischen Planungtrichters nicht vorgedacht habe, verliere ich Reaktionszeit, und diese „Schrecksekunde" kann Tage, Wochen oder Monate kosten, wodurch das System dann wirklich kippen kann. Aber wenn ich das, was außerhalb des Vorstellbaren liegt, vorher gemeinsam durchgedacht habe, besteht die Möglichkeit, dass insgesamt ausreichend intelligente Grundmuster da sind, die dann selbstorganisierend in den kleinen Einheiten ausgelöst werden, ohne Schrecksekunde und ohne Entscheidung von irgendwem. Planen in diesem Sinne führt dazu, dass ich fähig bin, schneller zu reagieren, weil ich bestimmte völlig irrational scheinende Szenarien vorher durchdacht habe.

Petek: Ich beobachte immer wieder, dass Führungsteams genau dies innerhalb eines definierten Führungskreises machen, seien es 15 oder 25 Personen. Doch dann stellt sich für sie die Frage: Können wir damit überhaupt rausgehen? Binden wir die nächste Ebene ein? Verschrecken wir die Organisation mit einem Worst-Case-Szenario? Oder wiegen wir sie mit einem optimistischen Szenario in trügerischer Sicherheit? Eine große Herausforderung sehe ich dann darin, die anderen Ebenen so in den Prozess einzubinden, dass die Führungsebenen zusammenspielen. Daraus wächst dann erst die Kraft der Gemeinschaft.

Macher: Also ich glaube, es gilt, proaktiv und frühzeitig auch die irrationalen Varianten in angemessener Weise zu kommunizieren. Und bis in die Abteilungsmeetings oder Workshops hinein zu sagen: Passt auf, wir waren jetzt ein Wochenende auf einer Berghütte und haben außerhalb unseres normalen Denkrahmens nachgedacht, und Bild A oder Bild B sind vorstellbar. Wie würdet ihr reagieren? Was muss man tun?

Damit die Botschaften verstanden werden, muss man Bilder zeichnen und darf keine Zahlen oder technischen Parameter anführen. Nur mit Bildern lässt sich die Grundeinstellung mobilisieren, einmal ganz außerhalb des gewohnten Rahmens oder der normalen Vorstellungsvarianten nachzudenken. Und genau dies brauchen wir.

Petek: Das bringt mich ein bisserl zurück in mein früheres professionelles Wirken als Bergführer, wo ich das Gefühl hatte, es ist extrem gefährlich, die Leute zu sehr in Sicherheit zu wiegen. In punkto Sicherungstechnik und in punkto objektive Gefahren brauchten die von mir geführten Kunden einen gewissen Spannungszustand, damit die systemische Wachsamkeit der gesamten Seilschaft sichergestellt werden konnte. Verschreckung, die zur Panik führt, ist negativ, aber ein Sich-zu-sehr-in-Sicherheit-Wiegen ist aus meiner Sicht vielleicht noch gefährlicher, und ich glaube, das ist bei Organisationen ähnlich.

Macher: Mir gefällt das Bild aus deiner Zeit als Bergführer, das du mit deinen Gästen entwickelt hast, sehr gut, man kann es gut auf die Unternehmenssituation übertragen.

Petek: Ich ermutige die Führungskräfte immer wieder, den anderen Ebenen vielleicht mehr zuzumuten, als man sich im ersten Moment trauen würde, und ich glaube, das siehst du ähnlich.

Macher: Ich bin ein großer Verehrer von Viktor Frankl, nicht, weil er ein Bergsteiger war, sondern weil er die Logotherapie entwickelte, und Frankl meinte: „Wer ein Wozu kennt, der erträgt fast jedes Wie."

Wenn ich ein Chaosszenario mit meinen Mitarbeitern bespreche, muss ich ihnen auch sagen, warum ich das tue: Wir denken über diese Variante nach, damit wir auch in einer Extremsituation überleben können. Man kann den Mitarbeitern diese Botschaft zumuten, denn wenn sie wissen, wozu, ertragen sie auch das Wie. Man muss nur eine dafür adäquate Sprache finden.

Petek: Ich würde unseren Fokus nun gerne noch auf einen weiteren Aspekt richten: Mir fällt auf, dass die gestiegenen Anforderungen an Kommunikation, Abstimmung, Agieren im selbstorganisierten Verbund teilweise den Druck auf den Einzelnen so steigen ließen, dass die erschöpfte Führungskraft, die früher die Ausnahme war, nun zwar noch nicht die Regel darstellt, aber die Anzahl der Burn-out-Kandidaten doch stark zugenommen hat. Der spontane Reflex der Organisation sind Maßnahmen zur Schulung oder Stärkung des Einzelnen. Ich frage mich allerdings, ob hier nicht so etwas wie Problemexport vom System zum Einzelnen hin betrieben wird. Nehmen wir beispielsweise das Thema Zeitmanagement her: Der Einzelne soll seine Zeit irgendwie managen. Speziell Führungskräfte aus den mittleren Führungsebenen berichten immer wieder, dass dies überhaupt nicht mehr funktioniert. Doch ich frage mich, ob das Zeitmanagement nicht vielmehr eine kollektive Aufgabe geworden ist, ob man hier nicht beim Einzelnen, sondern beim System selbst ansetzen müsste, um ein sinnvolles Zeitmanagement zu ermöglichen. Delegieren Organisationen möglicherweise viele Systemprobleme an die Einzelnen?

Macher: Schon in meiner Zeit als oberster Standesvertreter der österreichischen Führungskräfte, als Präsident des Wirtschaftsforums der Führungskräfte stellten wir uns die Frage: Was führt eigentlich zum Burn-out? Ich glaube, Burn-out tritt dort ein, wo Menschen nicht über das Nachdenken, was sie tun, wo sie nicht mehr die Hubschrauberperspektive einnehmen. Und ich glaube, es ist eine gemeinsame Verantwortung von Unternehmensführung und Führungsteams, den Mitarbeitern immer wieder zu ermöglichen, sich aus dem Druck des Tagesgeschäfts rauszunehmen. Sie brauchen Zeit, um sich fragen zu können: Warum rennen wir denn so im Rad?

Das ist jedoch nur in einer guten Unternehmenskultur möglich, in der der Einzelne weiß: Was immer an Änderung passiert, ich bleib im Team. Vieles geht leichter, wenn keine defensive Abwehrhaltung aufkommt. Wo Reorganisation heißt, dass jeder sich immer wieder aufs Neue bewähren oder ums Überleben kämpfen muss, da schaffe ich das nicht. Reorganisation funktioniert nur dort, wo der Mitarbeiter weiß: Egal, was der nächste Änderungsprozess bringt, ich bin ein geschätzter Mitarbeiter, gut ausgebildet, kompetent, und ich bin von meinem Unternehmen angehalten, mich auf dem neuesten

Stand des Wissens und der Technik zu halten. Und egal, was bei der Reorganisation herauskommt, ich werde eine interessante, geschätzte Aufgabe im Unternehmen haben. Das ist eine Kernvoraussetzung für Veränderung, damit wirkt man dem Burn-out entgegen.

In Bezug auf das Burn-out ist aus meiner Sicht vieles auch eine Frage der Standardisierung. Wobei Standardisierung nicht bedeutet, Checklisten abzuhaken oder Sklavenarbeiter zu produzieren, sondern vernünftige Standardprozesse zu etablieren. Standardisierung von Routineaufgaben bedeutet, die Informations- und Kommunikationssysteme so schlau zu nutzen, dass Zeit zum Reflektieren über die Arbeit und Freiräume für kreative Arbeiten geschaffen werden. Dann ist das Rattenrennen auch bei einem hohen Änderungstempo nicht so dramatisch.

Petek: Du meinst also auch, dass sich zurückzulehnen und zu reflektieren: Was tue ich eigentlich? eine der wesentlichen Voraussetzung ist, um Erschöpfung oder Burn-out zu verhindern. Im Grunde heißt das ja, dass es die Aufgabe von Gesamtverantwortlichen sein muss, Rahmenbedingungen für Time-outs zu schaffen und auch die nächsten Ebenen zur Reflexion über das eigene Tun zu ermutigen statt einfach nur – relativ einfallslos – die Organisation mit Stretched Goals und Druck unter Spannung zu setzen.

Macher: Nicht „work harder“, sondern „work smarter“ könnte die Devise lauten. Überlegen wir uns besser: Was tun wir?, Wie tun wir's?, Wie organisieren wir uns?, statt einfach den Arbeitsdruck unintelligent zu erhöhen. Das endet dann wirklich im Burn-out, weil jede Maschine, die zu lange hochtourig fährt, einmal durchbrennt.

Dazu fällt mir die Arbeit von Csikszentmihalyi zum Thema Flow ein, die ich sehr schätze. Flow entsteht weder, wenn man überfordert ist, noch, wenn man unterfordert ist. Die Unterforderung erzeugt auch Stress. Ich denke, Menschen wollen gefordert werden und arbeiten gern, aber sie brauchen auch das Werkzeug dazu, womit wir wieder beim Thema Standardisierung sind. Es geht darum, für herausfordernde Arbeiten vernünftige Tools zu haben. Wenn man einem Dombaumeister im Mittelalter, der wunderschöne Figuren erzeugte, einen stumpfen Meisel gegeben hätte, wäre er auch im Burn-out gelandet. Doch schau hin, welch wunderschöne Kunstwerke in unseren Domen stehen. Workflow entsteht, wenn man gefordert ist, hohe Ziele hat, die Tools und Werkzeuge dafür vorhanden sind und man die Überzeugung hat: Das kann ich, und notfalls habe ich jemanden, der mich unterstützt.

Petek: Ich würde jetzt gerne mit dir beim Thema Vertrauenskultur, Empowerment und Selbstorganisation noch eine Ebene tiefer in die Unternehmen hineinschauen. Einerseits merkt man bei den Topführungskräften schon eine sehr starke verbale Aufgeschlossenheit in dieser Hinsicht, andererseits bleibt das bei genauem Hinschauen sehr oft Rhetorik. Es besteht eine gewisse Verhaltensstarre in Bezug auf tatsächliche Strukturänderungen. Machst du solche Beobachtungen auch?

Macher: Ja, viele predigen Wasser und trinken Wein. Es ist das schlechteste Beispiel, als Führungskraft nicht das vorzuzeigen, was man sagt. Die Menschen sind intelligent und erkennen es, wenn alles nur ein Schmäh für die Medien ist. Vor allem aber spüren sie, ob sie wichtig sind oder nicht. Der richtige Weg ist: vorzeigen, vorleben, unterstützen und helfen. Notfalls muss man akzeptieren, dass auf dem Weg von einer Misstrauensorganisation zu einer Vertrauensorganisation Fehler passieren. Diese dürfen natürlich nicht in einem kritischen Bereich liegen, aber in anderen Bereichen muss man sagen: Ok, jetzt haben wir einen Fehler gemacht, denken wir darüber nach, was können wir daraus lernen? In jedem Fall ist es wichtig, die Richtung zu mehr Selbstorganisation und zu mehr Vertrauensorganisation einzuschlagen.

Petek: Du hast nun mit der GRAMPETCARGO in Österreich ein neues Unternehmen etabliert, mit starken Ambitionen, eine führende Rolle einzunehmen. Worauf wirst du besonders achten?

Macher: Wir wollen tatsächlich die Nr. 1 der privatwirtschaftlich geführten Schienenlogistikunternehmen entlang der Donauachse, also vom Schwarzen Meer bis zur Nordsee, werden. Ich werde als geschäftsführender Gesellschafter der österreichischen Gesellschaft, die auch für die Westeuropaentwicklung zuständig ist, darauf hinwirken. Ich stütze mich dabei auf die Ressourcen und Erfolgsvoraussetzungen, die in Rumänien, Bulgarien und Ungarn bereits von meinem Mehrheitsgesellschafter geschaffen wurden. Unsere drei großen Ansprüche sind: eine innovative Form der Schienenlogistik zu etablieren und dabei einerseits kundennah und andererseits schlank zu agieren. Persönlich glaube ich, dass wir ausgezeichnete Voraussetzungen dafür haben, unser Ziel zu erreichen.

Petek: Zum Abschluss noch eine Frage an den Bergsteiger und Menschen Fritz Macher: Wie hat dir das Bergsteigen auf der sehr persönlichen Ebene geholfen, vergangene Schwierigkeiten zu meistern, und welche Kraft oder Erkenntnisse holst du dir aus dem Bergsteigen für die zukünftigen Herausforderungen?

Macher: Als der Stress, der Druck und das Ungute aus dem Ende meiner früheren Arbeitssituation schlagend wurden und ich meine ganze emotionale Standfestigkeit aufwenden musste, um damit zurechtzukommen, hat mir das Bergsteigen wirklich geholfen. Ich bin noch nie so viele Vierer- und Fünfer-Touren in den Wiener Hausbergen solo geklettert wie in dieser Zeit. Ich habe das genossen und entwickelte beim Klettern die Robustheit und die emotionale Kompetenz, das Vergangene konstruktiv aufzuarbeiten. Das Wetter im vorigen Herbst hat sich dafür ja besonders gut geeignet, denn es war bis in den Dezember durch die Inversionswetterlagen in der Höhe warm und sonnig. Ich erinnere mich, wie ich eines Tages, als es in der Ebene schon richtig kalt war, mit warmer, dicker Kleidung zum Einstieg einer Wand gegangen bin. Dann kletterte ich hundert Höhenmeter und kam in die Sonne hinaus. Dort war es dann so warm, dass ich im T-Shirt im trockenen Fels weitersteigen konnte. Das waren beglückende Erlebnisse, und sie relativierten die ganzen Spinnereien, mit denen ich vorher konfrontiert war.

Und ich glaube, dass in der Gesellschaft, in der wir jetzt leben, die Kühnheit und der Wagemut etwas verlorengegangen sind. Ich plädiere nicht fürs Hasardieren, sondern dafür, herausfordernde Aufgaben zu bewältigen, gestützt auf das, was man kann und auf die gemachten Erfahrungen. Denn dann erst kommt man in den Flow, das erlebt man beim Bergsteigen besonders gut. Wenn's rennt, schwebst du eine Wand richtig hinauf und brauchst dich nicht zu plagen, und wenn du oben bist, genießt du alles, was du gerade hinter dich gebracht hast. Und vieles von den Sümpfen und Niederungen der Wirtschaftswelt lässt du dabei hinter dir. (lacht)

Petek: Fritz, ich danke dir für das Gespräch!

6. Prinzip: Kluges Scheitern

„Ever try. Ever fail. No matter.
Try again. Fail again. Fail better.“
Samuel Beckett

Beim 6. Prinzip „Kluges Scheitern“ geht es darum, zu erkennen, dass sich oft mit cleveren, risikoarmen Experimenten im Kleinen jene Erkenntnisse gewinnen lassen, die für den Erfolg im Großen notwendig sind. Das obige Zitat des Schriftstellers Samuel Beckett ist eine Aufforderung zum Versuchen und Experimentieren und ein Aufruf dazu, sich vom Risiko des etwaigen Scheiterns nicht abhalten zu lassen.

Anhand meiner Erfahrungen beim Sportklettern zeige ich auf, was Durchbruchprojekte für die gesamte Leistungsfähigkeit bewirken können. So wie ich beim Sportklettern ein Feld zum gefahrlosen und risikoarmen Experimentieren gefunden hatte, um an der Grenze meines Könnens die Leistungsfähigkeit rasch zu verbessern, so stellt für Unternehmen das rasche Prototyping einen ähnlichen Rahmen dar. Statt detailliertem Planen und statt alles auf eine Karte zu setzen, empfehle ich rasches Handeln und Experimentieren, das intelligentes Scheitern erstens mit einkalkuliert und zweitens für Erkenntnisse nützt. Sowohl der Einzelne als auch Unternehmen können durch Prototyping in der Entwicklung neuer Angebote, Produkte und Dienstleistungen echte Durchbrüche erzielen.

Durchbruchprojekt 9. Grad

Ich habe mich also entschieden, meinen beruflichen Schwerpunkt im Sommer auf das Führen von extremen Kletterrouten zu verlagern. Das heißt jetzt zweierlei für mich: Einerseits in das Klettertraining zu investieren, andererseits auf das Führen von Normalwegen zu verzichten.

Schritt eins ist mein bewusstes Nein zu Normalwegen. Alleine die Anzahl der jährlichen Großglockner-Normalweg-Führungen reduziere ich dadurch von durchschnittlich zehn bis zwölf auf ein bis zwei pro Jahr. Ebenso verhalte ich mich zu den Anfragen für Hochtouren-Führungen in den Westalpen: Hin und wieder auf den Mont Blanc, gut, alle anderen Anfragen vermittle ich konsequent weiter. Dieses Verzichten bedeutet in der ersten Phase natürlich auch den Verzicht auf Einkommen, aber ich spüre, dass für das Umsetzen meiner Vision einige kurzfristige Opfer notwendig sind. Der Verzicht bringt mir vor allem Zeit, meine künftig benötigten Kompetenzen aufzubauen.

Die erste Frage, die ich mir stelle, ist: Welche Fähigkeiten brauche ich, um die großen, extremen Alpin-Kletterrouten im 5., 6. und möglicherweise unteren 7. Schwierigkeitsgrad verantwortungsvoll führen zu können? Meine Antwort darauf ist: Um so schwierige Routen mit Kunden klettern zu können, muss ich den Anforderungen dieser schweren Routen nicht nur gewachsen sein, sondern auch über Sicherheitsreserven verfügen, sonst ist es nicht zu verantworten, Kunden in diese extreme Welt mitzunehmen. Ein solches Sicherheitspolster kann beim Klettern in alpinen Wänden nicht durch ein Mehr an Haken und Seilen erzielt werden, sondern nur durch überlegenes Können. Meine Vision verlangt von mir, mein Kletterlimit nach oben zu verschieben.

Zur selben Zeit beginnt sich neben dem alpinen Klettern eine zweite Disziplin des Kletterns zu etablieren: Die Welle des Sportkletterns schwappt Anfang der 80er-Jahre aus den USA nach Europa und beginnt hier langsam Fuß zu fassen. Sportklettern bedeutet nichts anderes, als unter besten Bedingungen höchste Schwierigkeiten im Fels zu klettern und dabei nach strengen Regeln die Haken ausnahmslos zur Sicherung und niemals zur Fortbewegung zu nutzen.

Sportklettern findet damit üblicherweise in talnahen, eher kürzeren Felswänden statt, die Klettergärten genannt werden. Ein wesentlicher Aspekt des Sportkletterns ist eine relative Gefahrlosigkeit, die durch optimale Absicherung der Routen mit Bohrhaken erreicht wird. Unter sicheren Rahmenbedingungen kann so jeder sein persönliches Limit im Klettern risikolos nach oben verschieben. Damit verschiebt sich natürlich auch das Kletterlimit im Allgemeinen.

Während die relative Gefahrlosigkeit und das spielerische Element das Sportklettern charakterisieren, stellen Ernsthaftigkeit und Gefahr zentrale Faktoren des alpinen Kletterns dar. Spannenderweise spaltet die Entwicklung in der ersten Zeit die Kletterer in zwei Lager: in die „Alpinen“ und die „Klettergärtler“ oder eben Sportkletterer. Nachdem mein Zugang zum Klettern sehr stark durch das Bergsteigen und das Milieu der Alpinkletterer geprägt ist, erkenne ich die Möglichkeiten, die im Sportklettern liegen, zuerst nicht. Ich habe typische blinde Flecken ausgebildet, aber die geschäftliche Notwendigkeit, mein Kletterkönnen rapide zu verbessern, zwingt mich, neu hinzuschauen.

Ich nehme mir zwei Schritte für den Leistungsaufbau vor: Im ersten Schritt will ich über das Sportklettern ohne Gefahr einen neuen persönlichen Leistungslevel erreichen, im zweiten Schritt will ich den Leistungszuwachs verantwortungsvoll in das ernstere, alpine Umfeld übertragen.

Um die extremen Alpin-Kletterrouten mit Kunden verantwortungsvoll durchsteigen zu können, wird es notwendig sein, zwei Schwierigkeitsgrade schwerer als benötigt klettern zu können. Dafür ist nicht nur das entsprechende, objektive Kletterkönnen nötig, sondern auch die mentale Stärke: Ich will im Bewusstsein führen, bereits zwei Schwierigkeitsgrade schwerer, als es eine extreme Führungstour erfordert, erfolgreich geklettert zu sein. Für Führungen im 6. und 7. Schwierigkeitsgrad in einer Alpenwand würden mir die Fähigkeiten, die ein 9. Grad im Sportklettern verlangt, beruhigende Reserven geben. Die Rechnung ist im Grunde einfach, die Umsetzung ist etwas härter.

Wenn Sportkletterer sich eine besonders schwierige Route vornehmen, mit der sie in einen neuen Schwierigkeitsbereich vordringen wollen, nennen sie das im Kletterjargon ein „Projekt“. Man sucht sich dazu in einem Klettergarten eine Sportkletterroute, deren Schwierigkeit momentan noch weit über der persönlichen Leistungsgrenze liegt. Dann versucht man diese in einem Stück durchzuklettern, ohne zu rasten oder zu stürzen. Dazu sind meist viele Versuche notwendig. Durch das systematische Experimentieren und Scheitern an der Leistungsgrenze wird diese nach oben verschoben und so das vorher Unmögliche machbar.

Wenn man Unbedarften dann erzählt, dass man für das erfolgreiche Durchklettern von zwölf oder zwanzig Metern Fels eineinhalb Jahre gebraucht hat, erntet man zunächst Unverständnis. Für Sportkletterer ist so etwas aber völlig normal, denn beim Sportklettern geht es genau darum: das Kletterkönnen von Projekt zu Projekt zu steigern.

Ich suche mir also auch ein Projekt, das zwölf Meter hoch ist und aus wunderschöner überhängender Kletterei an kleinsten Leisten und Löchern besteht. Bei den ersten zaghaften Versuchen im Herbst habe ich keine Chance und komme nur bis zur Wandmitte.

Im Winter beginne ich mit systematischem Training. Es geht um die gezielte Stärkung der Finger- und Unterarmmuskulatur. Die harte und gezielte Arbeit über den Winter sorgt im Frühjahr für den nötigen Kraftzuwachs. Als ich im nächsten Frühjahr die ersten Begehungsversuche starte, komme ich mit mehrmaligem Rasten in den Haken zwar bis zum Ausstieg, aber von einer durchgehenden und sturzfreien Begehung bin ich noch meilenweit entfernt. Unzählige Male gehe ich an den Fels, um die Route immer und immer wieder zu versuchen. Nach den ersten Fortschritten pendle ich mich dabei ein, es mit zweimal Rasten zu schaffen, werde aber nicht mehr besser.

Aus meiner Einschätzung gibt es dafür zwei Gründe: Zum einen habe ich nun zwar die nötige Kraft für die einzelnen Kletterstellen, aber ich bin für eine zusammenhängende Begehung zu schwer. Ich muss also systematisch Gewicht reduzieren und meinen Körper einem radikalen Downsizing-Programm unterziehen.

Der zweite Grund ist mentaler Natur: Als alpiner Felskletterer habe ich ein Überlebensmuster ausgebildet, das lautet: „Niemals stürzen, klettere immer mit Reserven!“ Dieses mentale Muster ist in alpinen Wänden durchaus sinnvoll, behindert mich jetzt jedoch. Beim Sportklettern im Klettergarten unter optimalen Rahmenbedingungen ist es im Gegensatz zum Alpinen Klettern nicht nur erlaubt zu stürzen, sondern für das tatsächliche Verschieben der persönlichen Leistungsgrenzen sogar unbedingt notwendig. Genau dieses Muster muss ich jetzt überwinden.

Stürzen ist beim Sportklettern Routine, der Weg zum Erfolg führt über das Scheitern. Wichtig ist es, unverkrampft mit unterschiedlichen Bewegungskombinationen zu experimentieren und so die ökonomischste Klettervariante herauszufinden.

Es dauert lange, bis ich mein altes Muster „Niemals stürzen, klettere immer mit Reserven!“ durchbrechen und durch das neue Muster „Gib alles und noch mehr, und wenn du stürzt, versuchst du es halt wieder!“ ersetzen kann. Ich beginne damit, dass ich mich in leichteren Touren einem Sturztraining unterziehe: Das heißt, dass ich bewusst aus der Wand ins Seil springe. Bei den ersten Absprüngen zieht sich mein Magen zusammen und es stellt mir die Haare auf. Nach und nach gewöhne ich mich ein bisschen daran, doch ein Stück Restspannung bleibt immer.

Ich mache so die Erfahrung, dass ein Sturz im Klettergarten keine große Gefahr darstellt. Rein rational und logisch war mir das ohnehin schon vorher klar, denn aufgrund der kurzen Hakenabstände von durchschnittlich zwei bis drei Metern stürze ich maximal vier bis sechs Meter. Und weil die extremen Sportkletterrouten zumeist senkrecht oder überhängend sind, fliege ich ausnahmslos ins Leere, schlage nicht am Fels an und bleibe unverletzt.

Was mir zuerst nur rational bewusst war, begreife ich nun auch emotional und körperlich, nämlich dass das Stürzen keine fatalen Konsequenzen nach sich zieht. So gelingt es mir, mein hinderliches mentales Muster zu durchbrechen.

Indem ich diese Blockade überwinde, eröffnet sich mir ein völlig neuer Erfahrungsraum. Ich merke plötzlich, welch unglaubliche Fortschritte möglich sind, nachdem sich durch das Lockern meiner mentalen Handbremse mein Aktionsradius erweitert hat. Jenseits der Angst liegt mitten im Scheitern die Lust am Lernen und Besserwerden. Ich begreife die Notwendigkeit des Scheiterns im Kleinen, um im Großen den Erfolg folgen zu lassen. Ich verstehe, dass ich mir das Scheitern beim Sportklettern nicht nur gestatten, sondern es zum Fixbestandteil meines Weges zum Erfolg machen muss.

Nicht um des Scheiterns willen, sondern um so die Grenzen zu verschieben und vom Fels ein unmittelbares Feedback zu bekommen, was geht und was nicht. Es geht darum, auch die verrücktesten Bewegungsexperimente auf ihre Effektivität hin zu überprüfen. Und zwar nicht mit einer halbherzigen Haltung, sondern mit der gesammelten Energie und mit der vollen Bereitschaft alles zu geben und notfalls dabei eben zu stürzen – na und? Wer niemals stürzt, bleibt unter seinen Möglichkeiten.

Ich merke, dass zwischen dem Aufgeben und dem tatsächlichen Scheitern ein großer Unterschied besteht. Ich erkenne, dass es so etwas wie ein erfolgreiches Scheitern gibt und ein Scheitern, das eher dem Aufgeben gleicht. Aufgeben bedeutet, sich innerlich zu sagen: „Nein, es geht nicht …", obwohl man noch immer an den Fingerspitzen hängt und noch lange nicht gestürzt ist.

Erfolgreich Scheitern heißt dagegen, solange zu klettern, bis man stürzt. Jedes Mal, wenn es mir gelingt, der Versuchung zu widerstehen, etwas früher aufzugeben und stattdessen mein volles Potenzial auszuschöpfen, werte ich es als großartigen Erfolg. Mit dieser Einstellung erziele ich plötzlich sprunghafte Leistungszuwächse, die auch mit einem noch so ausgeklügelten Trainingsplan undenkbar gewesen wären.

Um so klettern zu können, braucht man ein geeignetes Umfeld. Ich meine damit nicht nur den perfekten, trockenen Fels, die optimale Absicherung mit Bohrhaken, die warmen Temperaturen und das Klettern ohne Rucksack. Ich meine auch das notwendige soziale Umfeld. Ich merke an mir selbst, dass es einen enormen Unterschied für mich macht, in der Anwesenheit von Menschen zu klettern, die mich anspornen und mir zurufen: „Gib alles!" und „Super!". Ich merke, dass dies nicht selbstverständlich ist und auch anders sein kann. Wenn jemand meinen Versuchen am Fels argwöhnisch zusieht, senkt das meine Motivation und auch mein Leistungsvermögen. Ich merke, dass es im Grunde gar keine individuelle Leistung gibt, sondern nur eine Leistung innerhalb eines wie auch immer gearteten Miteinanders. Ganz gezielt klettere ich nur mehr in Gesellschaft und Anwesenheit von Menschen, die eine positive Leistungsatmosphäre entstehen lassen. Es ist unglaublich, wie das die eigenen Fortschritte beflügelt.

Erste Transferschritte

Im späten Frühjahr muss ich die Versuche in meinem Sportkletterprojekt im 9. Grad eine Weile aufschieben, da ich noch andere Verpflichtungen habe. Der Sommer naht in Riesenschritten und die Führungen beginnen wieder. Das Klettern im Projekt und in anderen Sportkletterrouten war ja auch kein reiner Selbstzweck, sondern sollte mir helfen, meine Leistungsfähigkeit im Alpinklettern auf ein höheres Niveau zu heben.

Jetzt geht es mir um einen gezielten Transfer meiner Fortschritte von meinem Sportkletterprojekt in das ernste Umfeld der Alpenwände. Wie vereinbart fahre ich mit meinem Kunden Ludwig im Frühjahr zweimal an den Gardasee. Ludwig klettert sich ein, er ist bestens vorbereitet für die großen Wände und unseren Dolomitenaufenthalten steht nichts im Wege. Im Sommer klettern Ludwig und ich die Gelbe Kante an der Kleinen Zinne und die Micheluzzi-Führe mit ihrem berühmten 90-Meter-Quergang am Piz de Ciavazes in der Sella. Für Ludwig sind es großartige Erfolge, und ihm ist anzumerken, dass er Feuer gefangen hat und mehr will. Für mich bedeuten die zwei Touren ein professionelles Anknüpfen an die ersten „zarten" Extremerfolge meiner jugendlichen Sturm- und Drangzeit. Was aber noch wichtiger ist: Ich merke, dass der Transfer des Leistungszuwachses aus dem Sportklettern in die alpinen Wände schrittweise gelingt. Ich klettere die Routen mit einem erheblich größeren Sicherheitspolster als damals.

Ein unbekümmertes Ausprobieren und Stürzen ist im ernsten alpinen Umfeld nun natürlich nicht mehr möglich. Im Gegenteil: Damit ein Kunde sich überhaupt in solch extreme Wände wagt, muss ein Bergführer bei jeder Bewegung und jedem Handgriff Professionalität, Ruhe, Sicherheit und Vertrauen ausstrahlen. Das überträgt sich und hilft dem Kunden dabei, Touren und Wände zu schaffen, die er vorher vielleicht für unmachbar hielt. Am Berg gilt für mich beim Klettern mit Kunden also nach wie vor der Imperativ: „Niemals stürzen! Klettere immer mit Reserven!"

Diese Reserven sind durch das Sportklettern erheblich größer geworden. Durch den in weiterer Folge immer wieder stattfindenden Wechsel zwischen alpinen Routen und Sportklettereien lerne ich, mit den Unterschieden gut umzugehen, und es gelingt mir immer leichter, den Modus zu wechseln. Ich erkenne, dass Kluges Scheitern heißt, unter experimentierfreudigen Bedingungen von erlaubten Fehlern zu lernen und Fehler dort nicht zu machen, wo sie gefährlich sind.

Ludwig ist begeistert von den Touren und davon, was für ihn möglich wird. Für das nächste Jahr stehen insgesamt drei gemeinsame Wochen auf dem Programm. Diese ersten Erfolge mit einem Kunden geben mir das Gefühl, dass meine Entscheidung, mich auf das extreme Klettern mit Kunden zu fokussieren, richtig war. Ich bleibe der Entscheidung treu, und auf wundersame Weise beginnen sich auch andere Kunden dafür zu interessieren.

Der Sommer geht vorbei, im Herbst führt mich eine Trekkingreise neuerlich nach Nepal in den Himalaja. Als ich zurückkomme, hat bereits das November-Wetter eingesetzt. Bei einer Inspektion vor Ort sehe ich: Mein Projekt ist nass, es wird heuer auch nicht mehr auftrocknen. Eine erfolgreiche Begehung wird erst im nächsten Jahr möglich sein.

Im Winter widme ich mich wieder dem gezielten Krafttraining an der künstlichen Kletterwand. Meine Skitourenführungen und Tiefschneetrainings bilden ein willkommenes Wechselspiel zu diesen Trainingseinheiten.

Als ich mich im nächsten Frühjahr an einem warmen Märztag mit Waltraud zur Route begebe, will ich wissen, was das Training gebracht hat. Nach einem kurzen Aufwärmprogramm steige ich ein. Schon die ersten Züge sind extrem hart, die Route hängt über, die Griffe bestehen aus kleinen Löchern, in die teilweise nur ein Fingerglied hineinpasst. In einer äußerst labilen Gleichgewichtslage muss ich hier an der Sturzgrenze das Seil in die Zwischensicherung legen, anschließend drei Fingerspitzen äußerst präzise in einen kleinen schmalen Schlitz sortieren und dann zum nächsten Zug ansetzen. Es ist anstrengend, aber es funktioniert. Nach nur sechs Metern Kletterei sind die Unterarme bereits dick angeschwollen, und das Herz pumpt und pumpt. Dort wo ich vor einem Jahr nicht einmal richtig Halt fand, kann ich nun ein wenig rasten, abwechselnd die Arme ausschütteln, damit wieder Blut hineinkommt und vor allem die Nerven beruhigen. Nun geht's darum, die letzten Züge zu machen und bis zum Ausstieg durchzuhalten. Ich atme tief durch und rufe die Bilder ab, die ich mir vorgestellt habe. Noch einmal tief Luft holen. Ein fast tranceartiger Zustand leitet mich nach oben, ich habe auf alle meine Ressourcen Zugriff und durchsteige die Route und stemme mich auf das Ausstiegsband. Ich erreiche den Ausstiegshaken, geschafft! Ich hänge das Seil ein und Waltraud lässt mich ab. Wir umarmen uns.

Lektionen aus dem Durchbruchprojekt 9. Grad

Diese Sportkletterroute im 9. Grad war für mich ein echtes Durchbruchprojekt, mit dem sich mir eine neue Kletterwelt erschloss: Meine Leistungsfähigkeit und mein Kletterkönnen machten einen Quantensprung. Ich konnte in weiterer Folge andere Routen im selben Schwierigkeitsgrad mit viel weniger Aufwand in viel kürzerer Zeit klettern und hatte gleichzeitig viel mehr Spaß und Lockerheit in Routen, in denen ich zuvor noch maximal angespannt gewesen war.

Aus dieser Erfahrung leite ich drei zentrale Impulse ab:

→ Heben Sie sich oder Ihr Unternehmen mit Durchbruchprojekten auf ein neues Leistungsniveau. Fragen Sie sich: Welches kühne Vorhaben würde mich oder meinen Bereich auf eine neue Leistungsstufe heben? Welches Vorhaben könnte ich oder mein Bereich zu einem solchen Willensziel machen?

- Schaffen Sie strukturell und sozial experimentierfreudige Rahmenbedingungen, und reduzieren Sie so bei großen Vorhaben durch kleine Experimente das große Risiko. Überlegen Sie: Wie sehen die diesbezüglichen Rahmenbedingungen in meinem Bereich aus? Ermutigen die Rahmenbedingungen Experimente und überschaubare Risiken oder verhindern sie diese? Wie sehen das meine Mitarbeiter?
- Lernen Sie durch schnelle, kluge, kleine Fehler, durch Feldversuche und durch rasches Feedback. Fragen Sie sich: Wie könnte ich durch die Geisteshaltung des Prototyping neue Vorhaben starten, rasch Rückmeldungen generieren und daraus lernen? Welche Dinge könnte ich starten, ohne dass ich um ein Budget ansuchen oder jemanden um Erlaubnis fragen muss?

Impulse und Gedanken für den Transfer

Durchbruchprojekte starten

Dem Einzelnen kann ein erfolgreiches Durchbruchprojekt in neue berufliche, geschäftliche oder professionelle Sphären helfen. In Unternehmen besteht die Möglichkeit, durch solche Durchbruchprojekte die Leistungsfähigkeit der Organisation sprunghaft zu steigern und die kollektive Wahrnehmung dessen, was für möglich gehalten wird, zu erweitern.

Als Kennzeichen für Durchbruchprojekte können folgende Kriterien gelten:

Durchbruchprojekte

- setzen ein visionäres Vorhaben um,
- ändern die Sichtweise dessen, was möglich ist,
- ändern oder brechen übliche Konventionen und Regeln,
- haben Symbolkraft und Vorbildfunktion,

- erregen Aufmerksamkeit,
- lösen weitere Energieschübe aus,
- stiften besonderen Nutzen.

Welches Projekt würde Sie weiterbringen, auf eine nächste Stufe heben, Ihnen einen Quantensprung nach vorne ermöglichen? Was wäre ein echtes Durchbruchprojekt für Sie?

Machen Sie einen ersten Schritt und wählen Sie ein Vorhaben aus, das all die persönlichen Investitionen, die im weiteren Verlauf notwendig werden, rechtfertigt. Echte Innovation ist meist irgendwo unwillkommen – so könnte es auch in Ihrem persönlichen Umfeld sein. Es kann sein, dass es Menschen gibt, die Ihr Durchbruchprojekt ablehnen, es lächerlich finden oder es Ihnen nicht zutrauen.

Es ist wichtig, dass Sie, falls Sie auf Ablehnung stoßen, sich dieser nicht permanent aussetzen. Das raubt Ihnen nur die Kraft und den Glauben an Ihr Vorhaben. Fragen Sie also niemanden um Erlaubnis und setzen Sie das zarte Pflänzlein Ihres im Anfangsstadium befindlichen Projekts keinen theoretischen Debatten mit irgendwelchen Leuten aus. Beginnen Sie damit und lassen Sie es in aller Stille reifen und wachsen. „In aller Stille" heißt: geschützt vor theoretischer Ablehnung im Sinne von „das wird nicht funktionieren". Denn ob es funktionieren wird oder nicht wissen Sie erst, wenn Sie es versucht haben.

Beginnen Sie mit kleinen, reversiblen Schritten und risikoarmen Experimenten. Beginnen Sie im übertragenen Sinne im Klettergarten, bevor Sie in die Nordwand einsteigen.

Holen Sie sich rasch und gezielt Feedback von jemandem, der Ihre Idee anwenden oder nutzen soll: beispielsweise von einem Kunden oder von einem Nutzer, der Ihr Produkt kaufen oder Ihre Dienstleistung in Anspruch nehmen soll. Holen Sie sich aber kein theoretisches Feedback im Sinne von „Was erwarten Sie sich von …" oder „Was würden Sie davon halten, wenn …". Zeigen Sie Ihrem Kunden einen Prototyp, etwas zum Angreifen oder Erleben, lassen Sie ihn probieren und erfahren. Machen Sie Feldversuche unter realen Bedingungen, und zwar möglichst schnell und nicht nur einen, sondern mehrere. Sammeln Sie so schnell wie möglich Erfahrungen und bauen Sie dieses Feedback in die weitere Verbesserung Ihrer Idee ein. Haben Sie keine Angst vor Fehlern im Anfangsstadium, sondern lernen Sie so rasch wie möglich daraus. Das schützt Sie vor teuren Fehlern oder vor dem Totalabsturz. Gehen Sie nach den Regeln des Rapid Prototyping vor: „Fail early to learn quickly!"; mehr zum Thema Prototyping lesen Sie in den nächsten Abschnitten.

Natürlich kann in weiterer Folge die Unterstützung Ihrer Idee durch andere Personen wichtig sein. Früher oder später werden Sie andere Menschen überzeugen müssen. Sie werden es aber wesentlich leichter schaffen, wenn Sie schon erste Erfahrungen vorweisen können, wenn Sie schon erste Erfolge eingefahren haben, wenn Sie den anderen schon erste Zahlen, Daten und Fakten liefern können. Sie überzeugen die anderen nicht nur durch diese Tatsachen und Fakten, sondern auch dadurch, dass Sie selbst überzeugender und gefestigter wirken.

Pflanzen Sie Ihr Ideen-Pflänzchen und setzen Sie es erst dann der harten Witterung aus, wenn es schon überlebensfähig ist. Glauben Sie nicht, dass Sie zuerst Ihre Umwelt überzeugen müssen, um dann von dieser die Absolution für Ihr Durchbruchprojekt zu bekommen. Machen Sie zuerst kleine Schritte und bauen Sie in sich den Glauben an Ihr Projekt auf.

Rahmenbedingungen für Experimentierfreude schaffen

Scheitern ist aus meiner Sicht ein wesentlicher Bestandteil auf dem Weg zum Erfolg. Ich habe den Eindruck, dass die Diskussion zum Thema Fehlerkultur in den meisten Unternehmen sehr oberflächlich und theoretisch ist, und dass zumeist eine Fehler-Vermeidungskultur gelebt wird: Fehler dürfen nicht passieren und Scheitern ist verpönt. Die Folgen davon sind: ein Mangel an Übernahme von Eigenverantwortung, eine Absicherungskommunikation in der cc-Zeile, die Entscheidungsdelegation nach oben, und falls doch was schief gehen sollte, werden Fehler vertuscht, wird die Schuld anderen zugewiesen und Sündenböcke werden gesucht.

Wenn jedoch Misserfolge geächtet und Fehler sanktioniert werden, und sei es nur in Form einer abfälligen Bemerkung, führt dies genau zu den beschriebenen Verhaltensweisen. Die Folge davon ist, dass niemand mehr sich dazu bereit erklärt, Aufgaben zu übernehmen, die das Risiko des Scheiterns in sich bergen. In diesem Moment ertönt zumeist in der Organisation der der Ruf nach mehr Unternehmertum und Risikobereitschaft.

Nun geht es keineswegs darum, dass die Mitglieder einer Organisation insgesamt risikobereiter werden. Vielmehr geht es darum, dass Führungskräfte und Mitarbeiter lernen, gezielt und bewusst mit Risiken umzugehen: Dass sie lernen, Risiken soweit in Kauf zu nehmen, dass Erfolge oder Innovationen möglich werden, ohne dabei einen Super-GAU zu riskieren. Es geht darum, dass Unternehmen lernen, zwischen erlaubten und unerlaubten Fehlern zu unterscheiden. So weiß ein Bergsteiger, dass bei der gefahrlosen Kletterei im Klettergarten Stürze erlaubt sind, während bei dem hohen Risiko im alpinen Gelände Stürze absolut vermieden werden müssen. Unternehmen können viel gewinnen, wenn sie lernen, mit Fehlern und Risiko situationsadäquat umzugehen.

Die Firma W. L. Gore & Associates, die durch das wasserdichte und atmungsaktive Material Gore Tex mittlerweile nicht mehr nur Bergsteigern bekannt ist, benutzt für diese Unterscheidung das Bild der „Wasserlinie“: „Wir wollen, dass Menschen Risiken für das Unternehmen eingehen. Nur daraus entstehen neue Geschäftsideen und Patente. Aber bitte, tut alles erdenkliche, damit nicht das gesamte Schiff gefährdet ist, bohrt keine Löcher unterhalb der Wasserlinie.“ (Loth, zit. nach Osmetz 2006)

Immer wenn Mitarbeiter bei Gore eine Innovation versuchen, stellen sie sich zwei Fragen:

1. Wenn ich etwas versuche und Erfolg habe – war es den Aufwand wert?
2. Wenn mein Versuch fehlschlägt, kann das Unternehmen dies verkraften?

Mit diesen Vorgaben schafft Gore die strukturellen Rahmenbedingungen für „Kluges Scheitern“ und den Humusboden für echte Innovationen.

Wo Erfolg möglich ist, ist immer auch ein Scheitern möglich. Noch drastischer könnte man sagen, dass Scheitern nur dort ausgeschlossen werden kann, wo Erfolg gar nicht möglich ist. Die Realität ist: Misserfolge, Scheitern und Fehler sind unausweichlich. Falsche Entscheidungen sind unumgänglich – und manchmal sogar wichtiger als richtige.

Nehmen wir das Beispiel eines Unternehmens, das wie eine Seilschaft agiert, die am Boden zeitraubende theoretische Debatten führt und durch exzessive Analysen und Planung im Detail schon Bewegungen festzulegen versucht, die vom Boden aus noch gar nicht beurteilt werden können, um schließlich auf Basis der Debatten und Analysen ihre Entscheidung zu treffen, ob sie einsteigt oder nicht. Während dieses Unternehmen wertvolle Zeit verstreichen lässt, geht ein anderes Unternehmen, das nach dem Prinzip Klugen Scheiterns handelt, wie eine Seilschaft vor, die sofort in Kontakt mit dem Fels tritt. Die Seilschaft steigt ein und macht in der Anfangsphase mit guten Zwischensicherungen jene Fehler, die wenig kosten, aber viel Wissen über die Wand bringen. Während die andere Seilschaft noch plant, hat diese schon den halben Weg nach oben gemeistert. Während das eine Unternehmen noch plant, ist das andere schon in den Kontakt mit der Realität getreten und führt risikoarme Experimente durch.

Hamel weist darauf hin, wie wichtig es ist, das Gesamtrisiko so zu zerlegen, dass ein Scheitern nicht existenzbedrohend wird oder unnötige Riesenverluste verursacht. „Zu häufig beschränken sich Unternehmen auf eine einzige, vorschnelle Aktion, wenn sie vor einer neuen, kaum definierten Gelegenheit stehen. Je größer die anfängliche Ungewissheit darüber ist, welche Kunden kaufen werden, welche Produktkonfiguration die beste ist, welche Preispolitik funktionieren wird und welche Vertriebskanäle die effektivsten sind, desto höher sollte die Zahl der Experimente sein." (Hamel, 2001)

Doch um eine experimentierfreudige Kultur zu schaffen, braucht es in vielen Unternehmen ein Umdenken. Ein Unternehmen kann beispielsweise sein Gesamtrisiko durch ein Portfolio von Projekten mit unterschiedlich hohem Risikopotenzial steuern. Wenn es sich dann entscheidet, im Rahmen dieses Portfolios auch Projekte mit hohem Risiko anzugehen, sollten die persönlichen Risiken des Projektverantwortlichen von den Projektrisiken getrennt werden. Dem Projektverantwortlichen dürfen im Falle eines intelligenten Scheiterns keine negativen Konsequenzen drohen. Ist dies nicht der Fall, werden sich wahrscheinlich künftig keine Mitarbeiter mehr für risikoreiche Aufgaben zur Verfügung stellen.

Durch ein Portfolio kostengünstiger und im Verhältnis risikoarmer Experimente können Unternehmen tiefer greifende Innovationen und mehr Durchbruchprojekte hervorbringen als durch theoretisches Debattieren. Je weniger ein Unternehmen seine Innovations-Experimente, etwa aufgrund seiner kleinen Größe oder mangelnder Ressourcen, in einem Portfolio streuen kann, desto wesentlicher wird die Fähigkeit zum Rapid Prototyping.

Rapid Prototyping: Fail early to learn quickly!

Rapid Prototyping wird als Überbegriff für Techniken verstanden, die sich zum Ziel gesetzt haben, in möglichst kurzer Zeit zu einem greifbaren Ergebnis zu kommen. Der Ansatz des Prototyping kommt ursprünglich aus der Konstruktion und Produktentwicklung. Das zugrunde liegende Prinzip kann aber auch bei der Entwicklung von Dienstleistungen jeglicher Art genutzt werden.

Beim Prototyping geht es eher um eine Geisteshaltung als um eine Produktionsmethode. Man muss sich zuerst von der Trennung zwischen theoretischer Entwicklung und darauf folgender praktischer Umsetzung lösen. Schon in der Frühphase jeglicher Entwicklungsarbeit sollte man sich um Feedback und Anregungen bemühen, indem man den Anwendern, Nutzern und Auftraggebern einen Prototyp präsentiert. Das kann bei einer Produktentwicklung ein Modell aus Schaumstoff genauso sein wie bei einer Software-Entwicklung die Testversion oder bei einer innovativen Dienstleistung eine Testreihe mit Kunden. Die Erkenntnisse sollten dann Schritt für Schritt in die vorläufige Endversion des Produktes einfließen.

Als Faustregel für das Vorgehen beim Prototyping können die drei Rs – Rapid, Right, Rough – dienen:

Right: Fragen Sie sich: Haben wir das Kernproblem im Fokus? Worum geht es für den Kunden wirklich?

Rapid: Schaffen Sie so schnell wie möglich ein erstes Modell, Konzept, Erlebnis für die Anwender oder Auftraggeber.

Rough: Setzen Sie auf grobkörnige Lösungen und führen Sie kostengünstige Experimente durch.

Auch Meetings oder Workshops können mit der Geisteshaltung des Prototypings durchgeführt weren. Folgende Struktur ist dafür wichtig, egal ob es sich um ein 60-Minuten Meeting oder einen 2-Tages-Workshop handelt: Verwenden Sie ein Drittel der Zeit, um den Problem-Raum zu erkunden und zu verstehen, was eigentlich das Problem ist. Achten Sie dabei darauf, nicht in eine Problem-Hypnose zu verfallen. Verwenden Sie das zweite Drittel der Zeit, um den Lösung-Raum zu erkunden und nehmen Sie dabei einen radikalen Lösungsfokus ein. Entwickeln Sie im letzten Drittel Prototypen, die gleich im Anschluss auf Brauchbarkeit getestet werden.

Prototyping ist keineswegs auf physische Modelle beschränkt, sondern kann auch zur Gestaltung immaterieller Produkte, wie Dienstleistungen oder Veranstaltungen eingesetzt werden. Auch für neue Geschäftsmodelle lassen sich Prototypen entwickeln. Wesentlich dafür ist, dass der Feldversuch echt ist, und dass man sich von theoretischen Debatten abwendet. Folgendes Beispiel illustriert, wie dies in der Praxis funktioniert und zeigt die dem Prototyping zugrunde liegende Philosophie auf.

Idealab ist ein amerikanisches Unternehmen, das neue Firmen gründet und betreibt, die die Möglichkeiten des Internets innovativ nutzen. Sie wollen mit ihren Firmen auch die Nutzung des Internets insgesamt weiterentwickeln. Bill Gross, Gründer und CEO, beschreibt die Vorgangsweise so: „Angenommen, wir haben eine neue Idee für irgendetwas – beispielsweise für den Verkauf von CDs über das Internet. Klar, das gibt es bereits, aber lassen Sie es mich als Beispiel nennen: Wir würden eine Prototyp-Website entwickeln. Die könnten wir innerhalb von zehn Tagen betreiben. Wir würden ein Feld für den Einkauf mit Kreditkarten einrichten, selbst wenn wir Kreditkarten noch gar nicht bearbeiten könnten und auch noch keinen Bestand an CDs hätten. Aber wir würden online gehen und zehn verschiedene Verkaufsangebote testen – beispielsweise CDs zu Tiefstpreisen oder die zehn stets vorrätigen Top-CDs oder CD-Auslieferung innerhalb eines Tages und so weiter.

Die Kunden würden dann die Seite besuchen und ihre Kreditkartennummer eintippen, um die CD zu bekommen. Wir würden diese Information wieder löschen und natürlich nichts über die Kreditkarte abbuchen, weil wir das noch nicht könnten. Stattdessen würden wir uns mit der Bestellung an Tower Records wenden. Wir würden die entsprechenden CDs kaufen und sie unseren Kunden umsonst zusenden. Dadurch verlieren wir Geld für die CDs. Aber wir können umfassend testen, wie Kunden auf ein spezielles Angebot reagieren. Es ist unglaublich, welche Art von Feedback Sie von den Kunden bekommen, wenn es sich um einen wirklichen Test handelt und nicht nur um ein paar lahme Fragen über ihre Ansichten." (Hamel, 2001)

LITERATUREMPFEHLUNGEN

Peter F. Drucker: Innovation and Entrepreneurship. Elsevier Butterworth-Heinemann 1994

Tom Kelley: Das IDEO Innovationsbuch. Econ Verlag 2002

Tom Kelley: The Ten Faces of Innovation. Currency Doubleday 2005

A. Osterwalder & Y. Pigneur: Business Model Generation. Campus Verlag 2011

7. Prinzip: Neue Wege - neues Führen

„Wir überschätzen, was wir in einem Jahr erreichen können, und unterschätzen, was wir in fünf, sieben oder zehn Jahren erreichen können."

Beim 7. Prinzip „Neue Wege – neues Führen" geht es um zentrale Aspekte des Führens, die unter Bedingungen von Unsicherheit und Ungewissheit hohe Relevanz besitzen. Zu Beginn mache ich bewusst, dass Führung ein wechselseitiger Prozess ist. Sowohl als Bergführer als auch als Führungskraft braucht man Leute, die mitgehen. Wenn niemand mitgeht – im buchstäblichen sowie im übertragenen Sinne –, findet Führung nicht statt. In weiterer Folge beschäftige ich mit der Frage, wie Menschen und Unternehmen sich Strukturen und Bedingungen schaffen können, die herausragende und nachhaltige Leistungen ermöglichen. Ich zeige auf, wie wichtig es ist, sich für harte Zeiten zu wappnen und dass Führung nicht den Fehler machen darf, einem Rezept oder einer einzigen simplen Logik zu folgen. Meine Klettergeschichte erzählt, wie ich den Transfer vom Durchbruchprojekt im sicheren Sportklettergarten zu den Nordwand-Führungstouren mit Kunden schaffte und wie mein Kunde Ludwig nach einigen Jahren steten Kletterns ein Leistungsniveau erreichte, das für uns beide zu Beginn unserer Klettergemeinschaft völlig unvorstellbar gewesen war. Nachdem ich meine Vision, mit Kunden große Nordwände zu durchsteigen, verwirklicht hatte, war ich bereit, neue Wege zu gehen. Ich erkannte, dass es wieder Zeit zum Neu Hinschauen geworden war. Hier schließt sich der Kreis des Nordwand-Prinzips.

Mit Kunden in den Nordwänden

Nach dem Erfolg in meinem Durchbruchprojekt 9. Grad geht es nun darum, meinen Leistungszuwachs aus dem kleinen und experimentierfreudigen Mikrokosmos des Sportkletterns in die ernste Wirklichkeit der Berge zu übertragen, aus den kleinen Wänden in die großen Wände. Die großen Wände sind nicht nur höher, sondern auch anders als die kleinen. Eine 800-Meter-Wand besteht nicht nur aus acht 100-Meter-Wänden, sondern stellt in der Gesamtheit eine völlig neue Dimension der Herausforderung dar.

Beim Leistungstransfer vom Sportklettern zum Alpinklettern ist es überlebenswichtig, den Unterschied der beiden völlig unterschiedlichen Kontexte zu beachten und entsprechend zu handeln. Wenn man stürzt, ist das Verletzungsrisiko im alpinen Gelände um ein Vielfaches höher, und zudem kann es auch bei kleinen Verletzungen unmöglich sein, den Rückzug auf den sicheren Boden aus eigener Kraft zu schaffen.

In den wirklich extremen Routen ist an eine Bergung mit Hubschrauber wegen der immensen Steilheit nicht zu denken, und eine Seilbergung durch die Bergrettung passiert nicht von einer Stunde auf die nächste. Ein Unfall in einer alpinen Felswand stellt somit wegen der stark verzögerten und eingeschränkten Rettungsmöglichkeiten meist eine existenzbedrohende Situation dar. Immer wieder kam es vor, dass Kletterer mit geringen Verletzungen eine notwendige Biwaknacht aufgrund des Unfallschocks nicht überlebten und am nächsten Tag von der Bergrettung nur noch tot geborgen werden konnten.

Wenn ich meinen Beruf in diesem Umfeld ausüben will, kann die oberste Prämisse nur lauten: Es darf nichts passieren! Die Anforderungen des Umfelds sind aber nicht der einzige Unterschied, den ich beachten muss. Ein weiterer bedeutender Aspekt ist, dass ich hier nicht für mich alleine oder zum Spaß mit Freunden klettere, sondern eine professionelle Dienstleistung erbringe. Obwohl mir und meinen Kunden klar ist, dass eine Führung durch eine extreme Kletterroute immer auf einer freiwilligen Gefahrengemeinschaft basiert, liegt die Gesamtverantwortung letztlich bei mir als dem Bergführer. Während ich mit einem gleichwertigen Partner eine extreme Route in Form der Wechselführung begehe, liegt bei einer geführten Tour die Herausforderung des Vorstiegs allein bei mir. Das bedeutet, jeden einzelnen Meter dieser Route als Vorsteiger bewältigen zu müssen. Zum ohnehin vorhandenen Druck, der durch die Schwierigkeit und Ernsthaftigkeit der Tour entsteht, kommt hier der Druck der Führungsverantwortung hinzu.

Ich muss also mit erheblich größeren Sicherheitspolstern und Leistungsreserven klettern. Ich muss eine Arbeitsmethodik finden, die mir genug Lockerheit verleiht, um mich neben dem Vorsteigen und der Bewältigung der Schwierigkeiten auch noch der intensiven Unterstützung meines Kunden, der Beobachtung des Umfelds und möglicherweise sich ankündigender Wetterveränderungen widmen zu können. So etwas wie in der Nordwand der Les Courtes darf mir nie wieder passieren. Darüber hinaus ist die Ruhe und subjektive Sicherheit, die ich als Bergführer ausstrahle, eine wesentliche Voraussetzung für die objektive Sicherheit der ganzen Seilschaft. Meine Ruhe überträgt sich auf den Kunden und gibt ihm Sicherheit. Je ruhiger und sicherer ich bin, desto ruhiger klettert auch der Kunde, und je besser mein Kunde klettert, desto höher ist auch meine Sicherheit.

Bald fahre ich mit Ludwig wieder zum Einklettern an den Gardasee. Ich selbst bin angesichts der eben geglückten Begehung von Sportkletterrouten im 9. Grad voll Auftrieb, und auch Ludwig fiebert der neuen Klettersaison entgegen. Wir klettern 60 Seillängen in nur vier Tagen und kommen voll in den Fluss des Kletterns. Auch unser Zusammenspiel gedeiht prächtig, wir beginnen langsam, uns wortlos zu verstehen. Ich achte darauf, dass wir auch kritische Situationen gemeinsam durchspielen. Ich zeige Ludwig, wie man Stürze hält und springe deshalb mehrmals aus geeigneten, steilen Sportkletterrouten ab. Ludwig lernt die notwendigen Handgriffe, um das Seil nach dem Sturz zu fixieren, und ich lerne, dass ich mich auf Ludwig verlassen kann. Wir üben gemeinsam das Rückzugsverfahren aus überhängende Routen mir Quergängen und üben auf diese Weise den Umgang mit dem Unerwarteten. Wir trainieren jede vorstellbare Ausnahmesituation, um im Fall der Fälle – den es ja eigentlich nicht geben darf, der aber doch immer wieder vorkommt – professionell mit dieser umgehen zu können. Dadurch dass Ludwig die notwendigen handwerklichen Fähigkeiten erlernt, gewinnen wir objektiv an Sicherheit, doch darüber hinaus reduziert sich so auch die psychische Belastung für mich enorm. Ludwig wird klar, dass ich nicht unfehlbar bin und seine Unterstützung brauche. Für mich ist es nach dem Training der Ausnahmesituationen viel leichter, Bedenken, Zweifel oder eventuell notwendige Rückzugsmaßnahmen anzusprechen. Vom Druck des Unfehlbar-scheinen-Wollens befreit, kann ich heikle Situationen besser meistern, weil ich einfach lockerer bin.

Die nächste Station bildet ein einwöchiger Aufenthalt in der Verdonschlucht, dem Grand Canyon Europas. Wenn das Klettern im Verdon mit einem Wort beschrieben werden müsste, würde ich es „atemberaubend" nennen. Auf mehreren Kilometern stürzen die Felswände jäh in die Tiefe, als hätte jemand die Erde mit einem riesigen Schwert gespalten. Siebenhundert Meter darunter fließt, als winziges grünes Band erkennbar, der Verdon-Fluss im Schluchtgrund. An die obere Schluchtkante führt die Aussichtsstraße Route des Crêtes. Hier parkt man sein Auto am oberen Schluchtrand und seilt sich bis zu dreihundert Meter ab. Runter bis zu einem Jardin, so nennen die Einheimischen die vereinzelten grünen Oasen in der Wand, von denen viele Routen wieder nach oben starten. Viel öfter seilt man allerdings in eine vertikale Plattenflucht ab und startet die Kletterei von einem exponierten Standplatz inmitten von grifflosen Platten aus nach oben. Wenn man beim Abseilen die saugende Tiefe von dreihundert Metern Luft und sonst nichts unter den Sohlen hat, ist das Abziehen des Seils eine besonders delikate Angelegenheit. Das Auge findet in den äußerst griffarmen Felswänden kaum Halt und die ganze Szenerie setzt die Kletterer unter Hochspannung. Wenn das Seil abgezogen ist, gibt es nur noch eins: Du musst raufklettern. Klettern im Verdon stellt ein ideales Verbindungsglied zwischen dem Sportklettern im Klettergarten und den langen alpinen Felsrouten dar. Die Klettereien im rauen Verdonkalk sind von unglaublicher Schönheit, der warme Mistral-Wind begleitet uns, wenn wir an den kleinen, griffigen Löchern und Leisten nach oben tanzen. Es ist vollkommen begeisternd für uns beide. Ich bin dankbar, dass es mir vergönnt ist, einen derart inspirierenden und aufregenden Beruf ausüben zu dürfen. Ludwig spürt, dass er in dieser Umgebung seine Kletterleistungen stark steigern kann, und so wird diese einzigartige Schlucht in der Provence ein Fixbestandteil in unserem jährlichen Vorbereitungsprogramm auf die sommerlichen Extremrouten.

Bei unserem ersten gemeinsamen Verdon-Aufenthalt bin ich von Ludwigs Kletterfähigkeit mehr als überrascht. Er verfügt mittlerweile über eine gute Klettertechnik und ein gehörige Portion an Kraft und Ausdauer, sodass wir wesentlich schwerere Touren als im Vorjahr klettern können. Zu Beginn unserer gemeinsamen Unternehmungen hätte ich ihm einen solchen Leistungszuwachs niemals zugetraut, doch er belehrt mich eines Besseren. Ich denke mir, dass man sich generell vor allzu vorschnellen Urteilen hüten sollte, und bin ein bisschen beschämt wegen meiner anfänglichen Einschätzung. Ich dachte, Ludwig sei für echt schwere Touren und große Nordwände schon ein bisschen zu alt, doch das genaue Gegenteil ist der Fall. Ludwig hat mit

54 Jahren Feuer gefangen und den ganzen Winter über hart in der Kraftkammer trainiert, anders wäre dieser enorme Leistungszuwachs nicht möglich geworden. Ich erkenne, dass ich Ludwigs Trainings- und Tourenplan gleich einmal ordentlich nach oben revidieren kann, denn nun sind weit anspruchsvollere Routen und größere Wände machbar, als ich ursprünglich geplant hatte.

Ludwig erzählt mir, dass er von meiner Begeisterung fürs Klettern angesteckt worden sei und dass ihn dies motiviert habe, hart zu trainieren, um schwerer klettern zu können. Seine Begeisterung wirkt sich wiederum stimulierend auf mich aus, und so entsteht eine echte Leistungsgemeinschaft, zu der Ludwig einen ebenso wichtigen Teil beiträgt wie ich.

Wir bauen die darauf folgenden Jahre immer folgenermaßen auf: im Frühjahr Sportklettern am Gardasee oder in Südfrankreich, im Frühsommer eine Woche ins Verdon, im Sommer geht es dann entweder in die Dolomiten oder in die Schweiz. Ludwig und ich trainieren immer intensiver und klettern gemeinsam immer stärker, nach einigen Jahren gelingen uns im Verdon gemeinsam Routen im oberen 7. und unteren 8. Schwierigkeitsgrad. Was wir uns als nächstes Ziel vornehmen, entspringt nicht einer Vereinbarung oder einem vorgefassten Plan, sondern ist Ergebnis eines spannenden gemeinsamen Entwicklungsprozesses.

Unsere schweren Tourenbegehungen sprechen sich herum, und es kommen immer mehr Kunden zu mir, die auch solch außergewöhnliche Routen klettern wollen. Hubert ist Richter und beginnt ebenso eifrig wie Ludwig mit dem Klettertraining. Mit ihm dehnt sich meine Klettersaison bis weit in den Herbst hinein aus. Wir klettern in den Buchten von Sardinien, in den prächtigen Felsen von Mallorca, ebenso im Verdon und in den Dolomiten. Auch mit Gerhard und Günter kann ich extreme Routen klettern. Drei Jahre nach dem Entschluss, mir als Profibergführer ein neues Profil zu geben, habe ich mein neues Spielfeld nicht nur gefunden, sondern mich darin auch etabliert.

Die größten Erfolge mit meinen Kunden gelingen mir fünf Jahre und mehr nach dem Entschluss, mich auf Extremrouten zu fokussieren. Darunter sind viele Routen, von denen ich immer geträumt hatte: die Don Quijote, eine elegante Linie im oberen 6. Schwierigkeitsgrad in der neunhundert Meter hohen Marmolada-Südwand; die Fuori-Kante im Bergell, eine extreme

Granitkletterei im oberen 6. Schwierigkeitsgrad; der gesamte Salbit-Westgrat, eine nicht enden wollende Serie von Grattürmen mit insgesamt unvorstellbaren 1,6 Kilometer Kletterlänge, immer im 5. bis oberen 6. Schwierigkeitsgrad; die klassische Linie der Via delle Guide durch die achthundert Meter hohe Nordwand des Crozzon di Brenta; die Andrich-Fáe und die Tissi-Führe in der Civetta und viele mehr. Ich lebe vom Klettern und für das Klettern, verbringe einen Monat pro Jahr in Südfrankreich, drei bis vier Wochen am Gardasee, drei bis vier Wochen in den Dolomiten, dazu zwei bis drei Wochen auf Mittelmeerinseln und den Rest in den heimatlichen Wänden.

Meine Vision ist Realität geworden. Die Verlagerung meines professionellen Wirkens weg von den alpinistischen Normalwegen hin in die Nordwände des extremen Kletterns ist geschafft.

Die neue Tätigkeit hat zwei Seiten. Zum einen ist da die große Faszination des Tanzes in der Vertikalen, die sinnliche Ästhetik der extremen Kletterei in atemberaubender Szenerie und das damit verbundene intensive Leben und Erleben.

Zum anderen heißt es, in den langen extremen Routen im Durchschnitt zwanzig- bis dreißigmal am scharfen Ende des Seils die jeweils kommende Seillänge nach vorne ins Ungewisse zu klettern, bis die Wand endlich durchstiegen ist. Noch dazu klettere ich viele der extremen Felstouren mit den Kunden zum ersten Mal, das heißt, ich kenne die Kletterei noch nicht. Ich weiß also niemals genau, was kommen wird, ich muss den Fels im Gehen entschlüsseln, muss den Routenverlauf finden und kann dabei nur auf das Vertrauen in mich selbst bauen, es zu schaffen.

Das kostet mich auf Dauer nicht nur körperliche, sondern auch mentale und nervliche Substanz. Es bedeutet nichts anderes, als dass ich meine Profession unter ständiger Anwesenheit von Lebensgefahr ausübe. Manchmal dauert so ein Klettertag bis zu vierzehn Stunden, in Ausnahmefällen auch länger. Da es nun mein beruflicher Schwerpunkt ist, muss ich diese extreme Leistung nicht nur an einem Tag, sondern an vielen Tagen in der Saison erbringen. Ich begreife im Tun, dass es hierbei nicht nur um die singuläre Problemstellung „Große Wand“ geht, sondern dass darüber hinaus im Laufe eines Sommers eine neue Herausforderung für mich entsteht: die Aneinanderreihung vieler „Großer Wände“. Wenn man sich vor Augen hält, dass in den schweren Routen die vielen kleinen und die paar großen Entscheidungen ständig mit unzureichendem Informationsstand getroffen werden müssen, dann ist klar, dass der Aufmerksamkeit und Wachsamkeit eine Schlüsselrolle zukommt. Denn die größte Gefahr für die Wachsamkeit liegt in der Wiederholung, die auch zu Monotonie und Abstumpfung führen kann.

Um diese gefährliche Abstumpfung zu vermeiden, beschließe ich, nicht immer nur extrem zu klettern, sondern zwischendurch auch leichte Routen einzustreuen. Ich klettere nicht nur in Nordwänden, sondern auch in Südwänden, nicht nur lange schwierige Routen, sondern zwischendurch auch spielerisch über dem Meer.

Eine der zentralen Lektionen aus meinem Erlebnis an der Les Courtes ist, nichts mehr mit der Brechstange anzugehen. Das spielerische Kommenlassen der günstigen Gelegenheit wird für mich zur Leitlinie. Dazu brauche ich jedoch diese feine Wachsamkeit, die nur da ist, wenn ich locker bin und dadurch erkennen kann, wann sich die Chance für eine große Route auftut. Gleichzeitig kann ich ebenso locker verzichten, wenn mein Gefühl sagt, dass wir heute aus irgendeinem Grund nicht einsteigen sollten.

Mein größter Erfolg als Bergführer stellt für mich nicht meine Liste der Tourenerfolge dar, sondern der Umstand, dass ich auf über eintausend geführten Extremrouten in zwölf Jahren keinen Unfall hatte. Oft verzichte ich wetterbedingt auf Touren, doch wichtiger für mich sind jene Entscheidungen, bei scheinbar optimalen Bedingungen auf Durchstiege zu verzichten, weil meine innere Stimme mir signalisiert, dass irgendwas nicht stimmt. Ich vertraue dabei mehr meinem Gespür als den rein rational günstig scheinenden Umständen. Es gibt nicht DAS Rezept oder die eine simple Logik, der man folgen kann. Mir wird vielmehr klar, dass Führung bei großen Herausforderungen immer in rezeptfreien Räumen stattfindet.

Durch die Nordwand-Touren mit Kunden gewinne ich neue Einsichten in das Wesen von Führung bei großen Herausforderungen. Zu allererst erkenne ich, dass ich als Bergführer in diesen Schwierigkeitsgraden in hohem Maße von den Kunden abhängig bin, nicht nur wenn es gilt, mögliche Ausnahmesituationen zu bewältigen, sondern auch im ganz normalen Routineablauf des Kletterns. Denn als Bergführer kann ich Nordwand-Routen nicht am kurzen Seil durchführen und komme mit noch so präzisen Anweisungen nicht weit. In Nordwand-Touren klettert man am langen Seil, das heißt, der Kunde bewegt sich teilweise 40 bis 50 Meter entfernt von mir, oftmals sogar außerhalb meines Blickfelds, hinter einer Kante. Dennoch bin ich als Bergführer in so einer Situation dafür verantwortlich, dass jemand, den ich nicht sehe und dem ich keine Anweisungen geben kann, in einer Extremsituation alles richtig macht. Dieses Vorgehen ist nur mit entsprechender Vorbereitung, Vertrauen und Selbstverantwortung möglich. Als Bergführer kann ich nur den Rahmen schaffen und gegebenenfalls Unterstützung geben. Mir wird auch klar, wie sehr die Leistungsfähigkeit in Führungsbeziehungen von der Qualität des Miteinanders abhängt. Es gibt Kunden, mit denen ich besser und lockerer unterwegs bin als in der Gemeinschaft anderer. Meine eigene Leistungsfähigkeit hängt demnach nicht nur von mir selbst ab, sondern auch von meinem Gegenüber. Je mehr Vertrauen ich in die Kletterleistungsfähigkeit, die Eigenverantwortung und das Sicherungskönnen der von mir Geführten habe, desto besser und leistungsfähiger bin ich selbst. Umgekehrt merke ich, wie viel Energie und Sicherheit meine Kunden aus dem Umstand beziehen, dass ich ihnen eine Route zutraue.

Führung ist nicht eine Funktion, die von einem Menschen in Richtung eines anderen ausgeübt wird, sondern vielmehr ein wechselseitiger Prozess. Führung in großen Nordwänden ist nur am langen Seil möglich. Zentrale Erfolgsprinzipien dafür sind, dass

- Eigenverantwortung und Freiräume möglich sind und nicht mit Anweisung und Vorgabe geführt wird;
- ein Klima des Miteinanders auf Augenhöhe herrscht, das auf Vertrauen, Fairness, Respekt und gegenseitiger Unterstützung basiert, anstatt ein asymmetrisches Verhältnis zwischen Führenden und Geführten zu schaffen, das der Wahrung des Anscheins von Überlegenheit dient;
- es eine Atmosphäre von Angstfreiheit und Offenheit in beide Richtungen gibt, in der man offen Bedenken, Befürchtungen oder Zweifel äußern, Fragen stellen oder um Unterstützung bitten kann.

Darüber hinaus wird mir bewusst, wie wichtig langfristige und kontinuierliche Arbeit ist, denn der Erfolg im Großen ist meist eine Folge vieler kleiner, unspektakulärer Schritte. Wesentlich ist, dass man sich in Bewegung setzt, einen Schritt nach dem anderen tut und sich solcherart auf eine Expedition zur Erlangung von Meisterschaft begibt. Ich erkenne, dass Meisterschaft kein Punkt ist, den man erreicht, sondern vielmehr ein Zustand, den man ständig erneuern muss, und dass es wichtig ist, immer zu agieren wie ein Meister, der noch übt. Das gilt für mich genauso wie für meine Kunden sowie für unsere gemeinsame Leistungsfähigkeit.

Kehren wir noch einmal zum Beispiel von Ludwig zurück: Zu Beginn erkannte ich sein Potenzial nicht, doch Ludwig belehrte mich eines Besseren. Von ihm lernte ich, dass man niemals einen anderen Menschen unterschätzen sollte, weder aufgrund des Alters noch wegen anderer Merkmale. Und durch Ludwig wurde mir klar, welch hohe Ziele man in einer Gemeinschaft erreichen kann, wenn man langfristig und kontinuierlich an der gemeinsamen Entwicklung arbeitet. Generell neigen wir dazu, zu überschätzen, was wir in der Lage sind, kurzfristig zu erreichen, zum Beispiel innerhalb eines Jahres. Auf der anderen Seite unterschätzen wir in noch größerem Ausmaß, was wir auf lange Sicht erreichen können, wen wir fünf, sieben oder zehn Jahre konsequent an einem Thema arbeiten.

1997, am Ende eines großen Tourensommers, lasse ich gemeinsam mit Waltraud, die inzwischen meine Frau geworden ist, bei einer herbstlichen Wanderung den Sommer nachklingen. Nach über eintausend geführten Touren, verwirklichten Träumen und erreichten Zielen stelle ich mir die Frage: Wie wird es weitergehen? Wie lange soll ich das in dieser Form noch betreiben? Ist es möglicherweise wieder an der Zeit zum Neu Hinschauen? Ich beginne damit, über neue Wege und berufliche Herausforderungen nachzudenken.

Der Zufall will es, dass ich die Möglichkeit erhalte, als Bergführer bei Outdoor-Trainings mitzuarbeiten. Die Arbeit mit Menschen in Unternehmen begeistert mich von Beginn an. Ich erkenne, dass es in Unternehmen um ähnliche Fragen wie in den Nordwänden geht, sozusagen nur auf anderem Untergrund. Hier geht es darum, wie sich Gemeinschaften auf kommende Herausforderungen einstellen, und darum, wie Unternehmen Ungewissheit Schritt für Schritt in Erfolge verwandeln können und immer wieder neue, lohnende Wege finden. Und so kommt es, dass ich nach den ersten Trainings als Outdoor-Unterstützer auch gleich zur Mitarbeit bei der Moderation in Workshops eingeladen werde. Schon nach kurzer Zeit beginnt die Mitarbeit in Veränderungsprozessen meine neue berufliche Säule zu werden. Neben der Arbeit in den Veränderungsprojekten absolviere ich ein postgraduales Studium für Organisationsentwicklung und steige langsam auf das neue Terrain um. Nach drei Jahren ist es wieder an der Zeit, Altes loszulassen: Ich ziehe mich aus sämtlichen geschäftlichen Aktivitäten rund um das Bergsteigen, dem Verkauf von Ausrüstung als auch der Durchführung von Touren zurück. Ab diesem Moment fokussiere ich mich ausschließlich auf die Beratung und Begleitung von Unternehmen in Veränderungsprozessen.

Lektionen aus den Nordwänden

Mit dem 7. Prinzip „Neue Wege – neues Führen“ rücke ich zentrale Aspekte von Führung unter Bedingungen von Unsicherheit, Ungewissheit und unerwarteten Umständen in den Fokus der Betrachtung. „Neue Wege – neues Führen“ ist jedoch mit sämtlichen vorangegangenen Prinzipien und Transferimpulsen dahingehend verbunden, dass diese ebenfalls Themen behandeln, die in den Aufgabenbereich von Führung fallen. Beispielsweise ist es natürlich eine Aufgabe von Führung, bei der Arbeit an schwierigen Problemen Momente des Neu Hinschauens herbeizuführen, selbstverständlich ist es Aufgabe von Führung, im Unternehmen vom Wünschen zum Wollen zu kommen und gemeinsame Willensziele zu etablieren. Darüber hinaus haben mir meine Erfahrungen mit Kunden in den Nordwänden einige Aufgaben von Führung bei großen Herausforderungen besonders deutlich gemacht. Es versteht sich von selbst, dass meine Gedanken zum Thema Führung keinen Anspruch auf Vollständigkeit haben, denn es gibt dazu weit mehr zu wissen und zu bedenken, als man in einem Buch zusammenzufassend sagen könnte.

Als ich mit meinen Kunden Extremkletterrouten durchstieg, wurde mir in aller Deutlichkeit bewusst, dass man, um führen zu können, Menschen braucht, die bereit sind, mitzugehen. Wenn es niemanden gibt, der mitgeht, findet Führung nicht statt. Eine der weiteren zentralen Erfahrungen, die ich von meinen Führungstouren mitnahm, ist, dass die Anforderungen, denen man sich aussetzt, in hohem Maß den Leistungslevel bestimmen, den man erreicht. Damit änderten sich auch meine Rolle und mein Selbstverständnis von Führung als Bergführer. Auf den Normalwegen zu führen bedeutete für mich, die Kunden immer in unmittelbarer Nähe am kurzen Seil zu haben und sie durch Anweisungen zu führen. In den großen Nordwänden kletterten die Geführten hingegen, oft außer Sichtweite, am langen Seil. Hier konnte ich ihnen keine Anweisungen mehr geben und war darauf angewiesen, dass sie eigenverantwortlich alles richtig machten. Ich konnte ihnen nur durch die Seilsicherung die Strukturen für den Aufstieg und durch die Vorbereitung und Auswahl der Routen die optimalen Rahmenbedingungen schaffen. Ein wesentlicher Teil der Führung am langen Seil war, dass ich meine Kunden bewusst auf Ausnahmesituationen wie Schlechtwetter, erforderliche Rückzüge, Notfallmaßnahmen bei Stürzen oder Unfälle vorbereitete. Beim Klettern von Nordwänden mit Kunden wurde mir vor allem klar, dass es keine einfache, simple Logik gibt, der man folgen kann oder soll, wenn man Führungsverantwortung trägt. Führen bedeutet immer wieder Spannungsfelder zu meistern und mit unauflösbaren Widersprüchen umzugehen. Es bedeutet, vor und auf jeder einzelnen Tour umsichtig herauszufinden, was in der gegebenen Situation erforderlich und verantwortbar ist.

Aus diesen Lektionen will ich Ihnen Transferimpulse zu folgenden Themen anbieten:

- Führung findet nur statt, wenn Leute mitgehen: Da Führung ein wechselseitiger Prozess ist, sind sowohl die Perspektive des Führenden als auch die Perspektive des Geführten wichtig. Speziell der Wechsel der Blickrichtung kann für Führende einen bedeutsamen Unterschied machen. An die Frage: Wann gehen Menschen mit? schließt unmittelbar die Frage an: Was brauchen Menschen, um mitzugehen oder mitgehen zu können?
- Große Herausforderungen benötigen ein langes Seil und eine Beziehung auf Augenhöhe: Je höher die Anforderungen des Umfelds oder der zu bewältigenden Aufgaben sind, desto größer sollte auch das Maß an Eigenverantwortung und die Fähigkeit zur Selbstorganisation sein. Dazu ist eine Veränderung der Führungsbeziehung erforderlich: weg vom asymmetrischen Verhältnis zwischen Führenden und Geführten, hin zu

vertikaler Kooperation auf Augenhöhe, weg vom Anweisen und Vorgeben hin zum Helfen und Unterstützen. Fragen Sie sich: Wie lange ist das Seil zurzeit in meinem Verantwortungsbereich? Wie sieht es in punkto Kooperation auf Augenhöhe zwischen den Hierarchieebenen aus?

→ Es ist wichtig, sich gemeinsam für harte Zeiten zu wappnen: Auch wenn auf neuen Wegen Experimentierfreudigkeit und Kreativität gefordert sind, darf der Blick nicht durch einseitige Positivszenarien oder übertriebene Erfolgserwartungen getrübt sein. Unerwartetes kann auftreten, Fehler können immer und überall passieren. Um Fehler in überlebenskritischen Fragen so weit wie möglich zu vermeiden oder so früh wie möglich zu erkennen, sind hohe (Selbst-)Disziplin, die Ausbildung von Hoch-Verlässlichkeit und eine produktive Fehlerkultur im Unternehmen nötig. Manchmal sind ungemütliche oder harte Zeiten für Unternehmen unausweichlich, man kann sich und seine Mitarbeiter allerdings vorbereitend „impfen". Fragen Sie sich: Wie gut bin ich und mein Verantwortungsbereich für harte Zeiten und Ausnahmesituationen gewappnet?

→ Es gibt nicht die eine simple Logik des Führens, die zum Erfolg führt: Was in der einen Situation funktioniert, kann in einer anderen Situation vollkommen kontraproduktiv sein. Das macht die Orientierung an persönlichen Prinzipien oder Grundsätzen nicht überflüssig. Die Herausforderung ist es, von Situation zu Situation herauszufinden, was wirkt. Zudem gibt es für viele herausfordernde Führungsfragen keine einfachen Lösungen. Fragen Sie sich: Was sind die Spannungsfelder und unauflösbaren Widersprüche, innerhalb derer ich gefordert bin, meine Führungsaufgabe zu erfüllen?

Impulse und Gedanken für den Transfer

Führung findet nur statt, wenn Menschen mitgehen

Wenn man das Thema Führung aus der Perspektive der Geführten betrachtet, so stellt man fest: Führung beruht darauf, dass der Geführte einwilligt, mitzugehen. Der geführte Kunde sucht sich beispielsweise den Bergführer aus, mit dem er mitgehen will. In Organisationen zeigt sich die Einwilligung zum Mitgehen zumeist in einer anderen Ausprägung, sie wird vielfach mit der Mitgliedschaft verknüpft und einfach vorausgesetzt. Solcherart wird Konformität hergestellt, die zu einem Schein-Mitgehen führen kann. Konformität ist jedoch keinsfalls die Art von Mitgehen, die Organisationen brauchen, um herausragende Leistungen erbringen zu können. Sie brauchen vielmehr ein Mitgehen mit vollem Einsatz, sie brauchen die volle Bereitschaft aller Mitglieder, ihr Wissen und ihre Kreativität einzubringen. Somit stellt sich die Frage: Wann gehen Menschen in Organisationen mit? Wann gehen sie in einer Art und Weise mit, in der sie ihr Können, ihre Ideen und ihre Einsatzbereitschaft uneingeschränkt zur Verfügung stellen?

Greifen wir dazu nochmals das Beispiel der Führung in den Bergen auf. Menschen, die mit einem Bergführer wiederholt mitgehen, tun das, weil a) sie dadurch alpine Unternehmen realisieren können, die für sie hohe Bedeutung haben, b) sie sich dadurch einen persönlichen Zuwachs an Sicherheit und Leistung erhoffen und weil c) sie dem Bergführer vertrauen und gerne mit ihm unterwegs sind. Im Kontext von Organisationen kommen Studien, die das Engagement von Mitarbeitern untersuchten, zu ähnlichen Ergebnissen. Die Global Workforce Study unter der Federführung von Julie Gebauer von Towers Watson führt hohes Engagement von Mitarbeitern auf einige entscheidende Punkte zurück:

- Gibt es Möglichkeiten zur persönlichen Weiterentwicklung?
- Welchen Ruf hat das Unternehmen? Verfolgt das Unternehmen einen Zweck, der einen hohen Einsatz verdient?
- Wie verhalten sich die Führungskräfte im Allgemeinen? Sind sie vertrauenswürdig und will man ihnen folgen?

Wenn sich also die Mitarbeiter persönlich weiterentwickeln können, wenn das Unternehmen einen guten Ruf hat und einen wichtigen Zweck verfolgt, wenn sich die Beziehung zu den Führungskräften durch Vertrauen auszeichnet, dann sich Mitarbeiter bereit, sich mit all ihren Kräften im Unternehmen einzubringen.

Wenn Sie bei Ihren Mitarbeiten die Bereitschaft zum Mitgehen sowie ein hohes Engagement erzielen wollen, stellen Sie sich folgende Fragen:

1. Wie kann ich im Auftrag meines Unternehmens, meines Bereichs oder meines Projekts einen sinnvollen Unterschied für andere machen?
2. Wie kann ich als Führungskraft meinen Mitarbeitern interessante Tätigkeiten und anspruchsvolle Aufgaben geben, die ihnen die Chance bieten, zu wachsen und sich weiterzuentwickeln? Wenn man sich selbst oder andere Menschen den richtigen Strukturen aussetzt und passende, herausfordernde Aufgaben findet, macht dies das Eintreten von Leistungszuwachs nahezu unausweichlich. Und wenn man ein neues Leistungsniveau anstrebt, helfen die optimalen Bedingungen weit mehr als Instruktionen. In den Nordwänden konnte ich meine Kunden hauptsächlich vor den Touren und nicht so sehr beim Klettern während der Tour unterstützen. Meine Führungsaufgabe war es einerseits, auf die bestmögliche Vorbereitung zu achten, und andererseits, die Routen so auswählen, dass sie meine Kunden nahezu zwangen, ihre Stärken voll zum Einsatz zu bringen und ihr gesamtes Potenzial auszuschöpfen. Auch in Unternehmen ist es so, dass Entwicklung auf hohem Niveau nicht durch ein Sagen-wie's-geht, sondern vielmehr durch die Struktur der herausfordernden Aufgabe möglich wird.
3. Wie kann ich mich selbst in einen Zustand versetzen, der in Menschen den Wunsch weckt, mitzugehen? Die innere Kraft, zu führen, ist eine emotionale Qualität, die sich aus Entschlossenheit und Überzeugung speist. Es geht um die Entschlossenheit, etwas erreichen oder bewirken zu wollen, um die Überzeugung, dass dieses „Etwas" bedeutend oder wichtig ist, und um die Überzeugung, dieses „Etwas" alleine oder mit anderen tatsächlich auch erreichen zu können. Wenn ich diese innere Arbeit nicht geleistet habe, kann ich nicht erwarten, dass sich andere bei mir „im Seil einklinken". Wer selbst auf diese Weise für ein Unternehmen, Vorhaben oder Projekt brennt, wird unvermeidlich auf andere stimulierend wirken. Wenn ich darüber hinaus noch in der Lage bin, in anderen deren Potenzial zu sehen und auch unterstützend herauszufordern, wenn ich mich glaubhaft für eine gemeinsame Sache (und nicht für den persönlichen Vorteil) einsetze und in der Lage bin, ein Miteinander auf Basis von Fairness, Respekt und gegenseitiger Unterstützung zu pflegen, habe ich wichtige Voraussetzungen geschaffen, damit Menschen mitgehen. Im Kern geht

es darum, eine oft gestellte Frage – Wie bekomme ich volle Leistung von anderen? – umzudrehen und sich zu fragen: In welchem Zustand muss ich sein, damit ich stimulierend und leistungssteigernd auf andere wirke?

Große Herausforderungen brauchen langes Seil und Augenhöhe

Verlassen wir die Ebene des Führens für einen Moment und nehmen wir eine organisationale oder systemische Perspektive ein: Unternehmen müssen heute nicht nur extrem hohen Leistungsanforderungen gerecht werden, sondern sie müssen ihre Leistung auch in einem äußerst dynamischen, überraschungsreichen Umfeld erbringen. Im operativen Bereich gilt es ständig Entscheidungen zu treffen, sozusagen „vor Ort" und auf der Basis richtiger Einschätzungen, guter Ideen und fundiertem Können. Strukturelle Voraussetzungen dafür sind Eigenverantwortung und Selbstorganisation an der Peripherie des Unternehmens. Die operative Steuerung der Peripherie durch die Zentrale setzt, wie das Führen am kurzen Seil, einen Kompetenzvorsprung voraus, den die Zentrale jedoch fast ausnahmslos nicht hat, da die Peripherie in den meisten Fällen „operativ klüger" ist. Führen am langen Seil bedeutet hier, einen strategischen Rahmen und einen Freiraum abzustecken, innerhalb dessen sich kreatives Potenzial entfalten kann. Anstatt Einzelne oder Teams in Bereichen, die sie ohne externen Eingriff ohnehin besser bewältigen, operativ steuern zu wollen, beruht Führung am langen Seil darauf,

- ➜ die kollektive Aufmerksamkeit auf strategisch relevante Themen zu fokussieren und für einen kohärenten Zusammenhang zwischen den strategischen Aktivitäten zu sorgen;
- ➜ Strukturen und Bedingungen für Selbstorganisation zu schaffen und diese Selbstorganisation zu stören, wenn sie dysfunktionale Entwicklungsrichtungen annimmt;
- ➜ zu ermutigen, zu inspirieren und auf Augenhöhe zu unterstützen.

Für Unternehmen wird es in Zukunft mehr und mehr darauf ankommen, Strukturen und Bedingungen zu schaffen, die auch in einem turbulenten Umfeld die Entwicklung herausragender Leistungen ermöglichen. Der Weg geht hin zu netzwerkartigen Strukturen, in denen die Prozess- und Projektorientierung das leitende Gestaltungsprinzip darstellt. Die These von Alfred Chandler aus den 1960er-Jahren, wonach die Organisationsform immer der Strategie zu folgen habe – „structure follows strategy" –, scheint heute überholt zu sein. Es scheint im Gegenteil so zu sein, dass in turbulenten Umfeldern effektive Strategien aus einer Vielzahl von Entscheidungen, die überall im Unternehmen getroffen, und Initiativen, die an unterschiedlichsten Stellen gestartet werden, entstehen: „strategy follows structure" (Roberts, 2004). Vor allem in großen Organisationen wird es immer mehr darauf ankommen, die Organisationsstrukturen und Kommunikationsflüsse so zu gestalten, dass die Wahrscheinlichkeit für strategisch intelligente Entscheidungen und Initiativen steigt.

Ein spannendes Beispiel dafür, wie Strategie der Struktur folgt, ist die Firma W. L. Gore & Associates. Gore orientiert sich bei der Gestaltung der Organisation und der Unternehmenskultur mehr den Menschen als an Management-Theorien. Im Unternehmen hat die direkte und unkomplizierte Kommunikation höchste Priorität, Vorbild für die Struktur ist das Prinzip der Zellteilung. So ist die Größe der einzelnen Werke auf 150 bis 200 Mitarbeiter begrenzt. Braucht man mehr Mitarbeiter, wird entweder ein neues Werk gebaut oder ein Teil der Arbeiten in ein anderes Werk verlagert.

Bill Gore wollte, dass möglichst viele wissen: Was macht denn der andere? Wie heißt er mit Vornamen? Was ist sein Beitrag zum Erfolg des Werkes und des Business, das wir hier betreiben? Das geht nur, wenn man schnell und unkompliziert miteinander reden kann und das geht wiederum nur bis zu einer bestimmten Zahl von Mitarbeitern.

Schneller und unkomplizierter Austausch ist auch die Grundlage für die Produktivität von Wissensarbeitern, von deren Output Unternehmen mehr und mehr abhängen. Hier stellt sich die Frage: Wie kann es einer Organisation gelingen, das vorhandene und durch kreativen Austausch oft zufällig entstehende Wissen für sich produktiv zu nutzen? Es ist ein Irrtum, zu glauben, dass man Wissen besitzt und es analog zur Materialbewirtschaftung in Datenbanken abspeichern könnte. Wissen ist mehr als Information und keineswegs zweckorientiert, worauf der Philosoph Konrad Paul Liessmann hinweist: „Wissen erlaubt es nicht nur, aus einer Fülle von Daten jene herauszufiltern, die Informationswert haben, Wissen ist überhaupt eine Form der Durchdringung der Welt: Erkennen, Verstehen, Begreifen. Im Gegensatz zur Information, deren Bedeutung in einer handlungsrelevanten Perspektive liegt, ist Wissen allerdings nicht eindeutig zweckorientiert. Wissen lässt sich viel, und ob dieses Wissen unnütz ist, entscheidet sich nie im Moment der Herstellung oder Aufnahme dieses Wissens. Ob Wissen nützen kann, ist nie eine Frage des Wissens, sondern der Situation, in die man gerät." (Liessmann, 2006)

Daher ist es kontraproduktiv, Wissen auf der Basis der Produktionslogik verwalten zu wollen, es beispielsweise in ein enges Zeitkorsett zu zwängen, strikte Prozessvorgaben zu machen und formelle Kontrolle auszuüben. Im Umgang mit Wissen wirken noch vielfach die Steuerungs- und Führungsparadigmen der Industriearbeit nach.

Um Wissen in ein neues Produkt oder in eine erfolgreiche Innovation zu verwandeln, braucht es neben Disziplin und Konsequenz auch Kreativität. Kreative Prozesse sind nicht vergleichbar mit Produktionsprozessen und können mitunter auch gegen kulturelle Regeln in der Organisation verstoßen oder Tabubrüche darstellen: Ein Wissensarbeiter, der in die Luft schaut und dessen Beine auf dem Bürotisch liegen, muss nicht vom nächsten Urlaub träumen, sondern kann gerade in diesem Moment entscheidende Arbeit für das Unternehmen leisten. Wenn zwei Wissensarbeiter beim Kaffeeautomaten stehen und reden, muss es nicht Kaffeeklatsch sein. Sie können gerade einen für das Unternehmen relevanten Austausch betreiben. Allein die Vorstellung zu akzeptieren, dass in diesen oder ähnlichen Situationen wichtige Arbeit passiert, kann für den einen oder anderen Vorgesetzten eine große Herausforderung darstellen.

Darüber hinaus brauchen viele Unternehmen meiner Erfahrung nach etwas mehr professionelle Lockerheit im Umgang mit Wissen. Damit meine ich keineswegs, dass Unternehmensgeheimnisse oder vertrauliche Informationen leichtfertig ausgeplaudert werden. Ich meine damit vielmehr, dass die Prozesse, in denen Wissen ausgetauscht und generiert wird, zumeist auf einer informellen Ebene ablaufen. Wird dieser Austausch formalisiert oder der Versuch unternommen, ihn unter Kontrolle zu bringen, wird ihm die Kraft und das eigentliche Potenzial genommen. Henry Mintzberg empfiehlt in diesem Zusammenhang, strategische Initiativen und Innovationen nicht gezielt vorausplanen zu wollen, sondern deren Auftauchen aufmerksam zu beobachten und im weiteren Verlauf geeignet zu intervenieren. (Mintzberg, 2005)

Ein Unternehmen, das professionelle Lockerheit im Umgang mit Wissen und Initiativen nicht tolerieren kann, verspielt wichtige Zukunftschancen vermutlich ebenso, wie wenn es nicht in der Lage ist, in entscheidenden Projektphasen 120 % Einsatz von seinen Mitarbeitern zu bekommen. Die Herausforderung besteht im Schaffen eines Kontexts, der sowohl den kreativen als auch den disziplinierten Phasen gerecht wird. Dirk Baecker meint dazu: „Nichts ist komplizierter und daher teurer als die Substitution des menschlichen Einfallsreichtums durch formale Verfahren der Organisation; nichts ist einfacher, also günstiger, als eine Struktur, die alles Weitere diesem Einfallsreichtum überlässt."

Wiederum kann uns die Firma Gore als Beispiel dienen. Neben dem bereits angeführten Prinzip der Zellteilung und dem Prinzip der Wasserlinie werden die Associates – alle Mitarbeiter sind Teilhaber – mit dem Prinzip „Freedom" dazu ermuntert, in Bezug auf Wissen, Fähigkeiten, Verantwortungsbereich und Aktionsrahmen zu wachsen. Wenn beispielsweise ein Buchhaltungsexperte begeisterter Radsportler ist und deshalb an der Entwicklung von neuen Radsporttextilien mitarbeiten will, dann kann er das tun. Es ist erwünscht, dass die Associates eigene Ideen weiterverfolgen, Mitstreiter suchen und so neue Projekte starten.

Nur zwei Regeln gilt es einzuhalten: erstens das Prinzip der Wasserlinie, die Sie im Kapitel über das Kluge Scheitern kennengelernt haben und wonach jeder vor einem neuen Projekt zu prüfen hat, ob ein möglicher Erfolg den nötigen Aufwand wert ist und ob ein mögliches Scheitern den Ruf oder gar das Überleben der Firma gefährden könnte. Zweitens darf die bisherige Arbeit nicht vernachlässigt werden und man hat dafür zu sorgen, dass das Tagesgeschäft weiterhin funktioniert. Es bedeutet, gegebenenfalls Unterstützung zu organisieren oder bei besonders wichtigen Projekten auch jemand Neuen einzustellen.

Ein Vorgehen wie das von Gore verlangt eine Führungskultur, in der Freiheit und Autonomie einen zentralen Stellenwert haben. Nicht in Broschüren oder im Unternehmensleitbild, sondern im Alltag – in der gelebten Unternehmenskultur. Die Autonomie von Mitarbeitern zu akzeptieren ist für Manager und Unternehmer mit einem ausgeprägten Kontrollbedürfnis mitunter schwierig. Aber mit einem Command-and-Control-Ansatz ist es wie mit dem Führen am kurzen Seil: Es taugt nur für einfachere Unternehmungen, die großen Herausforderungen können damit nicht realisiert werden. Nur mit dem langen Seil kann eine Seilschaft eine große Wand bewältigen. Klettern mit langem Seil verlangt aber im Gegenzug das strikte Befolgen einiger weniger Regeln der Zusammenarbeit sowie das gegenseitige Vertrauen, dass jeder Partner zwar eigenverantwortlich, aber im Sinne des Ganzen agiert.

Sich gemeinsam für harte Zeiten wappnen

Neue Wege erfordern Experimentierfreudigkeit und Kreativität sowie eine gut kalkulierte Risikobereitschaft, in den großen Nordwänden genauso wie im immer rauer und turbulenter werdenden Wirtschaftsumfeld. Da wie dort geht es darum, ausgetretene Pfade und die Komfortzone des Bekannten zu verlassen, Neues auszuprobieren, eine Kultur der kreativen Erneuerung zu leben und miteinander nach hohen Zielen zu streben. Man sollte seinen Blick allerdings niemals durch einseitige Positivszenarien oder übertriebene Erfolgserwartungen trüben lassen. Viele Propheten des „rosaroten" Denkens und deren kritiklose Anhänger beschwören mantraartig, dass ausschließlich positive Vorstellungen und positive Zielformulierungen zum Erfolg führen. Ich hingegen weiß aus der Erfahrung von vielen tausend Klettermetern, dass zu viel positives Denken auch ins Auge gehen kann, und erlaube mir, Ihnen guten Gewissens zu empfehlen, neben der zweifellos wichtigen Quelle des Optimismus, auch die positive Kraft des negativen Denkens zu nutzen.

Unerwartetes kann und wird passieren. Man tut also gut daran, das Unerwartete zu erwarten, denn es ist heute die einzige Konstante. Vorausdenken erübrigt sich deshalb nicht, im Gegenteil, gerade in Bezug auf das Unerwartete hilft das Denken auf Vorrat, das ich im 3. Prinzip Wollen statt Wünschen beschrieben habe. Hier möchte ich aber noch einen Schritt über das Vorausdenken hinausgehen. Unerwartetes zu erwarten bedeutet, es zu antizipieren und gleichzeitig davon auszugehen, dass man von ihm trotzdem überrascht wird. Es gilt anzuerkennen, dass Fehler, nicht nur im operativen Tun, sondern auch in der strategischen Vorausschau, passieren werden, auch wenn alles dafür getan wird, um sie zu vermeiden. Fehler passieren zwangsläufig. Deshalb ist es überlebenswichtig, sicherzustellen, dass Störungen und mögliche Fehlentwicklungen a) möglichst frühzeitig erkannt und b) schnell „auf den Tisch kommen", damit gegengesteuert werden kann, bevor ein Desaster eintritt. Meiner Beobachtung nach sind viele Organisationen auf Störungen und Fehlentwicklungen völlig unzureichend eingestellt. Es fehlen einerseits die geeigneten Dialog-Räume und institutionalisierten Gelegenheiten, wo solche Themen angesprochen werden könnten. Andererseits verhindert oftmals die Unternehmenskultur, dass Fehler an- und ausgesprochen werden. Denn in vielen Unternehmen gibt es nur einen Modus für den Umgang mit Fehlern, nämlich die reflexartig Frage: „Wer hat den Fehler gemacht? Wer ist dafür verantwortlich?" Solange dieser Modus nicht kritisch hinterfragt wird, ist im Umgang mit Fehlern im Unternehmen keine Weiterentwicklung zu erwarten. Will man hingegen eine produktive Fehlerkultur etablieren, so sollte man damit beginnen, die Fehler bestimmten Prozessen zuzurechnen und sie als das Ergebnis einer Ko-Produktion zu betrachten. Man sollte sich dabei fragen: „Wie waren wir gemeinsam erfolgreich bei der Produktion des Fehlers? Wie konnte sich diese Fehlentwicklung schrittweise aufbauen?"

In diesem Zusammenhang sind die Ergebnisse von Karl Weicks und Kathleen Sutcliffes Untersuchung von High Reliability Organizations (HRO) interessant. Zu den untersuchten Hoch-Verlässlichkeits-Organisationen zählten beispielsweise Mannschaften auf Flugzeugträgern und in Atomkraftwerken, Belegschaften von Chemieunternehmen oder Spezialeinheiten der Feuerwehr im Großbrandeinsatz. Jene Mannschaften, die in Extremsituationen die größte Zuverlässigkeit an den Tag legten, zeichneten sich spannenderweise durch einige gemeinsame Merkmale und Praktiken aus:

- Sie beschäftigen sich intensiv mit Überraschungen und Fehlern.
- Sie haben eine Abneigung gegen vereinfachende Erklärungen, auch wenn die Situation dadurch undurchsichtiger wird.
- Sie besitzen eine hohe Sensibilität für die betrieblichen Abläufe und deren Zusammenhänge im Hier und Jetzt, ohne dabei die langfristigen Wirkungen aus dem Auge zu verlieren.

- ➔ Sie sind sowohl flexibel als auch resilient, das heißt sie reagieren auf Störungen und Krisen schnell und kehren danach rasch wieder in ihren ursprünglichen Leistungszustand zurück.
- ➔ Sie verlagern die Entscheidungskompetenz flexibel in Richtung situativer Expertise.

Der produktive Umgang mit Fehlern, Krisen und Extremsituationen hängt nicht nur von den geforderten handwerklichen Fähigkeiten ab, sondern in hohem Maße von der Interaktion der Beteiligten. Als Bergführer war mir eine angstfreie Atmosphäre im Umgang miteinander immer ein wichtiges Anliegen, diese musste jedoch zuerst erarbeitet und dann gepflegt werden. Fragte ich meine Kunden bei der ersten Tour „Wie geht's?", so antworteten nahezu 100 % mit „Gut!", unabhängig davon, wie es ihnen wirklich ging. Um die Situation realistisch einschätzen zu können, musste ich genau hinhören, ob das „Gut!" aus vollem Herzen kam oder ob es gerade noch zwischen heftigem Schnaufen herausgepresst wurde. Ich musste darauf achten, ob der Kopf ein wenig rot oder hochrot und das Gesicht entspannt oder der Blick verschreckt war. Erst indem ich wiederholt darauf hinwies, konnte ich klarmachen, dass mir das Ansprechen von Ängsten, Schmerzen oder sonstigen „Druckstellen" enorm wichtig war, weil es zur gemeinsamen Sicherheit auf der Tour beitrug.

Auch in den Unternehmen ist es so. Als Führungskraft sollten Sie nicht einfach ein Vertrauensverhältnis voraussetzen, das Ihnen den Zugang zu möglichen Sorgen und Bedenken der Mitarbeiter oder sogar Schlimmerem ermöglicht. Um Zugang zu den für das Unternehmen möglicherweise überlebenswichtigen Informationen zu bekommen, darf die subjektiv erlebte Asymmetrie zwischen Führenden und Geführten nicht zu stark ausgeprägt sein. Kooperation auf Augenhöhe, ein robustes Vertrauensverhältnis und ein Klima der Angstfreiheit sind die Grundlagen dafür, dass ein offener Austausch passiert. An diesen Grundlagen sollten Sie ständig stärkend arbeiten und sie keinesfalls beschädigen.

In Flugzeug-Cockpits ist es beispielsweise so, dass der Pilot den Kopiloten fragt „Was meinst du?", bevor er selbst seine Meinung äußert, weil er wegen des Hierarchiegefälles so am ehesten zu dessen unverfälschter Meinung kommt. Dass dies dennoch nicht funktioniert, wenn die Frage einen prüfenden Charakter hat, dürfte auch klar sein.

Die Zahlen aus einer Untersuchung der Flugsicherheitsforschung (Hagen, 2012) geben darüber hinaus spannende Einblicke, wie wichtig ein gutes Miteinander im Flugzeug ist:

- Soziale Interaktion war die Hauptursache bei Unfällen, nicht technische Fehler. Knapp 70 % der Unfälle wurden von der Crew ausgelöst.
- In 80 % dieser crew-bedingten Unfälle war der Kapitän der fliegende Pilot.
- Diese Unfälle geschahen, weil a) der Kapitän von der Besatzung nicht mit deren Ansichten konfrontiert wurde oder b) unklare Bedenken nicht geäußert wurden oder c) notwendige Aussagen nicht oder nur unvollständig gemacht wurden.
- Daraus zog man die Schlussfolgerung, dass Kapitäne, die mit Ansagen führen, weit unfallgefährdeter sind als solche, die mit Fragen führen, und dass
- 80 % aller Human Errors durch optimale Interaktion entschärft werden können.

Doch nicht immer geht es in Unternehmen um Fehler, deren Vermeidung oder Reparatur. Manchmal sind harte Zeiten für Unternehmen unausweichlich. Viele Führungskräfte sehen diese kommen, neigen jedoch dazu, die Organisation nicht mit schlechten Nachrichten oder negativen Ausblicken zu konfrontieren, weil sie die Mitarbeiter damit nicht verunsichern wollen. Dieses Vorgehen halte ich für kontraproduktiv, denn Menschen solcherart schonen zu wollen kommt einer Abwertung gleich. Auf meinen Bergtouren lernte ich, dass es falsch ist, den Kunden entgegen besseres Wissen in Sicherheit zu wiegen, da bei bestimmten Wetter- oder Tourenbedingungen dessen volle Wachsamkeit und Konzentration gebraucht wurde. Stellt man sich hingegen schon im Vorfeld der Tour auf harte Situationen wie beispielsweise schlechtes Wetter ein, gestaltet sich der Umgang damit im Fall des Falles um einiges leichter. Ich habe persönlich die Erfahrung gemacht, dass es möglich ist, unangenehme Botschaften offen auszusprechen und gleichzeitig die Zuversicht zu vermitteln, dass die Situation gemeinsam bewältigt werden kann. Im Grunde wirkt das offene Ansprechen schwieriger Situationen wie eine Impfung: Der Körper wird mit einem Virus infiziert, um sich sodann gegen diesen besser schützen zu können. Man kann sich und seine Mitarbeiter durch gedankliche und kommunikative Auseinandersetzung mit kommenden anspruchsvollen Situationen oder Phasen ebenso vorbereitend „impfen". „Geimpfte" Personen sind eher in der Lage, das kommende oder auftretende Negative mitzutragen.

Es gibt nicht die eine simple Logik des Führens, die zum Erfolg führt

Was mir durch meine Tätigkeit als Bergführer auf extremen Routen ebenfalls in aller Deutlichkeit bewusst wurde, ist, dass es Spannungsfelder und unauflösbare Widersprüche gibt, aus denen es im wahrsten Sinne des Wortes kein Entrinnen gibt. Als Bergführer war ich zu 100 % für die Sicherheit meiner Kunden verantwortlich, sowohl moralisch als auch rechtlich. Gleichzeitig konnte ich diese Sicherheit weder theoretisch noch praktisch zu 100 % garantieren. In diesem Sinne war es ein unmöglicher Job, Bergführer zu sein. In den zwölf Jahren als Profibergführer führte ich meine Kunden dennoch in die Berge, schenkte ihnen jedoch in Bezug auf das Sicherheitsversprechen immer reinen Wein ein und musste diese Widersprüchlichkeit aushalten.

Führungskräfte haben in dieser Hinsicht auch einen unmöglichen Job, denn im Unternehmen werden ihnen möglicherweise Erfolge oder Misserfolge individuell zugerechnet, die sie in keiner Weise alleine verursacht und auf welche sie nur begrenzten Einfluss haben. Zudem sind sie beim Erbringen ihrer Leistung in hohem Maße von anderen Menschen abhängig, über deren Eigensinn und Eigenlogik sie keine Kontrolle haben.

Abschließend möchte ich sagen, dass, auch wenn ich aufgrund meiner langjährigen Erfahrung sowohl als Bergführer als auch als Berater bestimmte Formen der Führung favorisiere, ich mir bewusst bin, dass erfolgreiche Führung immer in hohem Maße von der Situation und vom Kontext abhängt. Was in einer Situation optimal funktioniert, kann in einer anderen Situation völlig danebengehen. Bei Fragen der Führung in außergewöhnlichen Situationen gibt es kein eindeutiges Entweder-Oder, sondern nur ein unscharfes Sowohl-als-Auch. Scheinbar widersprüchliche Konzepte können nur in der gemeinsamen Anwendung Erfolg zeitigen, beispielsweise kann die Einführung selbstorganisierter Arbeitsformen in einem Unternehmen von den verantwortlichen Führungskräften eine ordentliche Portion Entschiedenheit und Bestimmtheit verlangen. Die Herausforderung an Führungskräfte besteht darin, von Situation zu Situation herauszufinden, was wirkt, und es dann so zu tun, dass es im Nachhinein betrachtet richtig war. Wie schon gesagt, es handelt sich dabei um einen unmöglichen Job.

LITERATUREMPFEHLUNGEN

Richard Florida: The Rise of the Creative Class. Basic Books 2002

Richard Florida: Managing for Creativity. Harvard Business Review, July-August 2005

George Leonard: Der längere Atem. Scherz-Integral Verlag 1998

Niels Pfläging: Führen mit flexiblen Zielen. Campus, 2006

John Roberts: The Modern Firm. Oxford University Press 2004

Edgar H.Schein: Helping – How to offer, give and receive help. Berrett-Koehler Publishers 2009

Karl Weick, Kathleen M. Sutcliffe: Das Unerwartete managen. Klett-Cotta Verlag 2003

Ausstieg und Umstieg

Neue Wege in die Zukunft finden

„Die Paradoxie des Erfolgs ist ein harter Brocken:
Das, was dich zum Erfolg gebracht hat,
wird dich nicht erfolgreich bleiben lassen."
Charles Handy

In diesem Abschlusskapitel lade ich Sie ein, mit mir aus der Nordwand wieder auszusteigen. Auch Kletterer steigen aus der Wand aus, in der Regel haben sie am Ausstieg den Überblick und sehen dann weiter als vorher. Nachdem wir bisher gemeinsam durch die Nordwände geklettert sind, möchte ich Ihnen nun vom höchsten Punkt aus nochmals einen Überblick über das Nordwand-Prinzip geben. Das Spektrum praktischer Anwendungen für das Nordwand-Prinzip ist breit, und möglicherweise haben Sie während der Lektüre den einen oder anderen Gedanken gefasst, wie Sie die einzelnen Prinzipien für sich adaptieren und nutzen können.

Ich möchte Ihnen noch ein Grundmuster von Veränderung und Entwicklung vorstellen, bevor ich auf einige Unternehmens-Situationen eingehe, in denen der Rückgriff auf bereits beschriebenen Transfer-Impulse besonders hilfreich und sinnvoll ist.

Nicht-lineare Trainingsprinzipien

Ich lade Sie nun zu einem letzten, kurzen Ausflug in meine Zeit als Extremkletterer ein, aber diesmal nicht in die Nordwand, sondern auf den viel weniger spektakulären Klimmzugbalken, das Trainingsgerät für Kletterer der Vor-Kletterhallen-Ära:

Im Zuge der Auseinandersetzung, wie man denn trainieren müsse, um die eigene Leistungsfähigkeit im Klettern zu steigern, stieß ich vor etwa zwanzig Jahren beim Durchforsten der damals noch kargen sportwissenschaftlichen Literatur bei Jürgen Weineck auf das Prinzip der Superkompensation. Vereinfacht gesagt funktioniert das so: Zu Beginn eines Trainings startet man mit dem Leistungsniveau X0, um sich im Verlauf eines Trainings durch fortlaufende körperliche Belastung so zu ermüden, dass man am Ende des Trainings schwächer ist als zu Beginn der Trainingseinheit. Es kommt also während des Trainings zu einem Leistungsabfall.

Nach dem Training versucht der Körper sich durch eine überschießende Reaktion – dem Superkompensationseffekt – für ähnliche zukünftige Belastungen besser zu wappnen und bringt sich auf das höhere Leistungsniveau X1. Je nach Art der Belastung, ob Ausdauer- oder Kraftbelastung, dauert diese Phase in etwa 24 bis 72 Stunden. Danach nimmt die Leistungsfähigkeit wieder ab und pendelt sich bald wieder auf dem Ausgangsniveau X0 ein. Für die Praxis bedeutet das Folgendes: Zu seltenes Training, wie beispielsweise nur einmal pro Woche, bewirkt keine Leistungssteigerung. Zu kurze Pausen oder zu häufiges Training bewirken ein Übertraining, der Sportler kann vom Superkompensationseffekt nicht profitieren und wird irgendwann aufgrund fehlender Erholung immer schlechter.

Es geht beim Prinzip der Superkompensation also darum, jeweils zum richtigen Zeitpunkt einen neuen Trainingsreiz zu setzen. Spannenderweise jedoch nicht erst am jeweiligen Höhepunkt der Superkompensationsphase, sondern schon vor dem Höhepunkt, dann, wenn das Verhältnis von Erholungszeit und überschießender Reaktion optimal ist. Die Sportwissenschaft spricht hier vom Prinzip der „lohnenden Pause" – nach 24 bis 72 Stunden hat man im Durchschnitt 80 % bis 90 % des Superkompensationseffekts ausgeschöpft und eine 100-%-Ausschöpfung würde eine unverhältnismäßig längere Erholungszeit verlangen.

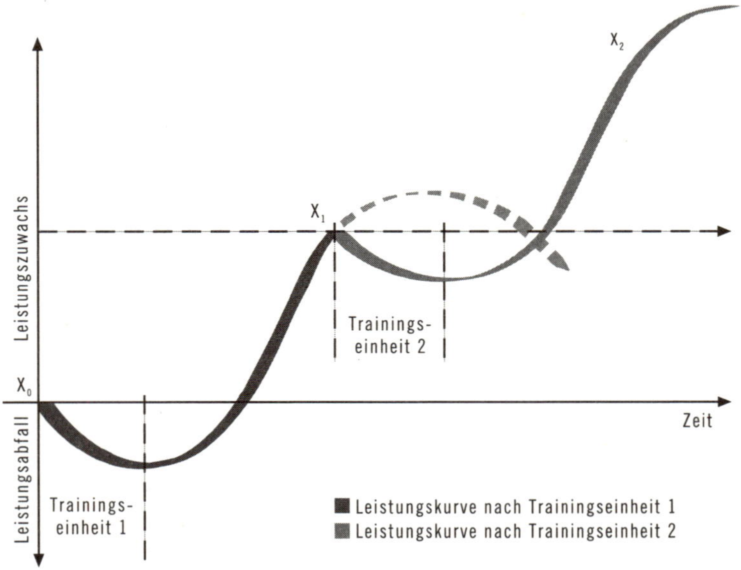

Abb 7 – S-Kurve I

Abbildung 7 stellt den eben beschriebenen Leistungsverlauf, der die Form einer S-Kurve hat, grafisch dar. Die sportwissenschaftlich versierten Leser mögen mir die übertrieben optimistisch gezeichneten Leistungszuwächse nach den einzelnen Trainingseinheiten verzeihen, zur Veranschaulichung des Prinzips betone ich in dieser Abbildung die Leistungssteigerungen überproportional.

Nun ist es aber bei fortlaufendem Training so, dass die Erhöhung der Trainingsreize in Intensität und Umfang alleine nur begrenzten Leistungszuwachs bringt und die Leistungskurve irgendwann wieder abzuflachen beginnt. Für eine erneute Leistungssteigerung ist es dann notwendig, auch im größeren Zusammenhang eine neue S-Kurve anzusetzen.

So hatten wir in den Urzeiten des Klettertrainings, als es eben noch keine Kletterhallen gab, im Winter in vielen Trainingseinheiten, die aus kleinen S-Kurven bestanden, gezielt am Klimmzugbalken trainiert, um dann spätestens Ende Februar, noch bevor das Balkentraining keine Fortschritte mehr zeigte, eine neue große S-Kurve anzusetzen und am wirklichen Felsen im Klettergarten mit vielen kleinen anderen S-Kurven weiter zu trainieren.

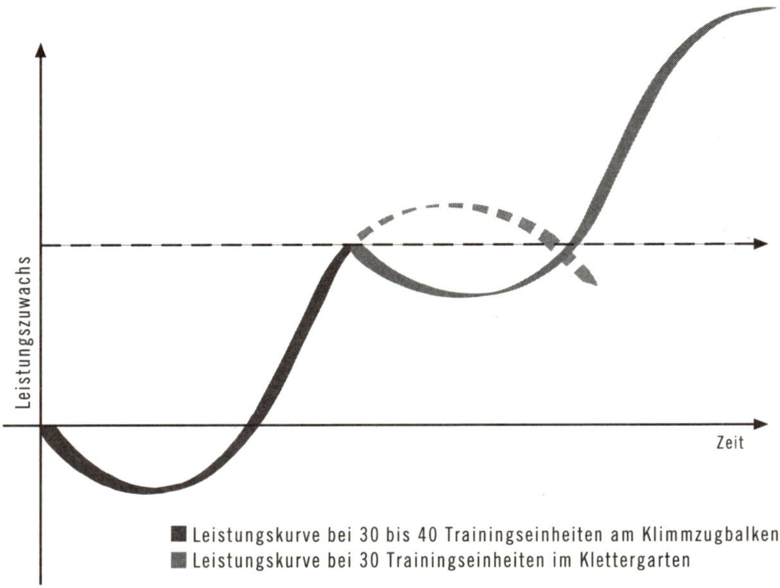

Abb 8 – S-Kurve II

Abbildung 8 zeigt das Ineinandergreifen der beiden S-Kurven der Trainingsformen Klimmzugbalken und Klettergarten.

Innerhalb der großen S-Kurven Klimmzugbalken und Klettergarten gab es eine Unmenge kleiner S-Kurven, die in der vorherigen Abbildung bereits dargestellt wurden.

Die Sigmoid-Kurve: Ein Grundmuster von Entwicklung und Veränderung

Spannenderweise entdeckte ich das Muster der sich überlappenden S-Kurven im Zuge meiner unternehmerischen Tätigkeit wieder, als ich mich mit betriebswirtschaftlichen Themen wie Unternehmensentwicklungen, Technologiewechsel und Produktlebenszyklen befasste. Allerdings erkannte ich erst durch Charles Handy in diesem Modell das generelle Grundmuster von Entwicklung und Veränderung. Handy bezeichnet die S-Kurve als Sigmoid-Kurve. Er meint, dass sich mit der Sigmoid-Kurve nicht nur Produktlebenszyklen oder Unternehmensentwicklungen darstellen lassen, sondern dass sich in der Sigmoid-Kurve Muster von Veränderung und Entwicklung zeigen, die unser Leben generell durchziehen: sowohl Veränderungen und Entwicklungen innerhalb menschlicher Beziehungen als auch innerhalb ganzer Kulturen.

In Bezug auf unternehmerische Veränderungsprozesse empfiehlt Handy, die jeweils nächste Kurve immer rechtzeitig anzusetzen, egal ob es sich dabei um ein neues Produkt, eine neue Dienstleistung, eine neue Strategie oder Unternehmenskultur handelt: „Das Geheimnis dauernden Erfolges liegt darin, mit einer neuen Sigmoid-Kurve zu beginnen, bevor die erste ausgelaufen ist. Der richtige Zeitpunkt für den Beginn einer neuen Kurve liegt in Punkt A, an dem sowohl die Zeit als auch die Ressourcen und die Energie vorhanden sind, um mit der neuen Kurve über die anfängliche Erkundungs- und Problemphase hinwegzukommen, bevor die erste Kurve abzuflauen beginnt." (Handy, 1995)

Es ist laut Handy also einerseits wichtig, die alte Kurve nicht vorschnell zu verlassen, da der Aufbau einer neuen Kurve Ressourcen und Zeit erfordert. Andererseits darf auf keinen Fall zugewartet werden, bis sich die alte Kurve an Punkt B befindet. Abbildung 9 stellt die Sigmoid-Kurve dar. Siehe Seite 224.

Wenn ein Unternehmen an Punkt B bereits in den drohenden Abgrund blickt, kommt zwar die notwendige Veränderungsenergie meist auf, aber vom Zeitbedarf für eine strategische Korrektur und von den zur Verfügung stehenden Ressourcen her kann es für eine Umsetzung der Veränderung möglicherweise schon zu spät sein. Intelligent agieren heißt somit, zukünftige Erfolgspotenziale bereits aufzubauen, während die gegenwärtige Situation dies noch ermöglicht.

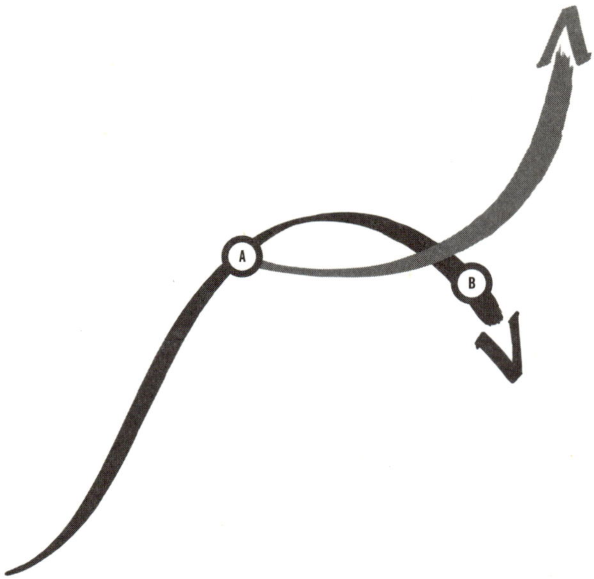

Abb 9 – Sigmoid-Kurve

Soweit, so gut. Doch woher soll man als Einzelner oder als Unternehmen wissen, an welchem Punkt der dunkelgrauen Kurve man sich gerade befindet? Die große Herausforderung und Schwierigkeit beim Ansetzen einer neuen Kurve liegt sicher darin, dass zu dem Zeitpunkt, an dem die hellgraue Kurve angesetzt werden müsste, die meisten Menschen und Unternehmen das Gefühl haben, es laufe alles bestens. Solange bereits bewährte Konzepte und Produkte noch wunderbar funktionieren, ist kaum jemand bereit, sich Gedanken über grundlegende Änderungen zu machen.

Fredmund Malik (2006) – übrigens selbst ein guter Bergsteiger mit einer beeindruckenden Tourenliste – bemerkt treffend, dass Unternehmen für die strategische Steuerung häufig nur operative Daten und finanzwirtschaftliche Kennziffern, wie Umsatzzahlen, Deckungsbeiträge und Bilanzen, heranziehen, die zu trügerischen Einschätzungen und in weiterer Folge zu gefährlichen Entscheidungen führen können. Von positiven operativen Daten, wie zum Beispiel vom Gewinn, kann man nicht darauf schließen, dass die gewählte

Strategie auch in Zukunft richtig ist, genauso wie mögliche Anfangsverluste nicht bedeuten müssen, dass der Umstieg auf eine neue Kurve falsch war.

Man braucht zum Ansetzen einer neuen Kurve in einem Unternehmen also mehr als nur operative Daten. In der Regel sind dies: Informationen über die eigene Position am Markt sowie die Marktentwicklung, über den Wettbewerb – um sich davon abheben zu können –, über allgemeine Trends, mögliche technologische Entwicklungen und auch über neu entstehende Geschäftsmodelle, welche die Basis des eigenen Erfolgs gefährden könnten.

Wichtig sind Informationen über Kundennutzen und künftige Anwenderprobleme. Wichtig ist es, die feinen Signale, welche auf Innovationspotenziale und neue intelligente Kombinationsmöglichkeiten hinweisen, frühzeitig zu bemerken. Wichtig ist es überdies, wachsam zu sein, genau hinzuschauen und Augen und Ohren offen zu halten. Und wichtig ist vor allem eines: die Notwendigkeit einer neuen Kurve rechtzeitig zu erkennen. Denn wenn die operativen Daten an Punkt B dringenden Veränderungsbedarf signalisieren, könnte es für eine strategische Änderung auch schon zu spät sein.

Mit dem Nordwand-Prinzip strategisch S-Kurven initiieren

Um die feinen Signale rechtzeitig erkennen und eine neue Kurve initiieren zu können, sind einerseits die Qualität der Aufmerksamkeit und andererseits ein umfassender Gesamtüberblick von elementarer Bedeutung. Ich habe dies beim Prinzip des Neu Hinschauens beschrieben. Wenn es in weiterer Folge um den Wechsel von einer alten Kurve zu einer neuen Kurve geht, kann das Loslassen und Verzichten eine herausfordernde Prüfung darstellen. Es geht darum, Neues entstehen und Ziele kommen zu lassen. Durch Kluges Scheitern können Erfolg versprechende Entwicklungsmöglichkeiten für die Zukunft erkundet werden und mit erfolgreichen Durchbruchprojekten andere Menschen vom Sinn der neuen Kurve überzeugt werden, so wie auch alle anderen Prinzipien situativ sinnvoll eigesetzt werden können.

Die Phase zwischen der alten und der neuen Kurve ist geprägt von erhöhter Unsicherheit, Verwirrung, Widersprüchen und organisationsinternen Konflikten. Gerade in dieser Phase kann das Nordwand-Prinzip helfen, den neuen Weg zu finden. Abbildung 10 zeigt dies.

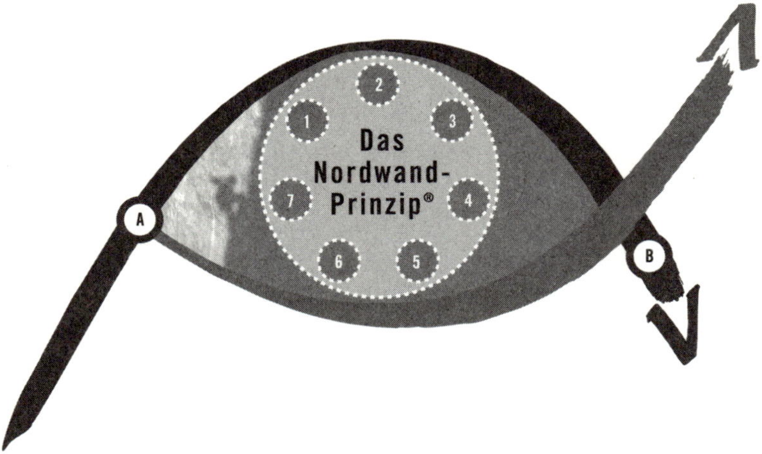

Abb 10 – Kurve mit Nordwand-Prinzip

Eine neue Kurve anzusetzen bedeutet, einen deutlichen Unterschied zur alten Kurve zu machen, Abschied zu nehmen von Bewährtem und Bekanntem, sich auf unbekanntes Terrain zu begeben. Es bedeutet, sich im Gehen seinen Weg in die Ungewissheit zu bahnen. Eine neue Kurve anzusetzen ist eine Expedition ins Ungewisse. Zur Steigerung der Sicherheit im Umgang mit dieser Unsicherheit und zum Management der damit verbundenen Ungewissheit kann das Nordwand-Prinzip wertvolle Unterstützung bieten.

Kunstfertigkeit statt Kochrezept

Das Verlangen, für alles, was an künftigen Herausforderungen kommen könnte, Rezepte haben zu wollen, ist verständlich. Vice versa ist die Versuchung, Rezepte anzubieten, groß. Und es gibt ja durchaus Bereiche, in denen ein Vorgehen nach Rezept sinnvoll ist: beim Kochen zum Beispiel, bei Reparatur- und Bedienungsanleitungen und natürlich in elaborierter Form in Mathematik, Informatik, Technik und so weiter. Eine solcherart genau definierte Handlungsvorschrift zur Lösung eines Problems – egal ob es sich um die Zubereitung eines Essens oder um eine komplizierte Abfolge von Rechenschritten in einem Computerprogramm handelt – nennt man Algorithmus.

Abb 11 – Kurve mit Nordwand-Prinzip II

Das Wort Algorithmus geht auf Muhammad ibn Musa al-Chwarazimi und dessen arabisches Lehrbuch „Über das Rechnen mit indischen Ziffern“ um 825 n. Chr. zurück. In diesem langen Zeitraum und verstärkt durch das Denken der Aufklärung wurde die Vorstellung vom Einhalten einer genauen Schrittfolge zur Problemlösung zu einem internalisierten Bestandteil unseres Denkens. So beobachte ich, dass viele Menschen von der Vorstellung, dass nur eine genau definierte Schrittfolge zur bestmöglichen Lösung eines Problems führen kann, fasziniert sind. Techniklastige Phasenmodelle für Innovationsprozesse sind hier mein Lieblingsbeispiel.

Doch mir ist im Laufe der Zeit klargeworden, dass diese vorab definierten Schrittfolgen der Vielschichtigkeit neuartiger Problemstellungen in komplexen und lebendigen Kontexten oft nicht gerecht werden, sondern die Menschen manchmal von der Realität der Situation und den darin enthaltenen Chancen und Risiken abkoppeln. Das Ansetzen einer neuen S-Kurve kann nicht auf Basis einer Sequenz genau definierter Schritte oder Phasen erfolgen.

Auch der Aufbau des Nordwand-Prinzips, vom 1. bis zum 7. Prinzip, suggeriert eine lineare Abfolge zu vollziehender Schritte, soll jedoch auf keinen Fall so verstanden werden. Diese Linearität wird durch die geschriebene Sprache noch verstärkt, die eine linear-sequenzielle Darstellung begünstigt, denn man kann nur nacheinander schreiben und nicht durcheinander.

In der Realität haben wir es jedoch mit Gleichzeitigkeiten, Vernetzungen, Interdependenzen, Fortschritten, Rückschritten, Oszillationen, Stagnationen, sprunghaften Veränderungen, Zwischenfällen und Zufällen zu tun. Um dieser Realität gerecht zu werden, sollen die Prinzipien situationsspezifisch und adaptiv-dynamisch angewendet werden.

Abbildung 11 stellt dieses Ineinandergreifen und aufeinander Verweisen dar. Siehe Seite 227.

Der Einsatz des Nordwand-Prinzips verlangt kunstfertiges Vorgehen. Die Kunstfertigkeit ermöglicht, das einzubeziehen, was durch die logische Abfolge des algorithmischen Vorgehens ausgeschlossen wird: das Kreative, das Neue, die günstige Gelegenheit, die Chancen, aber auch die unvermutet auftretenden Schwierigkeiten. Kunstfertigkeit erlangt man allein durch Erfahrung, und sie bezieht neben den rational-professionellen Grundlagen des Business die Intuition, das Gespür und den praktischen Verstand in die Anwendung mit ein.

Kunstfertigkeit zu wagen ist besser, als sich an ein Kochrezept zu klammern.

Prototypische Anwendungssituationen für das Nordwand-Prinzip

Das Spektrum möglicher Anwendungen für das Nordwand-Prinzip ist breit, sowohl für Menschen als auch für Unternehmen. Sie sind als Leserin oder Leser dazu eingeladen, die Impulse aus den Nordwänden selbst auf Ihre Situation zu übertragen. Darüber hinaus sind die zentralen Gedanken des Nordwand-Prinzips für den Einsatz in folgenden prototypischen Anwendungssituationen besonders geeignet:

Situationen, in denen Sie oder Ihr Unternehmen

- eine neue Strategie finden müssen oder wollen,
- zur Entwicklung und Klärung Ihres Leistungsprofils folgende Fragen beantworten müssen: Wofür stehen wir? Was machen wir?,
- gefordert sind, eine neue Kurve anzusetzen, und Übergangsphasen, in welchen neue Formen der Führung und Zusammenarbeit gefunden werden müssen, sowie
- Situationen, in denen Führungsteams gefordert sind, sich auf neue Realitäten und Herausforderungen einzustellen.

Sich in Führungsteams auf neue Realitäten einstellen

Ein zentrales Anwendungsgebiet für das Nordwand-Prinzip stellen Situationen dar, in denen Führungsteams gefordert sind, sich auf neue Realitäten oder Herausforderungen einzustellen.

Sollen Menschen in Unternehmen für große Vorhaben oder neue Anforderungen fit gemacht werden, steht das Thema Führungskräfteentwicklung schnell im Raum. Dieses Thema ist sicher wichtig und notwendig, doch darüber hinaus stellt sich die Frage: Lässt sich in einem Unternehmen auch kollektive FührungsKRAFT entwickeln? Kollektive Führungskraft verstehe ich als die Fähigkeit einer Gemeinschaft, sich gemeinsam auf neue Realitäten einzustellen. Wie ich bereits aufgezeigt habe, lassen sich vor allem in großen Unternehmen die gegenwärtigen Herausforderungen durch einzelne Führende nicht angemessen bewältigen. Führung wird gerade in Umbruchsituationen zu einer kollektiven Aufgabe und Verantwortung.

Wenn es um die Entwicklung kraftvoller und funktionierender Führungsteams geht, kann das Nordwand-Prinzip einen wesentlichen Beitrag leisten, indem es die Mitglieder des Teams dabei unterstützt,

- in einen gemeinsamen Denkprozess zu kommen und miteinander in einen echten Dialog zu treten;
- klar zu erkennen, was zu tun ist, und intelligente Entscheidungen zu treffen;
- sich nicht als Vertreter ihrer Abteilungen und Bereiche zu sehen, sondern sich gemeinsam für das Ganze verantwortlich zu fühlen;
- Partikularinteressen und persönliche Vorteile zugunsten des Ganzen zurückzustellen.

Erst wenn diese Voraussetzungen erfüllt sind, kann sich kollektive Führungs-KRAFT entwickeln und nachhaltig zum Unternehmenserfolg beitragen.

LITERATUREMPFEHLUNGEN

Gary Hamel: The Why, What, and How of Management Innovation. Harvard Business Review February 2006
Charles Handy: Die Fortschrittsfalle. Goldmann Verlag 1998
James Surowiecki: Die Weisheit der Vielen. Bertelsmann Verlag 2005
Karl Weick: Der Prozess des Organisierens. Suhrkamp Verlag 1995

Die Expedition ins Ungewisse wagen

Erinnern wir uns zum Schluss noch einmal an die Geschichte der ungarischen Militäreinheit, die an Manövern in den Schweizer Alpen teilnahm. Ein junger Leutnant schickte einen Spähtrupp in die vergletscherten Berge. Als dieser zwei Tage nicht zurückkehrte, machte sich der Leutnant Vorwürfe. Am dritten Tag kamen die Leute schließlich ins Lager zurück. Es stellte sich heraus, dass sich die Gruppe hoffnungslos verirrt gehabt hatte, bis einer nach Tagen des Wartens eine Karte bei seinen Sachen fand, die dem Trupp den Mut gab, aufzubrechen. Der Leutnant stellte bei einer Prüfung der Karte fest, dass es sich nicht um eine Karte der Alpen, sondern um eine der Pyrenäen handelte. Die Gruppe hatte mit einer offensichtlich falschen Karte den Weg zurück gefunden.

Was wäre passiert, wenn der Mann, der die Karte in seiner Tasche fand, gewusst hätte, dass es sich um eine falsche Karte handelte? Hätte er die Truppe trotzdem sicher zurückgeführt? Hätte er überhaupt den Mut gefunden, die Führung zu übernehmen? Oder hätte er den Kopf in den Sand beziehungsweise in den Schnee gesteckt und gesagt: aussichtslos! Viele Menschen und Führungskräfte stehen genau vor dieser Situation: Sie wissen, dass ihre Pläne und Karten ungenügend sind, und dennoch müssen sie handeln oder andere Menschen zum Handeln bewegen. Für diese Situationen will ich meinen Lesern mit dem Nordwand-Prinzip Mut machen: Seien Sie mutig, trotz des Wissens darum, dass Pläne und Rezepte oftmals versagen! Brechen Sie auf! Orientieren Sie sich dabei mit Hilfe der vorgestellten Prinzipien am Realen und erkunden Sie die Zukunft durch gemeinsames Handeln. Die Chancen, dabei erfolgreich zu sein, stehen gut: Denn wir überschätzen das Ausmaß an Planbarkeit und unterschätzen unsere Möglichkeiten im Umgang mit dem Ungewissen. Viel Erfolg beim Meistern Ihrer Nordwände!

Das Nordwand-Prinzip im Überblick

1. Prinzip: Neu Hinschauen

Die vermutete Schwierigkeit einer Situation ist oft eine Frage der Blickrichtung. Hilfreiche Fragen:

- Wie kann ich bewusst die Perspektive wechseln?
- Welche Möglichkeiten nehme ich dann wahr?

Bewusst zwischen Distanz und Nähe wechseln:

- Wo brauche ich mehr Distanz und wo mehr Nähe zur konkreten Situation?
- Wie könnte das bewusste Wechselspiel zwischen Distanz und Nähe aussehen?

Einen radikalen Lösungs- und Ressourcen-Fokus einnehmen:

- Gibt es auch in meiner Situation einen Abgrund, auf den ich meine Aufmerksamkeit fokussiere und der mich förmlich nach unten zieht?
- Wie kann ich diese negative Dynamik wirkungsvoll unterbrechen?
- Wie kann ich meine Aufmerksamkeit nach oben richten: Was will ich eigentlich erreichen und welche Zukunft will ich erschaffen?
- Wie könnten die ersten, kleinen Schritte in diese Richtung aussehen?

Bild oben: die Gelbe Kante an der Kleinen Zinne, Sextener Dolomiten
Bild links unten: Kletterei in den Schlüsselseillängen der Gelben Kante
Bild rechts unten: der Autor beim Vortrag

2. Prinzip: Loslassen und Verzichten

Sich von hinderlichen Vorstellungen und von sinnlosem Ballast befreien:

- Was könnte mein Rucksack sein?
- Was macht mich langsamer, was hemmt mich?
- Was kann ich abwerfen?

Neue Haltepunkte erreicht man erst , nachdem man die alten losgelassen hat:

- Was muss ich loslassen, damit Neues entstehen kann und Raum bekommt?

Mentale Rucksäcke bestehen vielfach aus Einstellungen, Haltungen oder Überzeugungen. Sie sind Teil eines Denkens, das sich nur durch neue Erfahrungen ändert. Fragen Sie sich:

- Welche neuen Erfahrungen kann ich mir oder anderen verschaffen, um altes Denken zu verflüssigen?

Rucksäcke haben die Tendenz, im Gehen schwerer zu werden. Starten Sie nicht zu viele Projekte oder Initiativen gleichzeitig. Überlegen Sie:

- Wie viele – oder wie wenige – Projekte oder Initiativen kann ich gleichzeitig mit der notwendigen Energie versorgen, um sie zu einem guten Abschluss zu bringen oder auf Dauer zu stellen?

Bild oben: die Direkte Nordwand der Großen Zinne, Drei Zinnen, Sextener Dolomiten
Bild links unten: Der Autor führt im großen Quergang der Hasse-Brandler, Große Zinne.
Bild rechts unten: der Autor in der überhängenden Riesenverschneidung der Hasse-Brandler

3. Prinzip: Wollen statt Wünschen

Wirklich große Herausforderungen lassen sich nur durch die Kraft der Gemeinschaft bewältigen. Hilfreiche Fragen:

- ➜ Was kann ich in meiner Situation tun, um die Kraft der Gemeinschaft noch besser zu nutzen?
- ➜ Wie kann ich als Teammitglied bei jedem persönlichen Schritt Verantwortung für mich und für das Ganze übernehmen?
- ➜ Für Bereiche und Unternehmen: Wo sollten Führungsteams etabliert und gezielt in deren Entwicklung investiert werden?

Von Wunsch- zu gemeinsamen Willenszielen kommen: Wille zeigt sich im Handeln, und gemeinsamer Wille zeigt sich im gemeinsamen Handeln. Fragen Sie sich:

- ➜ Wie müssten wir unseren Dialog im Führungsteam gestalten, um zu gemeinsamen Willenszielen zu kommen?

Den Geist auf das Unerwartete vorbereiten:

- ➜ Wie können wir uns gedanklich auf das Unerwartete vorbereiten, um dann rasch entscheidungs- und handlungsfähig zu sein?
- ➜ Welche unerwarteten Szenarien sollten wir gedanklich durchspielen?
- ➜ Über welchen „Vorrat" an durchdachten Optionen sollten wir in Ausnahmesituationen verfügen?

Bild oben: die Nordwand der Grandes Jorasses mit dem Walker-Pfeiler
Bild links unten: der Autor in kombinierter Kletterei am Walker-Pfeiler
Bild rechts Mitte: die Seilschaft Sepp Bierbaumer und Rainer Petek am Gipfel der Grandes Jorasses nach drei Tagen in der Nordwand
Bild rechts unten: der Autor beim Vortrag

1200 Meter

4. Prinzip: Ziele kommen lassen

Kombinieren Sie in sich stark ändernden, überraschungsreichen Umfeldern absichtsvolles und offenes Vorgehen:

- Wie finden bei mir notwendige oder sinnvolle Anpassungen Eingang in einmal getroffene Entscheidungen?
- Wie gelange ich selbst oder wie gelangt mein Team zu einer Willensqualität, die vom Wünschen zum Wollen orientiert ist, ohne jedoch in ein Zu-sehr-Wollen zu verfallen?

Die Aufmerksamkeit auf die leisen Signale der Zukunft lenken:

- Wie kann ich mein Umfeld regelmäßig scannen, um relevante Entwicklungen frühzeitig wahrzunehmen?

Schaffen Sie Raum und Zeit für das, was auftauchen und entstehen will. Allgegenwärtiger Druck und grenzwertige Arbeitsbelastungen bewirken, dass innovative Ideen oder Vorhaben nicht oder nur stark vermindert aufkommen können:

- Wie kann ich dafür sorgen, dass Ideen, Gedanken und Vorhaben mit großem Erneuerungspotenzial an die Oberfläche der Wahrnehmung kommen können?

Bild oben: Granitkletterei an der Aiguile du Midi-Südwand
Bild links unten: Eiskletterei im Schneesturm
Bild rechts Mitte: unser Zelt nach dem Wettersturz an der Les Courtes
Bild rechts unten: Management-Team beim strategischen Dialog

5. Prinzip: Nordwand statt Normalweg

Sich persönlich oder gemeinschaftlich in eine Nordwand wagen: den Mut zum Andersmachen aufbringen und einen sinnvollen Unterschied für die Kunden und Partner machen; dabei einem sinnvollen Wozu? folgen und nach der Verwirklichung des höchsten Potenzials streben.

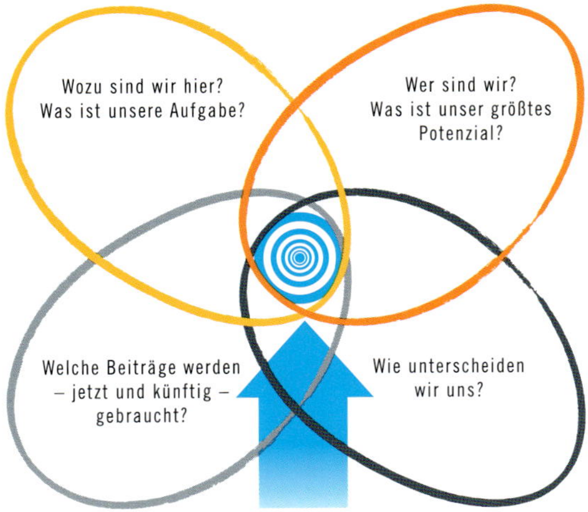

Bild links oben: der Großglockner
Bild rechts oben: Stau am Großglockner-Normalweg
Bild links unten: der Autor
Bild rechts unten: Kletterei in der Nordwand der Westlichen Zinne

6. Prinzip: Kluges Scheitern

Heben Sie sich selbst oder Ihren Bereich bzw. das Unternehmen mit Durchbruchprojekten auf ein neues Leistungsniveau. Hilfreiche Fragen:

- ➔ Welches kühne Vorhaben würde mich oder meinen Bereich auf eine neue Leistungsstufe heben?
- ➔ Welches Vorhaben könnte ich oder mein Bereich zu einem solchen Willensziel machen?

Strukturell und sozial experimentierfreudige Rahmenbedingungen schaffen und das Risiko bei großen Vorhaben durch kleine Experimente reduzieren. Überlegen Sie:

- ➔ Wie sehen die diesbezüglichen Rahmenbedingungen in meinem Bereich aus?
- ➔ Ermutigen die Rahmenbedingungen Experimente und überschaubare Risiken oder verhindern sie diese? Wie sehen das meine Mitarbeiter?

Durch schnelle, kluge, kleine Fehler, durch Feldversuche und durch rasches Kunden- oder Anwender-Feedback lernen. Fragen Sie sich:

- ➔ Wie könnte ich mit der Geisteshaltung des Prototyping neue Vorhaben starten, rasch Rückmeldungen generieren und daraus lernen?
- ➔ Welche kleinen Experimente könnte ich starten, ohne dass ich um ein Budget ansuchen oder jemanden um Erlaubnis fragen muss?

Bild oben und rechts unten: der Autor beim Sportklettern im 9. Schwierigkeitsgrad
Bild links unten: Symbolfoto

TEST

7. Prinzip: Neue Wege - neues Führen

Führung findet nur statt, wenn Leute mitgehen: Wechseln Sie als Führender die Perspektive und fragen Sie sich:

- Wann gehen Menschen mit?
- Was brauchen meine Mitarbeiter oder Kollegen, um mitzugehen oder mitgehen zu können?

Große Herausforderungen brauchen ein langes Seil und Kooperation auf Augenhöhe: Je länger das Seil, desto größer ist das notwendige Maß an Eigenverantwortung und die Fähigkeit zur Selbstorganisation. Die Führungsbeziehung geht weg vom Anweisen und Vorgeben hin zum Helfen und Unterstützen:

- Wie lange ist das Seil zur Zeit in meinem Verantwortungsbereich?
- Wie sieht es in punkto Kooperation auf Augenhöhe zwischen den Hierarchieebenen aus?

Es ist wichtig, sich gemeinsam für harte Zeiten zu wappnen: Der Blick darf nicht nur auf Positivszenarien oder Erfolgserwartungen gerichtet sein, da Unerwartetes auftreten kann und Fehler passieren können:

- Wie sieht die Fehlerkultur im Unternehmen aus? Welche Fehler müssen unbedingt vermieden werden? Wie können wir künftig produktiv mit nicht überlebenskritischen Fehlern umgehen?
- Wie gut bin ich und mein Verantwortungsbereich/sind wir für harte Zeiten und Ausnahmesituationen gewappnet?

Es gibt nicht die eine simple Logik des Führens, die zum Erfolg führt: Was in der einen Situation funktioniert, kann in einer anderen Situation vollkommen kontraproduktiv sein:

- Was sind die Spannungsfelder und unauflösbaren Widersprüche innerhalb derer ich gefordert bin, meine Führungsaufgabe zu erfüllen?

Bild oben: Ludwig im Nachstieg im 8. Schwierigkeitsgrad im Verdon
Bild links unten: am Gipfelaufbau des Mont Blanc du Tacul
Bild rechts unten: Symbolfoto

Vorträge von Rainer Petek

In seinen Vorträgen und Workshops lädt Rainer Petek seine Zuhörer zu einem radikalen Ortswechsel des Denkens ein und konfrontiert den Denk- und Handlungsrahmen von Führungskräften mit dem Denken und Handeln des Extrem-Kletterers. Er zeigt Parallelen zwischen Berg und Business auf, die mehr sind als nur Analogien: Die persönlichen Erfahrungen von über 2.000 erfolgreich durchgeführten Extremtouren sowie die fundierte Kenntnis von Organisationsdynamiken nach mehr als 1.500 Beratungstagen machen ihn als Autor und Vortragenden im deutschsprachigen Raum einzigartig.

Packende Geschichten und eindrucksvolle Bilder sowie pragmatische Transfer-Impulse für die Anwendung im Unternehmen erhöhen die Handlungsoptionen der Teilnehmer im Umgang mit Unsicherheit, dem Ungewissen und dem Unerwarteten und garantieren einen hohen emotional verankerten Erinnerungswert.

Rainer Petek stimmt seine Botschaften präzise auf die Zuhörer ab und klärt im Vorfeld, welche Ziele in der Organisation oder beim Publikum mit dem Vortrag erreicht werden sollen.

Die Vorträge eignen sich für unterschiedliche Formen und Größen von Veranstaltungen wie Klausuren, Führungskräftetagungen, Kamingespräche, Konferenzen, Fachtagungen uvm. Sie sind auch in interaktiver Form möglich und durch Workshops in Groß- oder Kleingruppen erweiterbar.

www.rainerpetek.at

„Führung im Ungewissen. Rainer Petek zeigt, wie es gelingen kann. Ein echter Mehrwert für Manager, die mit Komplexität souveräner umgehen wollen.“

Dr. Bernhard von Mutius, Autor von *Die Verwandlung der Welt* und *Die andere Intelligenz*

Vortragsthemen

Das Nordwand-Prinzip – Wie Sie das Ungewisse managen: Neues Denken, neues Handeln, neue Wege gehen

- ➜ Mit neuen Sichtweisen Chancen erkennen und neue Wege in die Zukunft finden
- ➜ Sicherheit im Umgang mit der Unsicherheit, dem Unerwarteten und Ungewissen entwickeln
- ➜ Im Team die Komfortzone verlassen und nachhaltige Erfolge im unbekannten Neuland realisieren

Expedition CHANGE – Führen in ungewissen Zeiten

- ➜ In Zeiten der Veränderung selbst Orientierung finden und Mitarbeitern Sicherheit geben
- ➜ Wirksame Rahmenbedingungen für Erneuerung und Wandel schaffen
- ➜ Durch das gekonnte Wechselspiel von entschiedener Führung und Selbstorganisation nachhaltigen Erfolg erzielen

T.U.N! – Ins Ungewisse aufbrechen, Vorhaben gemeinsam umsetzen

- ➜ Wie Sie in Zeiten der Unsicherheit das Top-Ziel nicht aus den Augen verlieren
- ➜ Umsetzen bedeutet, gemeinsam das Ungewisse zu managen und das Unerwartete zu meistern
- ➜ Neue Wege erfordern neue Formen der Führung und Zusammenarbeit

„In einer Zeit des technologischen Wandels in der Automobilbranche beschreitet die BMW Group neue Wege. Mit Ihrem Vortrag haben Sie veranschaulicht, wie die Grundsätze des Extrembergsteigens auch auf den Bereich Management angewandt werden können. Vielen Dank für Ihren inspirierenden Beitrag, der neue Perspektiven aufzeigt und zum Weiterdenken anregt."

Karsten Engel, Leiter Vertrieb BMW Group Deutschland

Literatur- und Quellenverzeichnis

René Ammann: Die Welt in Zahlen, in: Weniger planen. Handeln. brand eins 8/2004

Dirk Baecker: Zum Problem des Wissens in Organisationen, in: Organisationsentwicklung 1998/3

Albert Bandura: Self-Efficacy. The Exercise of Control. Freeman and Company 1997

Gregory Bateson: Ökologie des Geistes. Suhrkamp 1985

Mary Catherine Bateson: Composing a Life. Grove Press 1989

Harry Beckwith: Selling the Invisible. A Field Guide to Modern Marketing. Thomson Texere 2001

Geoffrey Bennington, Jacques Derrida: Jacques Derrida. Ein Porträt. Suhrkamp 1994

Amar V. Bhidé: The Origin and Evolution of New Businesses. Oxford University Press 2000

David Bohm: Wholeness and the Implicate Order. Routledge 1980

Henri Bortoft: Goethes naturwissenschaftliche Methode. Verlag Freies Geistesleben 1995

Martin Buber: Ich und Du. Reclam 1995

Kurt Buchinger, Herbert Schober: Das Odysseusprinzip. Klett-Cotta Verlag 2006

Marcus Buckingham: The One Thing – Worauf es ankommt. Linde International 2006

Yvon Chouinard: Let my people go surfing. The education of a reluctant businessman. Penguin Press 2005

Jim Collins: Der Weg zu den Besten. DVA 2001

Jim Collins, J. Porras: Built to last: Successful Habits of Visionary Companies. HarperCollins Publishers 2002

Mihaly Csikszentmihalyi: Flow. Das Geheimnis des Glücks. Klett-Cotta 1992

Mihaly Csikszentmihalyi: Flow im Beruf. Klett-Cotta 2004

Felix von Cube: Gefährliche Sicherheit. Lust und Frust des Risikos. Hirzel 2000

Dietrich Dörner: Die Logik des Misslingens. Strategisches Denken in komplexen Situationen. Rowohlt Verlag 1999
Peter F. Drucker: Innovation and Entrepreneurship. Elsevier Butterworth-Heinemann 1994
Peter F. Drucker: Die ideale Führungskraft. Econ Verlag 1995
Peter F. Drucker: Management im 21. Jahrhundert. Econ Verlag 1999
Peter F. Drucker: Was ist Management? Das Beste aus 50 Jahren. Econ 2002
Heinz von Foerster: KybernEthik. Merve Verlag 1993
Richard Foster, Sarah Kaplan: Schöpfen und Zerstören. Redline Wirtschaft by Ueberreuter 2002
Thomas L. Friedman: The World Is Flat. A Brief History of the Twenty-first Century. Farrar, Straus and Giroux 2005
Richard Florida: The Rise of the Creative Class. Basic Books 2002
Richard Florida: Managing for Creativity. Harvard Business Review, July–August 2005
Howard Gardner: Changing Minds. The Art and Science of Changing Our Own and Other People's Minds. Harvard Business School Press 2004
Aloys Gälweiler: Strategische Unternehmensführung. Campus 2005
Arie de Geus: Jenseits der Ökonomie. Klett-Cotta Verlag 1998
Jan Hagen: Lektionen aus dem Cockpit – Vortrag am 14.3.2012 in Wilkendorf
Gary Hamel: Das revolutionäre Unternehmen. Econ Verlag 2001
Gary Hamel: The Why, What, and How of Management Innovation. Harvard Business Review February 2006
Gary Hamel: What matters now. Jossey-Bass 2012
Charles Handy: Die Fortschrittsfalle. Goldmann Verlag 1998
Hans H. Hinterhuber: Leadership. Strategisches Denken systematisch schulen von Sokrates bis Jack Welch. Frankfurter Allgemeine Buch Verlag 2003
Gerald Hüther: Was wir sind und was wir sein könnten. Fischer, 2012
William Isaacs: Dialog als Kunst gemeinsam zu denken. EHP Verlag 2002
Paul Z. Jackson, Mark McKergow: The Solutions Focus. The simple way to positive change. Nicholas Brealey Publishing 2002
Erich Jantsch: Die Selbstorganisation des Universums. dtv Wissenschaft 1982

Joseph Jaworski: Synchronicity. The Inner Path of Leadership. Berrett-Koehler Publishers 1998
François Jullien: Über die Wirksamkeit. Merve Verlag 1999
Adam Kahane: Solving tough Problems. Berrett-Koehler Publishers 2004
Tom Kelley: Das IDEO Innovationsbuch. Econ Verlag 2002
Tom Kelley: The Ten Faces of Innovation. Currency Doubleday 2005
Gary Klein: Natürliche Entscheidungsprozesse. Über die „Quellen der Macht", die unsere Entscheidungen lenken. Junfermann 2003
Matthias Varga von Kibéd, Insa Sparrer: Ganz im Gegenteil. Carl-Auer-Systeme Verlag 2002
W. Chan Kim, Renée Mauborgne: Der Blaue Ozean als Strategie. Hanser Verlag 2005
Thomas S. Kuhn: Die Struktur wissenschaftlicher Revolutionen. Suhrkamp 1997
Marlies Lenglachner, Ch. Schmitz: Der rezeptfreie Raum. Lösungen in komplexen Situationen, in: Lernende Organisation 18/2004
George Leonard: Der längere Atem. Scherz-Integral Verlag 1998
Konrad Paul Liessmann: Warum man Wissen nicht managen kann. www.science.orf.at vom 16.5.2006
Niklas Luhmann: Vertrauen. Ein Mechanismus der Reduktion sozialer Komplexität. Lucius & Lucius 2000
Wolfram Lutterer: Gregory Bateson. Eine Einführung in sein Denken. Carl-Auer-Systeme-Verlag 2002
Fredmund Malik: Denken beim Lenken. trend 6/2006
Henry Mintzberg, Bruce Ahlstrand, Joseph Lampel: Strategy Safari. Eine Reise durch die Wildnis des strategischen Managements. Wirtschaftsverlag Carl Ueberreuter 1999
Henry Mintzberg, Bruce Ahlstrand, Joseph Lampel: Strategy Bites Back. It is far more and less, than you ever imagined. Pearson Prentice Hall 2005
Edgar Morin: Die sieben Fundamente des Wissens für eine Erziehung der Zukunft. Krämer Verlag 2001
Reinhart Nagel, Rudolf Wimmer: Systemische Strategie-Entwicklung. Modelle und Instrumente für Berater und Entscheider. Klett Cotta 2002

Sven Opitz: Gouvernementalität im Postfordismus. Macht, Wissen und Techniken des Selbst im Feld unternehmerischer Rationalität. Argument Verlag 2004

Alexander Osterwalder & Yves Pigneur: Business Model Generation. Campus Verlag 2011

Richard T. Pascale et al.: Chaos ist die Regel. Wie Unternehmen Naturgesetze erfolgreich anwenden. Econ Verlag 2002

Richard T. Pascale, Jerry Sternin: Geheimagenten des Change Managements. Harvard Business Manager 2/2006

Tom Peters: Re-Imagine! Spitzenleistungen in chaotischen Zeiten. Dorling Kindersley 2004

Niels Pfläging: Führen mit flexiblen Zielen. Campus, 2006

Bernhard Pörksen: Die Gewissheit der Ungewissheit. Gespräche zum Konstruktivismus. Carl-Auer-Systeme Verlag 2002

Michael Ray: The Highest Goal. Berrett-Koehler Publishers 2004

John Roberts: The Modern Firm. Oxford University Press 2004

C. Otto Scharmer: Theory U – Leading from the future as it emerges. Society of Organizational Learning 2007

Edgar H. Schein: Prozessberatung für die Organisation der Zukunft. EHP Verlag 2000

Edgar H. Schein: Organisationskultur. EHP Verlag 2003

Edgar H. Schein: Helping – How to offer, give and receive help. Berrett-Koehler Publishers 2009

Siegfried J. Schmidt: Unternehmenskultur. Die Grundlage für den wirtschaftlichen Erfolg von Unternehmen. Velbrück Wissenschaft 2004

M. Schulte-Derne: transformation follows strategy. transformation und strategieentwicklung von innen. Springer 2005

Peter Senge: Die Fünfte Disziplin. Klett-Cotta 1996

Peter Senge, C. Otto Scharmer et al.: Presence. Human Purpose and the Field of Future. SoL Publishers 2004

Fritz B. Simon: Gemeinsam sind wir blöd!? Carl-Auer-Systeme Verlag 2004

Hermann Simon: Die heimlichen Gewinner. Campus Verlag 1996

James Surowiecki: Die Weisheit der Vielen. Bertelsmann Verlag 2005

Jack Trout: Differenzieren oder Verlieren. Redline Wirtschaft by verlag moderne industrie 2003

Andrej Ule: Wille und Wunsch in der Handlung bei Wittgenstein. Wittgenstein Studien 1 (1), 1994

Ruth Wageman et. al.: Senior Leadership Teams. Harvard Business School Press 2008

Peter Wagner: Das Gore Konzept. www.leaders-circle.at 2003

Karl Weick: Sensemaking in Organizations. Sage Publications 1995

Karl Weick: Der Prozess des Organisierens. Suhrkamp Verlag 1995

Karl Weick, Kathleen M. Sutcliffe: Das Unerwartete managen. Klett-Cotta Verlag 2003

Margaret J. Wheatley: Finding Our Way. Leadership For an Uncertain Time. Berrett-Koehler Publishers 2005

Hans A. Wüthrich, Dirk Osmetz, Stefan Kaduk: Musterbrecher. Führung neu leben. Gabler 2006

Anton Zeilinger: Vortrag am 1. Oktober 2004 in Abtenau/Salzburg

Abbildungsverzeichnis

Coverfoto: ©istockphoto / Bettina Ritter

Seite 239: Grandes Jorasses mit Walkerpfeiler – Foto: Bernd Rischel

Seite 243: Foto rechts oben – Stau am Großglockner-Normalweg –
Foto: Nationalparkverwaltung Hohe Tauern – Kärnten

Seite 245: Symbolfoto links unten, Testknopf – Foto: BilderBox.com

Seite 247: Symbolfoto rechts unten - ©istockphoto

Seite 248: Porträt Autor – Foto: Richard Pichler, japiphoto.net

Restliche Fotos: Archiv Rainer Petek

Skizzen: Rainer Petek